高等职业教育“十二五”规划教材

应用数学基础（经管类）

邢春峰　主编
戈西元　章　青　副主编

人 民 邮 电 出 版 社
北 京

图书在版编目（CIP）数据

应用数学基础 : 经管类 / 邢春峰主编. -- 北京 : 人民邮电出版社, 2011.8
高等职业教育“十二五”规划教材
ISBN 978-7-115-25382-8

Ⅰ. ①应… Ⅱ. ①邢… Ⅲ. ①应用数学－高等职业教育－教材 Ⅳ. ①O29

中国版本图书馆CIP数据核字(2011)第087195号

内容提要

本书是一本高职高专院校经管专业使用的应用数学教材，主要内容包括：函数、极限与连续，导数及其应用，积分学及其应用，矩阵及其应用，线性规划初步及其应用，概率论与数理统计初步，数学建模及其应用。本书以应用为目的，重视概念、几何意义及实际应用，有利于培养学生的数学应用意识和能力；内容阐述简明扼要、通俗易懂，同时注重渗透数学思想方法，便于教师讲授和学生自学；每章最后按学习内容的先后顺序及难易程度编排了习题，书后附有参考答案，便于任课教师根据学生的不同情况布置作业；本书基本上每章最后增加了注重基本数学运算的实验，让学生借助于计算机，充分利用数学软件（如 Mathematic）的数值功能和图形功能，很形象地演示一些概念并验证一些基本结论，使学生从感官上更形象地理解所学的数学知识，加深对数学基本概念的认识和理解。为了使广大读者更好地掌握教材的有关内容，加深理解并增强处理实际问题的能力，本书配有《应用数学基础（经管类）训练教程》一书，与本书配套使用。

本教材可作为各类高等职业院校（两年制或）三年制（少学时）经管类各专业的教材，也可供专升本及相关人员阅读参考。

高等职业教育“十二五”规划教材

应用数学基础（经管类）

◆ 主　　编　邢春峰
　副 主 编　戈西元　章　青
　责任编辑　丁金炎
　执行编辑　洪　婕

◆ 人民邮电出版社出版发行　　北京市崇文区夕照寺街 14 号
　邮编　100061　　电子邮件　315@ptpress.com.cn
　网址　http://www.ptpress.com.cn
　北京艺辉印刷有限公司印刷

◆ 开本：787×1092　1/16
　印张：13.25
　字数：328 千字　　　　2011 年 8 月第 1 版
　印数：1－3 000 册　　　2011 年 8 月北京第 1 次印刷

ISBN 978-7-115-25382-8

定价：26.00 元

读者服务热线：(010)67132746　印装质量热线：(010)67129223
反盗版热线：(010)67171154
广告经营许可证：京崇工商广字第 0021 号

Foreword 前言

本书借鉴国内外同类学校的教改成果，结合高等职业院校应用数学的教学特点、现状以及当前教学改革实际编写的。内容精简扼要、条理清楚、深入浅出、通俗易懂，例题、习题难易适度，可作为各类高等职业院校、成人高校及本科院校开办的二级职业技术学院和民办高校两年制或三年制（少学时）经管类各专业的教材，也可供专升本及相关人员阅读参考。

教材主要内容包括：函数、极限与连续，导数及其应用，积分学及其应用，矩阵及其应用，线性规划初步及其应用，概率论与数理统计初步，数学建模及其应用。从结构安排上采用了分模块、分层次的方式，以一元函数微积分（函数、极限与连续、微分学及其应用、积分学及其应用）为基础模块，在此基础上，面向不同专业需求，设置了矩阵及其应用、线性规划初步及其应用、概率论与数理统计初步、数学建模及其应用等应用模块，教师可根据不同专业需求进行选用。

编者遵循“以应用为目的，以必需、够用为度”的教学原则，强调数学概念、原理与实际问题的联系，注意结合具体应用实例引入数学的概念和原理，以问题为引线，进行数学思想、概念、原理及其实际意义等方面的介绍，用大量实例反映数学的应用，并逐步引入数学建模思想。所选案例不但优选了微积分在几何、物理方面的应用，还挖掘了微积分在其他学科领域中的一些应用。对于加强数学的应用性，培养学生应用数学思想和方法，认识、分析和解决实际问题的意识、兴趣、能力，进行了有益尝试。

与此同时，本书在编写过程中，结合高等职业教育学生形象思维强的特点，在内容呈现与讲授过程中，强调直观描述和几何解释，适度淡化理论证明或推导；同时，每章最后大多增加了注重基本数学运算的实验，让学生借助于计算机，充分利用数学软件（如 Mathematic）的数值功能和图形功能，很形象地演示一些概念和验证一些基本结论，使学生从感官上更形象地理解所学的数学知识，加深对数学基本概念的认识和理解。在编写过程中，我们努力使本教材成为学生易学、教师易教的实用性教强的教材。希望通过本课程的学习，不仅使学生学到数学知识，更有利于他们开阔眼界，养成正确的思维方式，提高学生综合素质。

本书由邢春峰任主编，戈西元、章青任副主编。参加本书编写的还有袁安锋、玲玲、张立新、王笛。

限于编者水平，以及高等职业教育数学课程和教学内容的改革不断深入，本教材中不当之处在所难免，恳请同行教师和读者不吝赐教，批评指正。

编者

Contents

目录

Contents

Contents

目录

第1章 函数、极限与连续

微积分是以函数为主要研究对象的一门数学课程。极限是微积分的基本推理工具，连续是函数的一个重要性态。

1.1 函 数

1.1.1 生产成本问题——认识函数

在研究自然现象或社会现象时，往往会遇到几个变量。这些变量并不是孤立地变化的，而是存在着某种相互依赖关系，为了说明这种关系，给出下面几个例子。

【例 1】生产成本：某工厂生产服装，每天机器磨损、厂房等固定成本为 1 000 元，生产每件服装所花费的人工费和材料费为 50 元，则每天的生产成本 C 与每天生产的服装件数 x 之间的对应关系就可以由关系式

$$C = C(x) = 1000 + 50x$$

给出。如果假定每天最多生产 100 件，则 x 的取值范围为数集 $D = \{x \mid 0 \leqslant x \leqslant 100\}$，对每一个 $x \in D$，按上式都有唯一确定的 y 与之对应。

【例 2】心电图：心电图（EKG）是由心电图仪直接根据病人的心率情况绘制的。如图 1-1 所示，由图形可以看出，它的图像上每一点都代表着相应时间对应的电流活动值。从而，这里的图形又表示了变量与变量间的对应关系。

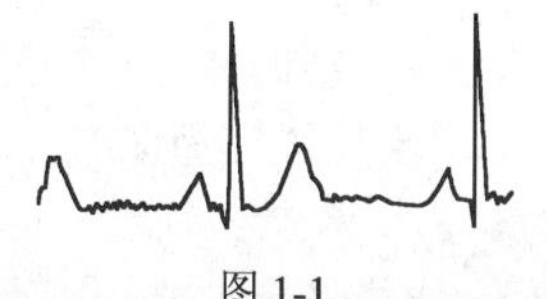

图 1-1

上述两个例子都给出了变量与变量间的对应关系，它们有一个共同特征：其中一个变量的任何取值（按照某种对应方式），都有另一变量的一个相应值与它对应。这种对应关系就是函数。

1.1.2 函数的概念与性质

1．函数的概念

【定义 1】设 x，y 是两个变量，若对非空数集 D 中每一个值 x，按照一定的对应法则 f，总有确定的数值 y 和它对应，则称变量 y 是 x 的函数，记作 $y=f(x)$。称 x 为自变量，y 为因变量，数集 D 为定义域，f 是函数符号，它表示 y 与 x 的对应法则。函数符号也可由其他字母来表示，如 g，F，G 等。

当自变量取定 $x_0 \in D$ 时，与 x_0 对应的数值称为函数在点 x_0 处的函数值，记作 $f(x_0)$ 或 $y|_{x=x_0}$。当 x 取遍 D 中的每一个值时，对应的函数值组成的集合称为函数的值域。

由函数的定义可知，定义域和对应法则是函数定义的两个要素，如果两个函数具有相同的定义域和对应法则，那么它们就是同一个函数。例如，$f(x) = \dfrac{x}{x}$ 与 $g(x) = 1$ 是不同的两个函数，因为它们的定义域不同。

【例 3】已知函数 $f(x)=\dfrac{x}{x+1}$，求 $f(0)$，$f(-x)$，$f(x^2-1)$。

解：$f(0)=\dfrac{0}{0+1}=0$；$f(-x)=\dfrac{-x}{-x+1}=\dfrac{x}{x-1}$；$f(x^2-1)=\dfrac{x^2-1}{x^2-1+1}=1-\dfrac{1}{x^2}$。

【例 4】求函数 $y=\sqrt{6-5x-x^2}+\ln(x+1)$ 的定义域。

解：要使函数有意义，则有

$$\begin{cases}6-5x-x^2\geqslant 0\\ x+1>0\end{cases},$$

解得 $-1<x\leqslant 1$，所以函数的定义域为 $(-1, 1]$。

2．函数的性质

（1）有界性

【定义 2】设函数 $y=f(x)$ 在区间 I 内有定义，如果存在一个正数 M，对于任意的 $x\in I$，恒有 $|f(x)|\leqslant M$，则称 $f(x)$ 在 I 上有界。否则无界。

例如，$y=\cos x$ 在（$-\infty$，$+\infty$）内有界；函数 $y=\dfrac{1}{x}$ 在（0，2）内无界。

（2）单调性

【定义 3】设函数 $y=f(x)$ 在区间 I 内有定义，对于区间 I 内的任意两点 x_1，x_2，不妨设 $x_1<x_2$，若 $f(x_1)<f(x_2)$，则称函数 $f(x)$ 在区间 I 内是单调增加的；若 $f(x_1)>f(x_2)$，则称函数 $f(x)$ 在区间 I 内是单调减少的。

例如，函数 $y=x^2$ 在区间[0，$+\infty$）内是单调增加的，在区间（$-\infty$，0]内是单调减少的。

（3）奇偶性

【定义 4】设函数 $y=f(x)$ 在关于原点对称的区间 I 内有定义，若对于任意的 $x\in I$，恒有 $f(-x)=f(x)$，则称 $y=f(x)$ 为偶函数；若 $f(-x)=-f(x)$，则称 $y=f(x)$ 为**奇函数**。

偶函数的图形关于 y 轴对称；奇函数的图形关于原点对称。

例如，函数 $y=x^2$ 在区间（$-\infty$，$+\infty$）内是偶函数；函数 $y=x^3$ 在区间（$-\infty$，$+\infty$）内是奇函数。

（4）周期性

【定义 5】设函数 $y=f(x)$ 在区间 I 内有定义，如果存在一个不为零的实数 T，对于任意的 $x\in I$，有 $(x+T)\in I$，且恒有 $f(x+T)=f(x)$，则称 $y=f(x)$ 是**周期函数**。实数 T 称为**周期**。通常我们所说的周期函数的周期指的是函数的最小正周期。

例如，函数 $y=\sin x$ 是以 2π 为周期的周期函数。

3．反函数、分段函数

（1）反函数

在研究两个变量之间的依赖关系时，根据具体问题的实际情况，需要选定其中一个为自变量，那么另一个就是因变量（或函数）。

例如，在商品销售中，已知某商品的价格（即单价）为 p。如果要想用该商品的销售量 x 来计算该商品的销售总收入 y，那么 x 是自变量，y 是因变量，其函数关系为

$$y=px。$$

反过来，如果想以这种商品的销售总收入来计算其销售量，就必须把 y 作为自变量，x 作为因变量，并由函数 $y=px$ 解出 x 关于 y 的函数关系

$$x=\frac{y}{p}。$$

这时称 $x=\frac{y}{p}$ 为 $y=px$ 的反函数，$y=px$ 为直接函数。

【定义 6】设函数 $y=f(x)$ 的定义域为 D_f，值域为 R_f，如果对任意一个 $y\in R_f$，D_f 内只有一个数 x 与 y 对应，使得 $y=f(x)$，这时把 y 看做自变量，x 看做因变量，就得到一个新的函数，称为直接函数 $y=f(x)$ 的反函数，记作 $x=f^{-1}(y)$。

习惯上，把函数 $y=f(x)$ 的反函数写作 $y=f^{-1}(x)$。反函数的定义域记为 $D_{f^{-1}}$，值域记为 $R_{f^{-1}}$。显然 $D_{f^{-1}}=R_f$，$R_{f^{-1}}=D_f$。

注意：$y=f(x)$ 与 $y=f^{-1}(x)$ 的图形关于直线 $y=x$ 对称。

【例 5】求函数 $y=x^3-1$ 的反函数。

解：由直接函数 $y=x^3-1$ 解出 $x=\sqrt[3]{y+1}$，得到所求反函数 $y=\sqrt[3]{x+1}$，其定义域为 $(-\infty,+\infty)$。

（2）分段函数

【例 6】北京到某地的行李费按如下规定收取，当行李不超过 50kg 时，按基本运费 0.30 元/千克计算，当超过 50kg 时，超过部分按 0.45 元/千克收费，试求北京到该地的行李费 y（元）与行李重量 x（kg）之间的函数关系。

解：当 $0\leqslant x\leqslant 50$ 时，$y=0.3x$；

当 $x>50$ 时，$y=0.3\times 50+0.45(x-50)=0.45x-7.5$

所以行李费 y（元）与行李重量 x（kg）之间的函数关系为

$$y=\begin{cases}0.3x, & 0\leqslant x\leqslant 50\\ 0.45x-7.5, & x>50\end{cases}。$$

在上例中我们见到的函数关系，一个函数要用几个式子表示，这种在自变量的不同变化范围中，对应法则用不同式子来表示的函数通常称为**分段函数**。分段函数的图形在每一个分段上与相应表达式函数的图形相同。

【例 7】已知分段函数 $f(x)=\begin{cases}2\sqrt{x}, & 0\leqslant x\leqslant 1\\ 1+x, & x>1\end{cases}$，

① 求 $f\left(\frac{1}{4}\right)$，$f(0)$ 和 $f(3)$；

② 求函数的定义域；

③ 画出函数图形。

解：①当 $x=\frac{1}{4}$ 时，条件 $0\leqslant x\leqslant 1$ 成立，按表达式 $f(x)=2\sqrt{x}$ 计算，从而

$$f\left(\frac{1}{4}\right)=2\sqrt{\frac{1}{4}}=1$$

当 $x=0$ 时，仍有条件 $0\leqslant x\leqslant 1$ 成立，仍按这一表达式 $f(x)=2\sqrt{x}$ 计算，有

$$f(0)=2\times\sqrt{0}=0$$

当 $x=3$ 时，条件 $x>1$ 成立，按表达式 $f(x)=1+x$ 计算，从而

$$f(3)=1+3=4 。$$

② 因为函数定义域为自变量的所有可能取值，所以定义域为：$\{x\mid 0\leqslant x\leqslant 1\}\cup\{x\mid x>1\}$，即$[0, +\infty)$。

③ 函数$f(x)$图形由函数$y=2\sqrt{x}$的$[0, 1]$段与直线$y=1+x$的$(1, +\infty)$段组成，分别将两个图形对接在同一图中，就得到了给定函数的图形，如图 1-2 所示。

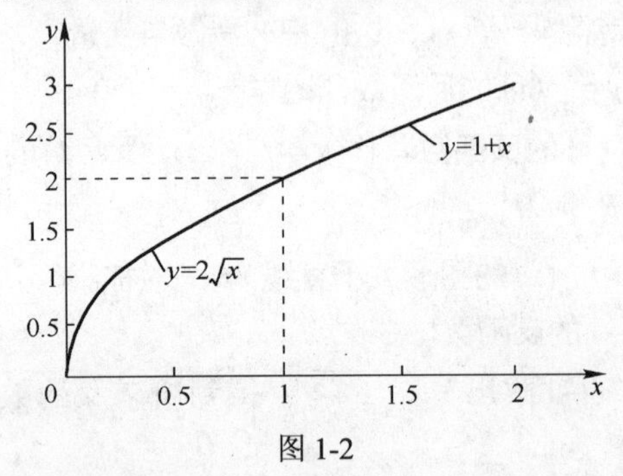

图 1-2

1.1.3 复合函数与初等函数

1．基本初等函数

基本初等函数除了常值函数$y=c$外，还包括以下函数类：

（1）幂函数

幂函数的一般形式为$y=x^{\mu}$（μ为实常数）。

幂函数的定义域与指数常数μ有关。例如，当$\mu=2$时，定义域为$(-\infty, +\infty)$；当$\mu=\dfrac{1}{2}$时，$y=\sqrt{x}$，定义域为$[0, +\infty)$；当$\mu=-1$时，$y=\dfrac{1}{x}$，定义域为$(-\infty, 0)\cup(0, +\infty)$。

幂函数$x>0$部分的图像如图 1-3 所示；$x<0$部分视μ的取值与$x>0$部分的图像，或关于y轴对称或关于原点对称。

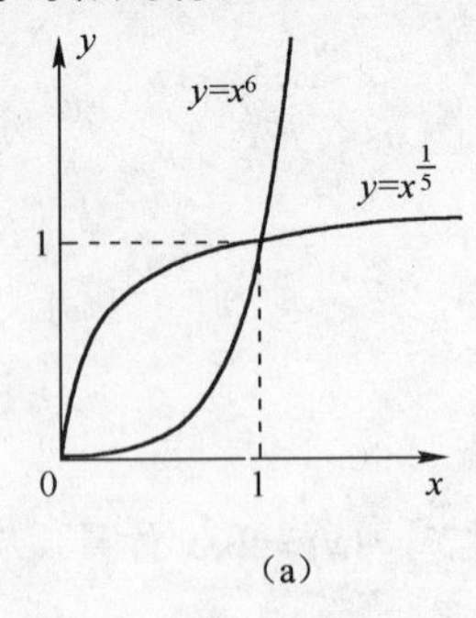

（a）

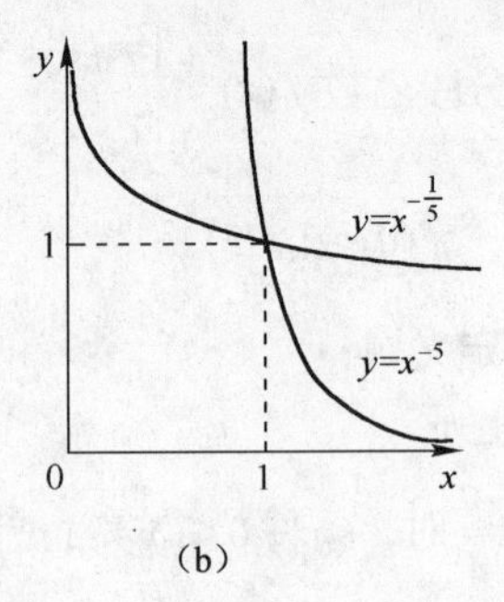

（b）

图 1-3

（2）指数函数和对数函数

形式为$y=a^{x}$的函数（其中底数$a>0$，且$a\neq 1$）称为**指数函数**，其定义域为$(-\infty, +\infty)$。图像如图 1-4 所示。

从图 1-4 可以看到，

① 指数函数$y=a^{x}$的函数值恒大于 0。

② 当$0<a<1$时，它是单调减函数；当$a>1$时，它是单调增函数。

③ 该函数无零点，与y轴的交点为$(0, 1)$。

常用的指数函数是$y=\mathrm{e}^x$，其中，$\mathrm{e}=2.71828\cdots\cdots$。

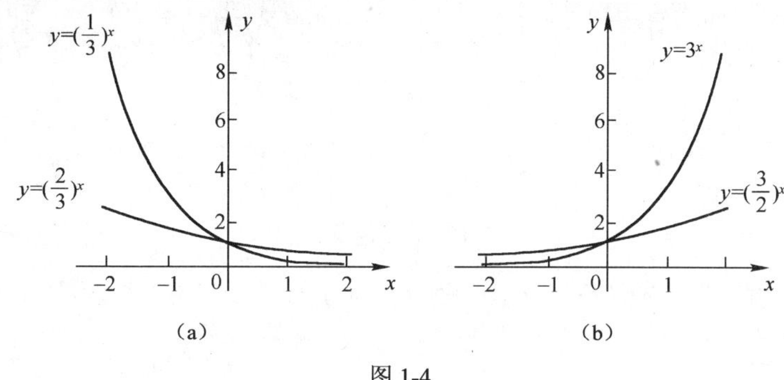

图 1-4

（3）对数函数

形式为$y=\log_a x$（其中，底数$a>0$，且$a\neq1$）的函数称为**对数函数**，其定义域为$(0, +\infty)$，对数函数的图形如图 1-5 所示。

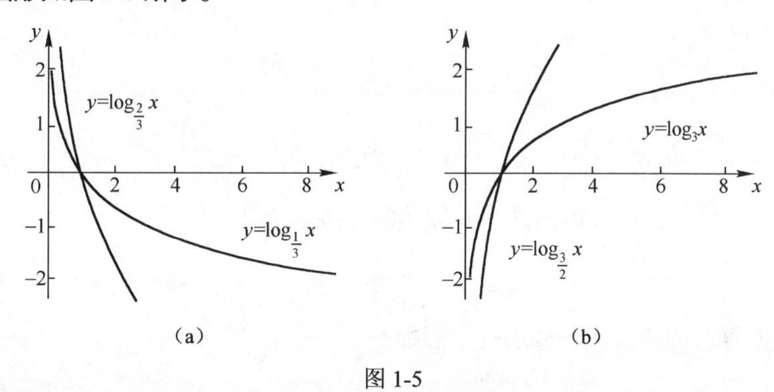

图 1-5

从图 1-5 中我们可以看到，

① 当$0<a<1$时，对数函数$y=\log_a x$为单调减函数；当$a>1$时，其为单调增函数。

② 该函数的零点（即与x轴交点的横坐标，或满足$f(x)=0$的x值）为 1，与y轴无交点。

对数函数$y=\log_a x$与指数函数$y=a^x$的图形关于直线$y=x$对称，因此它们互为反函数。

常用的对数函数有$f(x)=\lg x$和$f(x)=\ln x$。前者是以 10 为底的对数函数，称为**常用对数函数**；后者是以 e 为底的对数函数，称为**自然对数函数**。

（4）三角函数

三角函数包括：

正弦函数：$y=\sin x$，如图 1-6 所示，定义域为$(-\infty, +\infty)$，值域为$[-1, 1]$，它的特性是：有界、奇函数、周期函数（周期为2π）。

余弦函数：$y=\cos x$，如图 1-7 所示，定义域为$(-\infty, +\infty)$，值域为$[-1, 1]$，它的特性是：有界、偶函数、周期函数（周期为2π）。

正切函数：$y=\tan x=\dfrac{\sin x}{\cos x}$，如图 1-8 所示，定义域为$x\neq k\pi+\dfrac{\pi}{2}$ $(k\in Z)$，值域为$(-\infty, +\infty)$，它的特性是：无界、奇函数、周期函数（周期为π）。

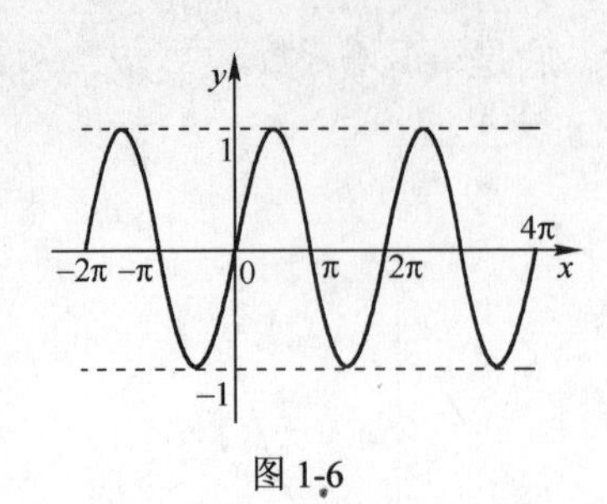

图 1-6

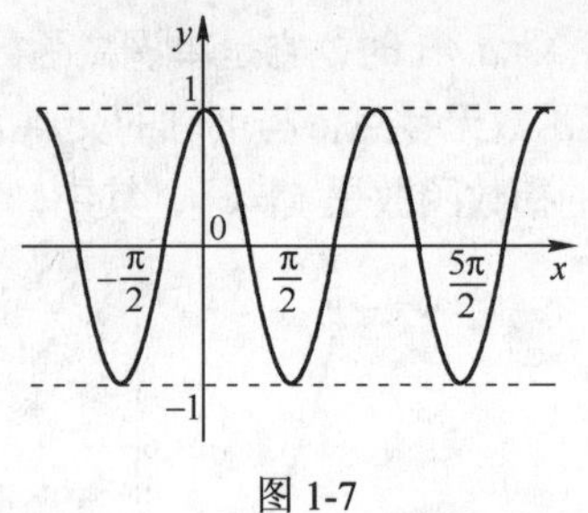

图 1-7

余切函数：$y=\cot x=\dfrac{\cos x}{\sin x}$，如图 1-9 所示，定义域为 $x\neq k\pi\ (k\in Z)$，值域为 $(-\infty,\ +\infty)$，它的特性是：无界、奇函数、周期函数（周期为 π）。

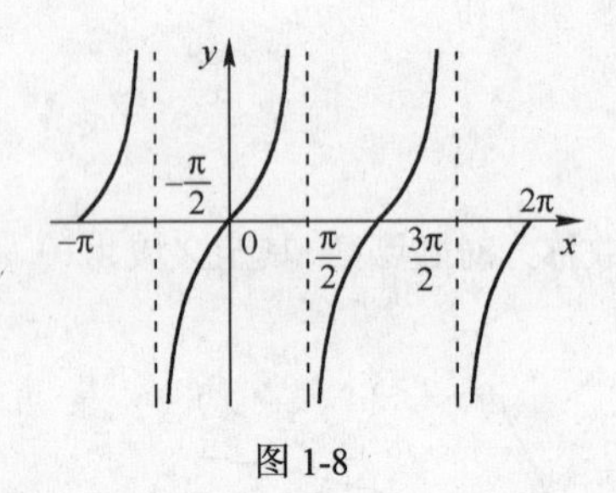

图 1-8

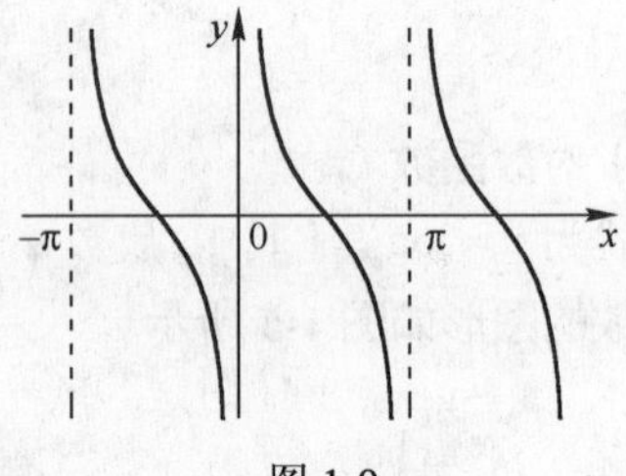

图 1-9

正割函数：$y=\sec x=\dfrac{1}{\cos x}$，如图 1-10 所示，定义域为 $x\neq k\pi+\dfrac{\pi}{2}\ (k\in Z)$，值域为 $|y|\geqslant 1$，它的特性是：无界、偶函数、周期函数（周期为 2π）。

余割函数：$y=\csc x=\dfrac{1}{\sin x}$，如图 1-11 所示，定义域为 $x\neq k\pi\ (k\in Z)$，值域为 $|y|\geqslant 1$，它的特性是：无界、奇函数、周期函数（周期为 2π）。

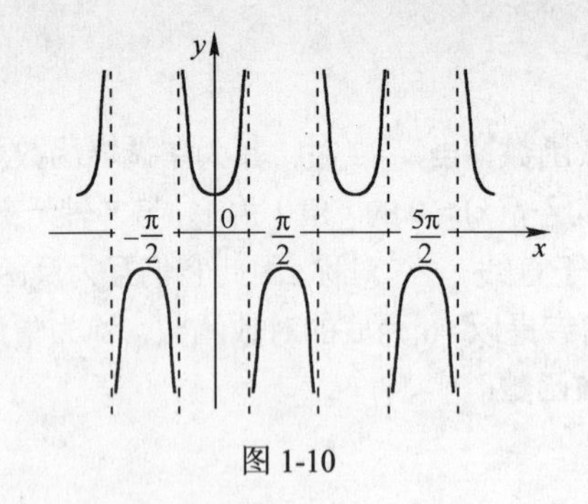

图 1-10

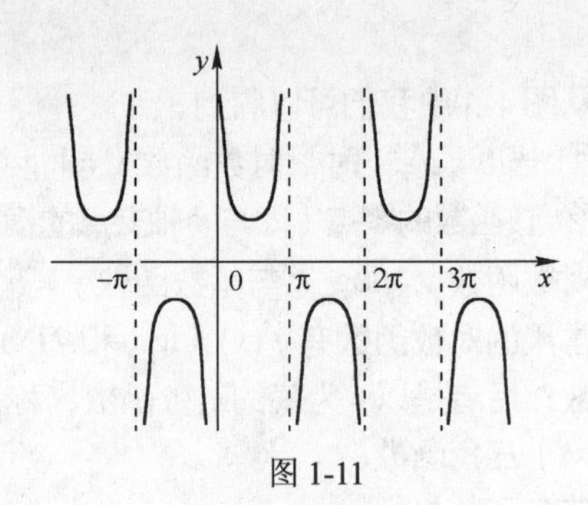

图 1-11

（5）反三角函数

常用的反三角函数包括：

反正弦函数：$y=\arcsin x$，如图 1-12 所示，定义域为 $[-1,\ 1]$，值域为 $\left[-\dfrac{\pi}{2},\ \dfrac{\pi}{2}\right]$。

反余弦函数：$y=\arccos x$，如图 1-13 所示，定义域为 $[-1,\ 1]$，值域为 $[0,\ \pi]$。

反正切函数：$y=\arctan x$，如图 1-14 所示，定义域为 $(-\infty,\ +\infty)$，值域为 $\left(-\dfrac{\pi}{2},\ \dfrac{\pi}{2}\right)$。

反余切函数： $y = \text{arc}\cot x$，如图 1-15 所示，定义域为 $(-\infty, +\infty)$，值域为 $(0, \pi)$。

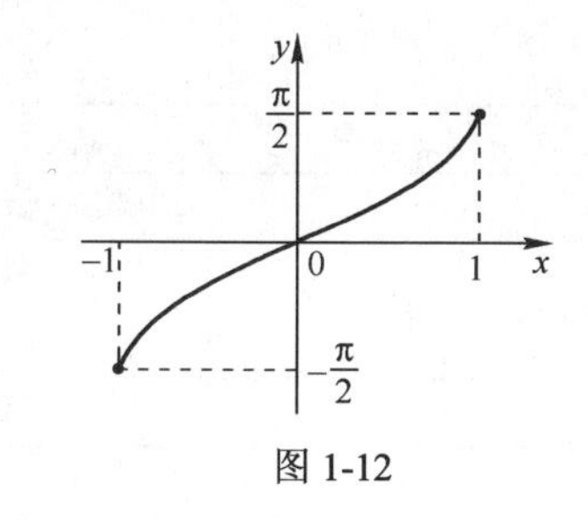

图 1-12

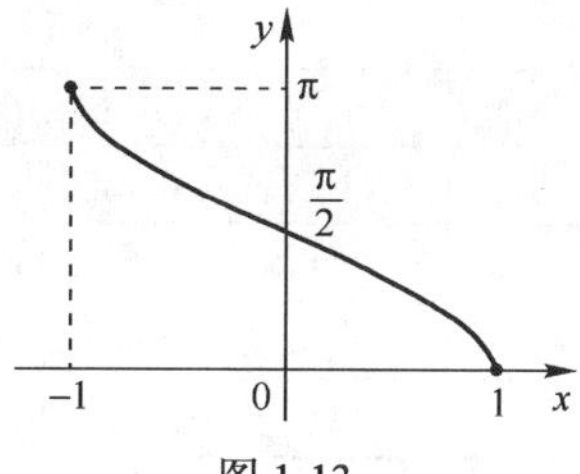

图 1-13

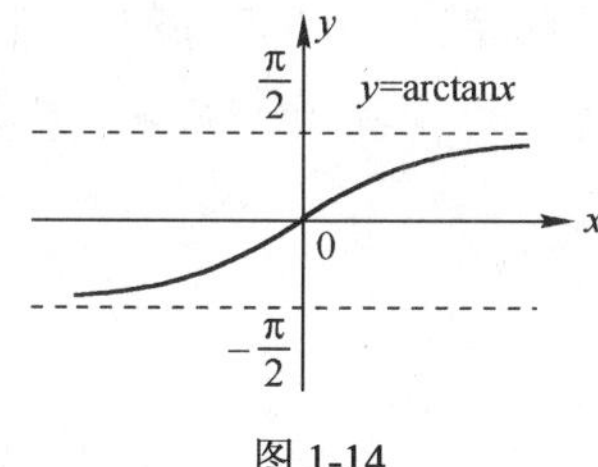

图 1-14

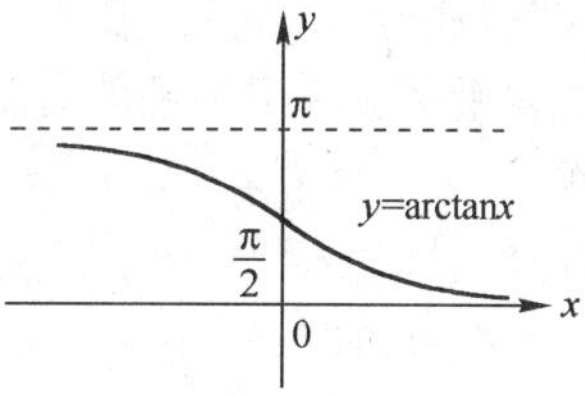

图 1-15

2．复合函数

有时两个变量的联系不是直接的，而是通过另一变量间接联系起来的。例如，$y = \ln u$，$u = 1 + x^2$，得到 $y = \ln(1 + x^2)$。这样我们就说函数 $y = \ln(1 + x^2)$ 是由 $y = \ln u$ 经过中间变量 $u = 1 + x^2$ 复合而成的。

【定义 7】设两个函数 $y = f(u)$，$u = g(x)$，若 $u = g(x)$ 的值域的全部或部分能使 $y = f(u)$ 有意义，则称 y 是通过中间变量 u 构成的 x 的函数，即 y 是 x 的**复合函数**。记作 $y = f[g(x)]$。其中 x 是自变量，u 是中间变量。

注意：① 并不是任何两个函数都可以构成一个复合函数。例如，$y = \ln u$，$u = -x^2$ 就不能构成复合函数，因为 $u = -x^2$ 的值域是 $u \leqslant 0$，而 $y = \ln u$ 的定义域是 $u > 0$。

② 复合函数可以有多个中间变量。例如，$y = \sqrt{\ln(x^2 - 3)}$ 是由 $y = \sqrt{u}$，$u = \ln v$，$v = x^2 - 3$ 复合而成的，有两个中间变量。

【例 8】写出下列函数的复合过程。

① $y = e^{\cos x}$；　　　　② $y = \sqrt{4 + x^2}$。

解：① $y = e^{\cos x}$ 是由 $y = e^u$，$u = \cos x$ 复合而成的；

② $y = \sqrt{4 + x^2}$ 是由 $y = \sqrt{u}$，$u = 4 + x^2$ 复合而成的。

3．初等函数

【定义 8】由基本初等函数经过有限次的四则运算和有限次的复合运算而成，且能用一个式子表达的函数称为初等函数。

例如，函数 $y = 2x^3 - x\tan x + \sqrt{1 - x^2}$ 为一个初等函数。

1.1.4　函数关系的建立

在解决工程技术问题等实际应用中，经常需要找出问题中变量之间的函数关系，下面通过两个简单的实例来说明建立函数关系式的方法。

【例 9】我国于 1993 年 10 月 31 日发布的《中华人民共和国个人所得税法》规定（见表

1-1，表中仅仅保留了原表中前四级的税率）:

表 1–1

级数	全月应纳税所得额	税率（%）
1	不超过 500 元的	5
2	超过 500 元至 2 000 元的部分	10
3	超过 2 000 元至 5 000 元的部分	15
4	超过 5 000 元至 20 000 元的部分	20

其中应纳税所得额为月工资减去 2 000 元。试在月工资不超过 20 000 元的范围内，给出月收入与所得税金额之间的函数关系。又若某人的工资为 3 500 元，试计算其所应交纳的个人所得税额。

解：设某人月收入为 x 元，应交纳所得税 y 元，则由题意得

当 $0 \leqslant x \leqslant 2000$ 时，$y=0$；

当 $2000 < x \leqslant 2500$ 时，$y=(x-2000)\times 5\%$；

当 $2500 < x \leqslant 4000$ 时，$y=(x-2500)\times 10\%+25$；

当 $4000 < x \leqslant 7000$ 时，$y=(x-4000)\times 15\%+25+150$；

当 $7000 < x \leqslant 20000$ 时，$y=(x-7000)\times 20\%+25+150+450$。

所求函数表达式为

$$y=\begin{cases} 0, & 0 \leqslant x \leqslant 2000 \\ 0.05(x-2000), & 2000 < x \leqslant 2500 \\ 0.1(x-2500)+25, & 2500 < x \leqslant 4000 \\ 0.15(x-4000)+175, & 4000 < x \leqslant 7000 \\ 0.2(x-7000)+625, & 7000 < x \leqslant 20000 \end{cases}。$$

某人工资为 3 500 元，即当 $x=3500$ 时，相应 y 值应使用表达式：$y=0.1(x-2500)+25$ 求值，从而

$$f(3500)=0.1(3500-2500)+25=125，$$

即这个人每月应交纳个人所得税 125 元。

【例 10】（复利息问题）设银行将数量为 A_0 的款贷出，每期利率为 r。若一期结算一次，则 t 期后连本带利可收回

$$A_0(1+r)^t；$$

例如，现在将 100 元现金存入银行，年利率为 1.98%，若一年结算一次，10 年末的本利和为 $100(1+0.0198)^{10} \approx 121.66$ 元。

若每期结算 m 次，则 t 期后连本带利可收回

$$A_0\left[\left(1+\frac{r}{m}\right)^m\right]^t = A_0\left(1+\frac{r}{m}\right)^{mt}。$$

此函数既可看成期数 t 的函数，也可看成结算次数 m 的函数。现实生活中一些事物的生长($r>0$)和衰减($r<0$)就遵从这种规律，而且是立即产生立即结算。例如，细胞的繁殖、树木生长、物体冷却、放射性元素的衰减等。

在经济学中还经常遇到几个简单经济函数，例如，总成本函数，总收益函数，总利润函数，需求函数，供给函数，等等。

① **总成本**是指生产一定数量的产品所需要的全部经济资源投入（劳力、原料、设备等）的费用总额。它由固定成本与可变成本组成；

② **总收益**是指生产者出售一定量产品所得到的全部收入；

③ **总利润**是指总收益与总成本的差；

④ **需求**是指在一定价格条件下，消费者愿意购买并且有支付能力购买的商品量；

⑤ **供给**是指在一定价格条件下，生产者愿意出售并且有可供出售的商品量。

【例 11】设某商品的市场供给函数$Q=-80+4p$（p为价格，Q为供给量），商品的单位生产成本是 1.5 元，固定成本为 1 000 元，设供给的商品能全部卖掉，试求总利润函数与市场价格p的函数关系式$L=L(p)$。

解：总成本函数为固定成本与可变成本之和，即

$$C(p)=1.5(-80+4p)+1000\text{，}$$

总收益函数为价格与供给的乘积，即

$$R(p)=p(-80+4p)\text{，}$$

从而总利润函数为

$$\begin{aligned}L=L(p)&=R(p)-C(p)=p(-80+4p)-1.5(-80+4p)-1\,000\\&=(p-1.5)(-80+4p)-1\,000\text{，其定义域为}[20,+\infty)\text{。}\end{aligned}$$

【例 12】如图 1-16 所示，某矿厂 A 要将生产出的矿石运往铁路旁的冶炼厂 C 冶炼。已知该矿距冶炼厂所在铁路垂直距离为 $a$km，它的垂足 B 到 C 的距离为 $b$km。又知铁路运价为 m 元/吨・千米，公路运价是 n 元/吨・千米（$m<n$），为节省运费，拟在铁路上另修一小站 M 作为转运站，那么总运费的多少决定于 M 的位置。试求出运费与距离$|BM|$的函数关系。

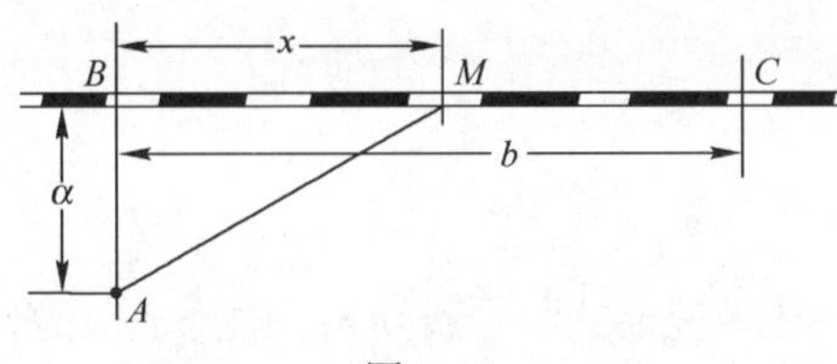

图 1-16

解：设$|BM|=x$，运费为y，则$|AM|=\sqrt{x^2+a^2}$。

所以总运费$y=n\sqrt{x^2+a^2}+m(b-x)$，其定义域为$[0,\ b]$。

1.2 极　　限

1.2.1 一个数字游戏带来的问题——认识极限

在介绍极限概念之前，首先看几个例子。

【例 13】（一个数字游戏带来的问题）用计算器对数 2 连续开平方时，经过一定次数的开方后得到 1，为什么？是否对于任何数经过一定次数的开平方运算都得 1？通过自己做几个

例子后，你会确定这一点，但究竟是什么原因呢?

究其数学表达式，有：对数 2 开平方一次有 $\sqrt{2}=2^{\frac{1}{2}}$；开平方两次有 $\sqrt{\sqrt{2}}=2^{\frac{1}{2^2}}$；…；开平方 n 次有 $\sqrt{\sqrt{\cdots\sqrt{2}}}=2^{\frac{1}{2^n}}$，…。可见开平方次数越来越大时，所得结果的指数 $\frac{1}{2^n}$ 就越来越接近于零，从而结果就越来越接近于 $2^0=1$。由此不难想到，对任何正整数 a，开平方次数越来越大时，其结果就越来越接近于 $a^0=1$。

【例 14】(割圆术)中国古代数学家刘徽在《九章算术注》“方田章圆田术”中创造了割圆术计算圆周率π的方法。刘徽注意到圆内接正多边形的面积小于圆面积，且当将边数屡次加倍时，正多边形的面积增大，边数愈大则正多边形面积愈近于圆的面积。“割之弥细，所失弥少。割之又割以至于不可割则与圆合体而无所失矣。”这几句话明确地表达了刘徽的这一思想。如图 1-17 所示，当内接正多边形的边数越多，多边形的边就越贴近圆周。

如图 1-18 所示，半径为 R 的圆内接正 n 边形的边长 $a(n)$和周长 $l(n)$分别为：

$$a(n)=2R\sin\left(\frac{360^\circ}{2n}\right)=2R\sin\left(\frac{2\pi}{2n}\right),\quad l(n)=n\times a(n)=2nR\sin\left(\frac{\pi}{n}\right)$$

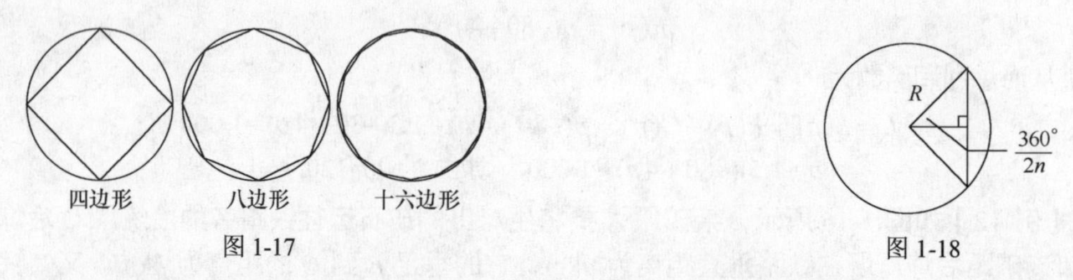

图 1-17

图 1-18

当 n 越来越大时，$l(n)$渐渐地稳定在一个值上，这个值就是圆周长 $2\pi R$。于是可计算得圆周率 π 的值。

上述两个问题的解决，均需要讨论当函数自变量进行某一趋势的变化时，函数值变化的规律，这就是极限。

1.2.2 极限的概念

1．数列的极限

下面我们来求解【例 14】中提出的圆周长问题。根据上节的分析得知：圆周长求解问题可形式化地描述成当 n 无限增大（记为 $n\to+\infty$）时，函数 $l(n)=2nR\sin\left(\frac{\pi}{n}\right)$ 的变化问题。

大家已经注意到，这个函数与前面讲述的函数有些不同，其自变量只能取正整数，因此其函数图形不是线，而是一系列点，这样的函数称为数列，记为 $\{a_n\}$，a_n 称为数列的一般项，我们所要研究的就是当 n 无限增大时，数列 $\{a_n\}$ 的变化趋势。

上述 $l(n)$ 的图形当 $R=1$ 时如图 1-19 所示。从图中可以看出，当 $n\to+\infty$ 时，数列 $\{l(n)\}$ 所对应的点列与直线 $y=2\pi$ 逐渐靠拢，即 $n\to+\infty$ 时，$l(n)\to 2\pi$。此时，称数列 $\{l(n)\}$ 的极限为 2π，并记为 $\lim\limits_{n\to+\infty} l(n)=2\pi$。

【定义 9】对于数列 $\{a_n\}$，当 $n\to+\infty$ 时，若数列 a_n 能无限趋近于唯一确定的常数 A，则称常数 A 为数列 $\{a_n\}$ 当 $n\to+\infty$ 时的极限，并记为 $\lim\limits_{n\to+\infty} a_n=\mathrm{A}$。

【例 15】求数列 $a_n = 1 + \frac{1}{n}$ 的极限。

解：由表 1-2 和图 1-20 可看出，当 $n \to +\infty$，$a_n = 1 + \frac{1}{n}$ 无限趋近于 1。即 $\lim\limits_{n \to +\infty} \left(1 + \frac{1}{n}\right) = 1$。

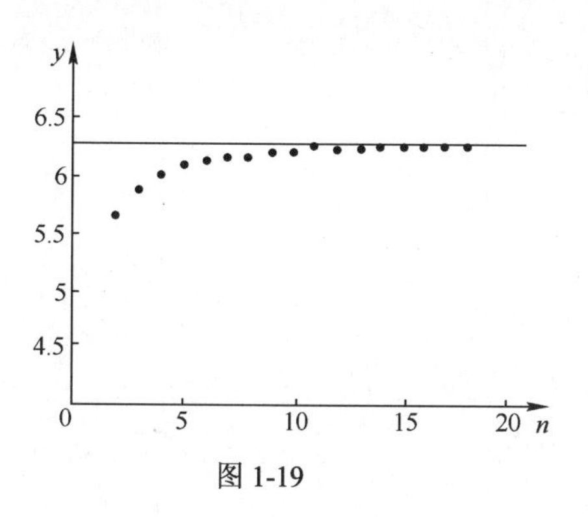

图 1-19

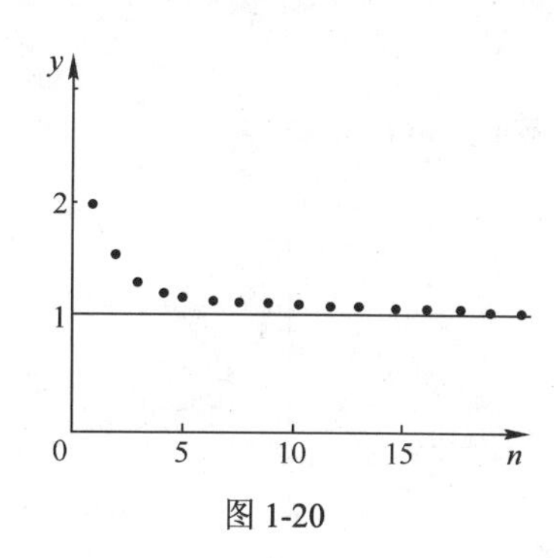

图 1-20

表 1–2

n	1	2	3	4	…	10	…	100	…
y_n	2	1.5	1.333	1.25	…	1.01	…	1.001	…

注意：并不是任何数列都有极限。

例如，数列 $a_n = 2^n$，当 n 无限增大时，它也无限增大，不能无限趋近于一个确定的常数，所以数列 $a_n = 2^n$ 没有极限；又如，数列 $a_n = (-1)^n$，当 n 无限增大时，a_n 在–1 和 1 这两个点上来回跳动，不能无限趋近于一个确定的常数，所以数列 $a_n = (-1)^n$ 没有极限。

2．函数的极限

（1）当 $x \to \infty$ 时，函数 $f(x)$ 的极限

先考察函数 $f(x) = \frac{1}{x}$ 当 $|x|$ 无限增大（记为 $x \to \infty$）时的变化趋势。由图 1-21 可知，当 $x \to \infty$ 时，$f(x)$ 的值无限趋近于 0。

【定义 10】设函数 $f(x)$ 当 $|x|$ 充分大时有定义，当 $x \to \infty$ 时，若函数 $f(x)$ 能无限趋近于唯一一个确定的常数 A，那么称 A 为函数 $f(x)$ 当 $x \to \infty$ 时的极限，记为 $\lim\limits_{x \to \infty} f(x) = \text{A}$。

根据定义可知，当 $x \to \infty$ 时，函数 $f(x) = \frac{1}{x}$ 的极限为 0，即 $\lim\limits_{x \to \infty} \frac{1}{x} = 0$。

在上述定义中，$x \to \infty$ 指的是 x 既可取正值无限增大（记为 $x \to +\infty$，读作 x 趋向于正无穷大），同时也可取负值而绝对值无限增大（记为 $x \to -\infty$，读作 x 趋向于负无穷大）。但有时 x 的变化趋向只能或只需考虑这两种变化中的一种情形。

在定义中，若只考虑 $x \to +\infty$ 的情形，则记为 $\lim\limits_{x \to +\infty} f(x) = \text{A}$；若只考虑 $x \to -\infty$ 的情形，则记为 $\lim\limits_{x \to -\infty} f(x) = \text{A}$。

例如，如图 1-21 所示，有 $\lim\limits_{x \to +\infty} \frac{1}{x} = 0$ 及 $\lim\limits_{x \to -\infty} \frac{1}{x} = 0$，这两个极限值与 $\lim\limits_{x \to \infty} \frac{1}{x}$ 相等，都等于 0。

由此不难得出如下结论：

【结论 1】$\lim\limits_{x\to\infty} f(x)$ 存在 $\Leftrightarrow$ $\lim\limits_{x\to+\infty} f(x)$ 与 $\lim\limits_{x\to-\infty} f(x)$ 存在且相等。

【例 16】求 $\lim\limits_{x\to\infty} \mathrm{e}^x$。

解：如图 1-22 所示，因为

$$\lim_{x\to-\infty} \mathrm{e}^x = 0\text{，}\quad \lim_{x\to+\infty} \mathrm{e}^x = +\infty\text{。}$$

所以 $\lim\limits_{x\to\infty} \mathrm{e}^x$ 不存在。

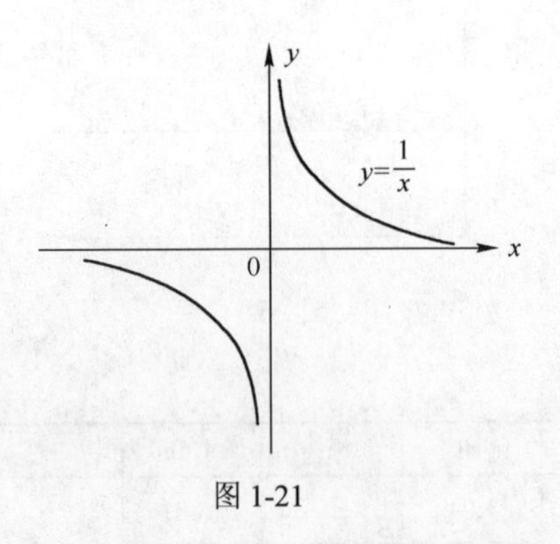

图 1-21

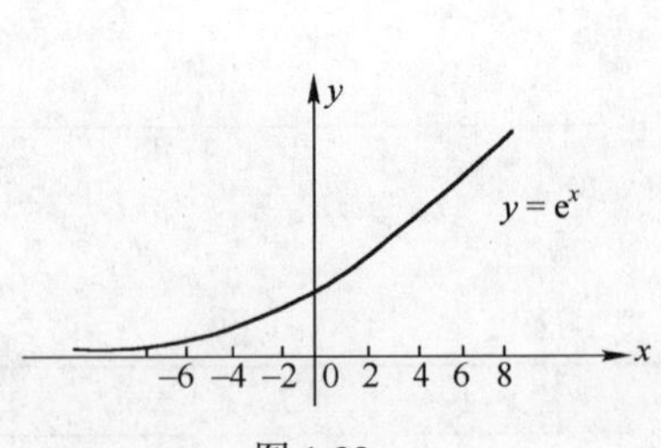

图 1-22

（2）当 $x\to x_0$ 时，函数 $f(x)$ 的极限

先考察当 $x\to 1$ 时，函数 $f(x)=\dfrac{x^2-1}{x-1}$ 的变化趋势。

为了清楚起见，我们把 $x\to 1$ 时，函数 $f(x)=\dfrac{x^2-1}{x-1}$ 的变化情况列成表（见表 1-3）。

表 1–3

x	0.9	0.99	0.999	0.999 9	…	1.000 1	1.001	1.01	1.1
$f(x)$	1.9	1.99	1.999	1.999 9	…	2.000 1	2.001	2.01	2.1

由表 1-3 及图 1-23 可知：当 $x\to 1$ 时，函数 $f(x)=\dfrac{x^2-1}{x-1}$ 的值无限趋近于 2。

【定义 11】设函数 $f(x)$ 在点 x_0 的附近有定义，当 $x\to x_0$ 时，若函数 $f(x)$ 能无限趋近于一个确定的常数 A，则称 A 为函数 $f(x)$ 当 $x\to x_0$ 时的极限，记为 $\lim\limits_{x\to x_0} f(x)=\mathrm{A}$。

由定义可知 $\lim\limits_{x\to 1}\dfrac{x^2-1}{x-1}=2$。

注意：函数 $f(x)=\dfrac{x^2-1}{x-1}$ 在 $x=1$ 处无定义，但 $x\to 1$ 时，函数的极限存在，可见极限值只表示函数的变化趋势，它与该点处的函数值是两个不同的概念。

【例 17】用图形法求极限 $\lim\limits_{x\to 0}\sin x$。

解：如图 1-24 所示，无论 x 从大于零的方向还是从小于零的方向趋近于 0，$\sin x$ 的值总是无限趋近于 0，因此，有 $\lim\limits_{x\to 0}\sin x=0$。

【定义 12】当 $x\to x_0^-$（表示 x 从小于 x_0 的一侧趋近于 x_0）时，若函数 $f(x)$ 能无限趋近

于一个确定的常数 A，则称 A 为函数 $f(x)$ 当 $x \to x_0$ 时的**左极限**，记为 $\lim\limits_{x \to x_0^-} f(x) = A$。

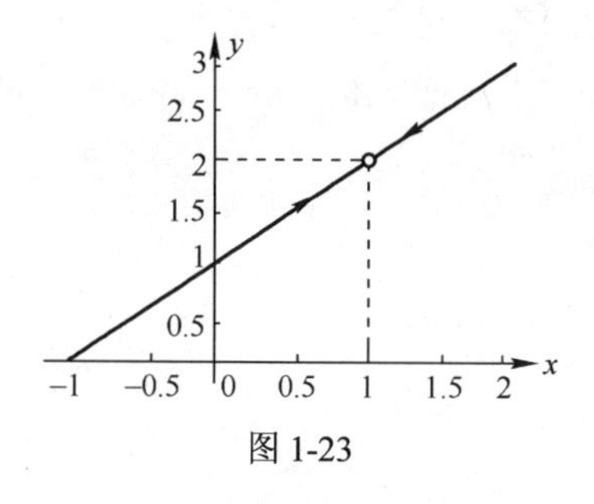

图 1-23

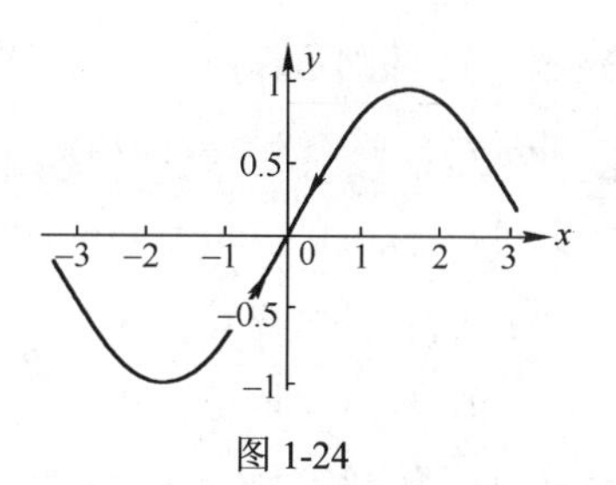

图 1-24

当 $x \to x_0^+$（表示 x 从大于 x_0 的一侧趋近于 x_0）时，若函数 $f(x)$ 能无限趋近于一个确定的常数 A，则称 A 为函数 $f(x)$ 当 $x \to x_0$ 时的**右极限**，记为 $\lim\limits_{x \to x_0^+} f(x) = A$。

由【定义 11】中的例子可以看出，函数 $f(x) = \dfrac{x^2-1}{x-1}$ 当 $x \to 1$ 时的左极限为

$$\lim_{x \to 1^-} f(x) = \lim_{x \to 1^-} \frac{x^2-1}{x-1} = 2$$

右极限为

$$\lim_{x \to 1^+} f(x) = \lim_{x \to 1^+} \frac{x^2-1}{x-1} = 2$$

即 $\lim\limits_{x \to 1^-} f(x) = \lim\limits_{x \to 1^+} f(x) = 2$，它们都等于 $f(x) = \dfrac{x^2-1}{x-1}$ 当 $x \to 1$ 时的极限。

由此不难得出如下结论：

【结论 2】 $\lim\limits_{x \to x_0} f(x)$ 存在 $\Leftrightarrow$ $\lim\limits_{x \to x_0^+} f(x)$ 与 $\lim\limits_{x \to x_0^-} f(x)$ 都存在且相等。

【例 18】 考察函数 $f(x) = \begin{cases} 2x+2, & x < 1 \\ 3-x, & x > 1 \end{cases}$ 当 $x \to 1$ 时的极限。

解：如图 1-25 所示，$\lim\limits_{x \to 1^-} f(x) = \lim\limits_{x \to 1^-}(2x+2) = 4$，

$$\lim_{x \to 1^+} f(x) = \lim_{x \to 1^+}(3-x) = 2,$$

因为　$\lim\limits_{x \to 1^-} f(x) \neq \lim\limits_{x \to 1^+} f(x)$，

所以　$\lim\limits_{x \to 1} f(x)$ 不存在。

由上例可知，判断分段函数 $f(x)$ 在分段点的极限是否存在，只需计算它在分段点的左极限与右极限。若左极限和右极限存在并且相等，则函数 $f(x)$ 在分段点的极限存在并且等于左右极限，否则函数 $f(x)$ 在分段点的极限不存在。

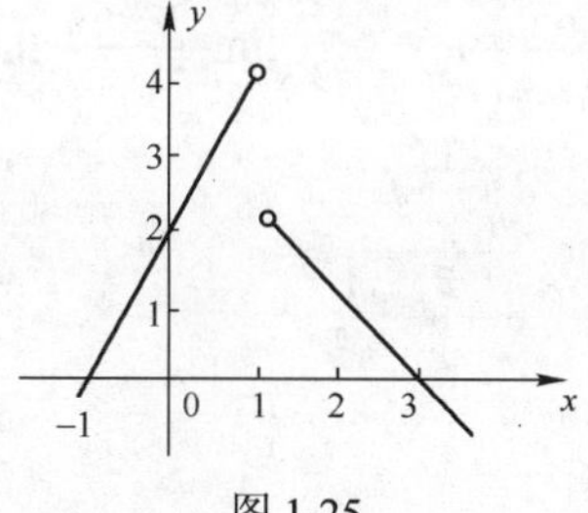

图 1-25

1.2.3 极限的简单运算

【定理 1】(四则运算法则)若在同一变化过程中，$\lim\limits_{\cdots} f(x)=A$，$\lim\limits_{\cdots} g(x)=B$，则

① $\lim\limits_{\cdots}[f(x)\pm g(x)]=\lim\limits_{\cdots} f(x)\pm\lim\limits_{\cdots} g(x)=A\pm B$；

② $\lim\limits_{\cdots}[f(x)g(x)]=\lim\limits_{\cdots} f(x)\lim\limits_{\cdots} g(x)=A\times B$；

③ $\lim\limits_{\cdots}\dfrac{f(x)}{g(x)}=\dfrac{\lim\limits_{\cdots} f(x)}{\lim\limits_{\cdots} g(x)}=\dfrac{A}{B}$ ($B\neq 0$)。

【推论 1】$\lim\limits_{\cdots}[k\,f(x)]=k\lim\limits_{\cdots} f(x)$ (k 为常数)；

【推论 2】$\lim\limits_{\cdots}[f(x)]^n=[\lim\limits_{\cdots} f(x)]^n$。

【例 19】计算 $\lim\limits_{x\to 1}(x^2-2x+2)$。

解：$\lim\limits_{x\to 1}(x^2-2x+2)=\lim\limits_{x\to 1}(x^2)-\lim\limits_{x\to 1}(2x)+\lim\limits_{x\to 1}2=(\lim\limits_{x\to 1}x)^2-2\lim\limits_{x\to 1}x+\lim\limits_{x\to 1}2$

$=1^2-2\times 1+2=1$。

由此可知，若多项式 $P_n(x)=a_0x^n+a_1x^{n-1}+\cdots+a_{n-1}x+a_n$，则对于任意实数 x_0 有

$$\lim_{x\to x_0}P_n(x)=P_n(x_0)\text{。}$$

【例 20】计算 $\lim\limits_{x\to -1}\dfrac{x^3+2x-4}{x^2-3}$。

解：$\lim\limits_{x\to -1}\dfrac{x^3+2x-4}{x^2-3}=\dfrac{\lim\limits_{x\to -1}(x^3+2x-4)}{\lim\limits_{x\to -1}(x^2-3)}=\dfrac{(-1)^3+2(-1)-4}{(-1)^2-3}=\dfrac{7}{2}$。

一般地，若 $P_n(x)$，$Q_m(x)$ 表示多项式函数，且 $Q_m(x_0)\neq 0$，则有

$$\lim_{x\to x_0}\frac{P_n(x)}{Q_m(x)}=\frac{P_n(x_0)}{Q_m(x_0)}\text{。}$$

【例 21】计算 $\lim\limits_{x\to 2}\dfrac{x+1}{x-2}$。

解：由于 $\lim\limits_{x\to 2}(x-2)=0$，而 $\lim\limits_{x\to 2}(x+1)=3\neq 0$，

所以 $\lim\limits_{x\to 2}\dfrac{x+1}{x-2}=\infty$ (不存在)。

【例 22】计算 $\lim\limits_{x\to 2}\dfrac{x^2-4}{x^2+x-6}$。

解：$\lim\limits_{x\to 2}\dfrac{x^2-4}{x^2+x-6}=\lim\limits_{x\to 2}\dfrac{(x+2)(x-2)}{(x+3)(x-2)}=\lim\limits_{x\to 2}\dfrac{x+2}{x+3}=\dfrac{4}{5}$。

【例 23】计算① $\lim\limits_{x\to +\infty}\dfrac{x^2+x-2}{6x^2-7x+1}$； ② $\lim\limits_{x\to -\infty}\dfrac{x^2+x}{2x^3-7}$； ③ $\lim\limits_{x\to \infty}\dfrac{5-2x^3}{x^2+2x+1}$。

解：① $\lim\limits_{x\to +\infty}\dfrac{x^2+x-2}{6x^2-7x+1}=\lim\limits_{x\to +\infty}\dfrac{1+\dfrac{1}{x}-\dfrac{2}{x^2}}{6-\dfrac{7}{x}+\dfrac{1}{x^2}}=\dfrac{1}{6}$；

② $\lim\limits_{x\to-\infty}\dfrac{x^2+x}{2x^3-7}=\lim\limits_{x\to-\infty}\dfrac{\dfrac{1}{x}+\dfrac{1}{x^2}}{2-\dfrac{7}{x^3}}=0$；

③ $\lim\limits_{x\to\infty}\dfrac{5-2x^3}{x^2+2x+1}=\lim\limits_{x\to+\infty}\dfrac{\dfrac{5}{x^3}-2}{\dfrac{1}{x}+\dfrac{2}{x^2}+\dfrac{1}{x^3}}=\infty$。

一般地，当 $x\to\infty$ 时，有理分式函数的极限有以下结果：

$$\lim_{x\to\infty}\frac{a_0x^n+a_1x^{n-1}+\cdots+a_n}{b_0x^m+b_1x^{m-1}+\cdots+b_m}=\begin{cases}0, & n<m\\ \dfrac{a_0}{b_0}, & n=m\\ \infty, & n>m\end{cases}$$

利用上面的结果求有理分式当 $x\to\infty$ 时的极限非常方便。

【例 24】计算 $\lim\limits_{x\to0}\dfrac{\sqrt{x+4}-2}{x}$。

解：$\lim\limits_{x\to0}\dfrac{\sqrt{x+4}-2}{x}=\lim\limits_{x\to0}\dfrac{(\sqrt{x+4}-2)(\sqrt{x+4}+2)}{x(\sqrt{x+4}+2)}=\lim\limits_{x\to0}\dfrac{x}{x(\sqrt{x+4}+2)}$

$$=\lim_{x\to0}\frac{1}{\sqrt{x+4}+2}=\frac{1}{4}。$$

1.2.4　两个重要的极限

1. $\lim\limits_{x\to0}\dfrac{\sin x}{x}=1$

我们给出当 x 趋近于 0 时函数 $\dfrac{\sin x}{x}$ 的值见表 1-4（由于 $x\to0$ 时，$\sin x$ 与 x 保持同号，因此只需列出 x 取正值趋于 0 的部分），并做函数的图像，如图 1-26 所示。

表 1–4

x（弧度）	$\sin x$	$\dfrac{\sin x}{x}$
1.000	0.84147098	0.84147098
0.1000	0.099833417	0.99833417
0.0100	0.09999334	0.9999334
0.0010	0.00099999984	0.99999984

由表 1-4 和图 1-26 可以看出，函数的值无限趋近于 1，即

$$\lim_{x\to0}\frac{\sin x}{x}=1。$$

【例 25】求 $\lim\limits_{x\to0}\dfrac{\tan x}{x}$。

解：$\lim\limits_{x\to0}\dfrac{\tan x}{x}=\lim\limits_{x\to0}\dfrac{\sin x}{x}\cdot\dfrac{1}{\cos x}=\lim\limits_{x\to0}\dfrac{\sin x}{x}\cdot\lim\limits_{x\to0}\dfrac{1}{\cos x}=1$。

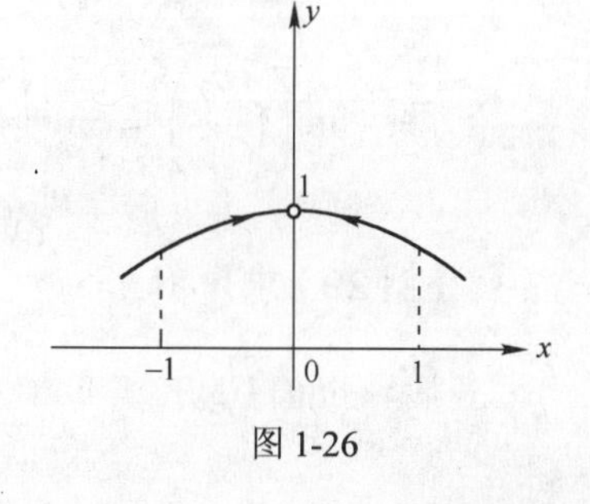

图 1-26

【例 26】求 $\lim\limits_{x\to 0}\dfrac{\sin kx}{x}$（$k$ 为非零常数）。

解：$\lim\limits_{x\to 0}\dfrac{\sin kx}{x}=\lim\limits_{x\to 0}\dfrac{\sin kx}{kx}\cdot k=k$。

【例 27】$\lim\limits_{x\to 0}\dfrac{1-\cos x}{x^2}$。

解 $\lim\limits_{x\to 0}\dfrac{1-\cos x}{x^2}=\lim\limits_{x\to 0}\dfrac{(1-\cos x)(1+\cos x)}{x^2(1+\cos x)}=\lim\limits_{x\to 0}\dfrac{\sin^2 x}{x^2(1+\cos x)}$

$$=\lim_{x\to 0}\left(\frac{\sin x}{x}\right)^2\cdot\frac{1}{1+\cos x}=\lim_{x\to 0}\left(\frac{\sin x}{x}\right)^2\cdot\lim_{x\to 0}\frac{1}{1+\cos x}=\frac{1}{2}。$$

2．$\lim\limits_{x\to\infty}\left(1+\dfrac{1}{x}\right)^x=\mathrm{e}$

我们给出当 $|x|$ 逐渐增大时函数 $f(x)=\left(1+\dfrac{1}{x}\right)^x$ 的值，见表 1-5，并做出函数图像，如图 1-27 所示。

表 1-5

x	1	10	100	1000	10000	100000	…
$\left(1+\frac{1}{x}\right)^x$	2	2.59	2.705	2.717	2.718	2.71827	…
x	−10	−100	−1000	−10000	−100000	…	
$\left(1+\frac{1}{x}\right)^x$	2.88	2.732	2.720	2.7183	2.71828	…	

由表 1-5 及图 1-27 可以看出，$\lim\limits_{x\to\infty}\left(1+\dfrac{1}{x}\right)^x$ 存在，其值是一个无理数，记作 e，$\mathrm{e}=2.71828182845\cdots\cdots$，这个值就是自然对数的底数，即

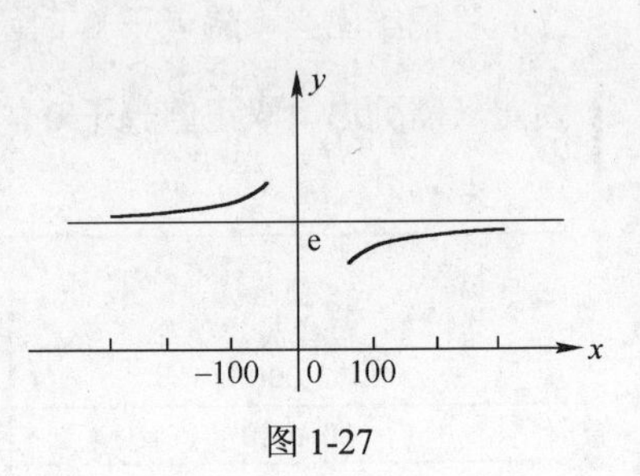

图 1-27

$$\lim_{x\to\infty}\left(1+\frac{1}{x}\right)^x=\mathrm{e}。$$

此极限还有另一种形式：$\lim\limits_{x\to 0}(1+x)^{\frac{1}{x}}=\mathrm{e}$，$\lim\limits_{n\to+\infty}\left(1+\dfrac{1}{n}\right)^n=\mathrm{e}$。

【例 28】求 $\lim\limits_{x\to\infty}\left(1+\dfrac{2}{x}\right)^x$。

解：$\lim\limits_{x\to\infty}\left(1+\dfrac{2}{x}\right)^x=\lim\limits_{x\to\infty}\left[\left(1+\dfrac{2}{x}\right)^{\frac{x}{2}}\right]^2=\mathrm{e}^2$。

【例 29】求 $\lim\limits_{x\to 0}(1-2x)^{\frac{1}{4x}}$。

解：$\lim\limits_{x\to 0}(1-2x)^{\frac{1}{4x}}=\lim\limits_{x\to 0}(1-2x)^{\frac{1}{2x}\frac{1}{2}}=\mathrm{e}^{-\frac{1}{2}}$。

1.2.5 极限在简单实际问题中的应用

【例 30】（成本—效益模型）设清除费用$C(x)$（单位：元）与清除污染成分的$x\%$之间的函数模型为

$$C(x)=\frac{7300x}{100-x}$$

求：① $\lim\limits_{x\to 80}C(x)$；② $\lim\limits_{x\to 100^-}C(x)$。

解：① $\lim\limits_{x\to 80}C(x)=\lim\limits_{x\to 80}\dfrac{7300x}{100-x}=29200$（元），

即清除污染成分的80%，将需要费用 29200 元。

② $\lim\limits_{x\to 100^-}C(x)=\lim\limits_{x\to 100^-}\dfrac{7300x}{100-x}=+\infty$，

也即不能100%地清除污染。

【例 31】（投资问题）国家向某企业投资 50 万元，这家企业将投资作为抵押品向银行贷款，得到相当于抵押品的价值 75%的贷款，该企业将此贷款再次进行投资，并将投资作为抵押品又向银行贷款，仍得到相当于抵押品的 75%的贷款，企业又将此贷款再进行投资，如这种贷款－投资－再贷款－再投资，如此反复进行扩大再生产，问该企业共投资多少万元?

解：设S表示投资与再投资的总和，a_n表示每次投资或再投资（贷款），于是得到一数列：

$$a_1=50，a_2=50\times 0.75，a_3=50\times 0.75^2，\cdots，a_n=50\times 0.75^{n-1}，$$

此数列为一等比数列，且公比$q=0.75$，故

$$S_n=\frac{a_1(1-q^n)}{1-q}=\frac{50(1-0.75^n)}{1-0.75}=200(1-0.75^n)。$$

因此，该企业共计投资

$$S=\lim_{n\to+\infty}200(1-0.75^n)=200\ （万元）。$$

【例 32】（野生动物的增长）在某一自然环境保护区内放入一群野生动物，总数为 20 只，若被精心照料，预计野生动物增长规律满足：在t年后动物总数N由以下公式给出

$$N=\frac{220}{1+10(0.83)^t}，$$

保护区中野生动物数达到 80 只时，没有精心的照料，野生动物群也将会进入正常的生长状态，即其群体增长仍然符合上式中的增长规律。

① 需要精心照料的期限为多少年?

② 在这一自然保护区中，最多能供养多少只野生动物?

解：注意到$t=0$时，由公式也可得N=20，可见公式中的t是从放入动物后即开始计时的。

① 由于$N<80$时，需要精心照料，令N=80，求解时间t可得

$$80=\frac{220}{1+10(0.83)^t}$$

于是可解出：$t=9.35423$。此值说明，精心照料的期限大约为 9 年半。

② 随着时间的延续，由于自然环境保护区内的各种资源限制，这一动物群不可能无限增大，它应达到某一饱和状态。在这一自然保护区中，最多能供养的野生动物数即求极限

$\lim\limits_{t\to+\infty} N$。

$$\lim_{t\to+\infty} N=\lim_{t\to+\infty}\frac{220}{1+10(0.83)^t}=220,$$

即在这一自然保护区中，最多能供养 220 只野生动物。

1.3 函数的连续性

函数的连续性是一个非常重要的概念。自然界中有许多现象，例如，一天气温的变化，河水的流动，树木的生长等都是随时间变化而连续变化的。这种现象在函数关系上的反映就是函数的连续性。

1.3.1 函数连续的概念

1．函数在一点处的连续性

观察图 1-28 所示的 4 个函数曲线，可以看到，这 4 条函数曲线在 $x=c$ 处都断开了。分别考察这些函数在 $x\to c$ 时的极限不难发现，这些函数曲线断开的原因有：

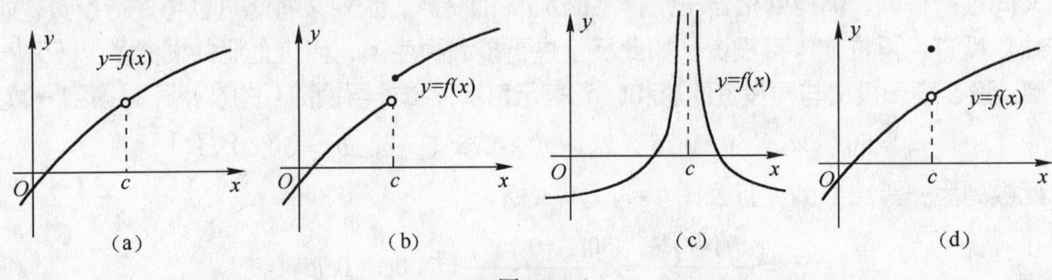

图 1-28

① 函数在 $x=c$ 点无定义，如图 1-28（a）和图 1-28（c）所示；

② 函数在 $x\to c$ 时极限不存在，如图 1-28（b）和图 1-28（c）所示；

③ $\lim\limits_{x\to c} f(x)\neq f(c)$，如图 1-28（d）所示。

可见，要使函数的曲线在 $x=c$ 点不断开，应保证上述 3 种情况均不出现。

【定义 13】若函数 $f(x)$ 满足：

① 在 $x=c$ 点有定义；② $\lim\limits_{x\to c} f(x)$ 存在；③ $\lim\limits_{x\to c} f(x)=f(c)$，

则称函数 $f(x)$ 在 $x=c$ 点连续；否则称函数 $f(x)$ 在 $x=c$ 点间断。

【例 33】试判断函数 $f(x)=x^2+5x+1$ 在 $x=c$ 点的连续性。

解：因为 $\lim\limits_{x\to c} f(x)=\lim\limits_{x\to c}(x^2+5x+1)=c^2+5c+1=f(c)$，所以函数 $f(x)$ 在 $x=c$ 点连续。

【例 34】试判断函数 $f(x)=\begin{cases}x^2-1, & x\geqslant 0\\ \mathrm{e}^x, & x<0\end{cases}$ 在 $x=0$ 点的连续性。

解：因为 $\lim\limits_{x\to 0^+} f(x)=\lim\limits_{x\to 0^+}(x^2-1)=-1$；$\lim\limits_{x\to 0^-} f(x)=\lim\limits_{x\to 0^-}\mathrm{e}^x=1$，

所以 $\lim\limits_{x\to 0^+} f(x)\neq\lim\limits_{x\to 0^-} f(x)$，即函数 $f(x)$ 在 $x=0$ 点不连续。

【定义 14】若函数 $f(x)$ 在 $x=c$ 点有定义且 $\lim\limits_{x\to c^+} f(x)=f(c)$，则称 $f(x)$ 在 $x=c$ 点右连续；若函数 $f(x)$ 在 $x=c$ 点有定义且 $\lim\limits_{x\to c^-} f(x)=f(c)$，则称 $f(x)$ 在 $x=c$ 点左连续。

如【例 31】中 $f(x)$ 在 $x=0$ 点右连续，但是不左连续。

2．函数在区间上的连续性

【定义 15】若函数 $f(x)$ 在开区间 (a, b) 内的任意一点连续，则称函数 $f(x)$ 在开区间 (a, b) 内连续。

【定义 16】若函数 $f(x)$ 在闭区间 $[a, b]$ 上有定义，在开区间 (a, b) 内连续，且在区间左端点 $x=a$ 处右连续，在区间右端点 $x=b$ 处左连续，则称函数 $f(x)$ 在闭区间 $[a, b]$ 上连续。

例如，函数 $y=\frac{1}{x}$ 在开区间 $(0, 1)$ 内连续，$y=x^2$ 在 $[0, 1]$ 上连续。

3．初等函数的连续性

根据极限运算法则，容易得知

【定理 2】① 若函数 $f(x)$ 和 $g(x)$ 在 $x=c$ 点均连续，则函数 $f(x)+g(x)$，$f(x)-g(x)$，$f(x)g(x)$ 和 $\frac{f(x)}{g(x)}$ [当 $g(c)\neq 0$ 时]在 $x=c$ 点也连续；

② 若 $\lim\limits_{x\to c} g(x)=L$，且 $f(u)$ 在 $u=L$ 处连续，则 $\lim\limits_{x\to c} f[g(x)]=f(L)$，即

$$\lim_{x\to c} f[g(x)]=f[\lim_{x\to c} g(x)]=f(L)\text{；}$$

③ 若函数 $g(x)$ 在 $x=c$ 处连续，函数 $f(u)$ 在 $u=g(c)$ 处连续，则复合函数 $f[g(x)]$ 在 $x=c$ 处连续。

由基本初等函数的图像可知，**一切基本初等函数在其定义域内连续**。因此，由基本初等函数的连续性及初等函数的定义可得**一切初等函数在其定义区间内是连续的**。这里所谓的定义区间是指包含在定义域内的区间。

函数的连续性提供了一种求极限的方法。如果已知函数连续，则可运用函数在某连续点的函数值计算自变量趋近该点的极限值。

【例 35】计算 $\lim\limits_{x\to 0}\sqrt{x+1}$。

解：因为 $f(x)=\sqrt{x+1}$ 是初等函数，$x=0$ 属于其定义区间，所以

$$\lim_{x\to 0}\sqrt{x+1}=\sqrt{0+1}=1\text{。}$$

【例 36】求极限 $\lim\limits_{x\to 0}\frac{\ln(1+x)}{x}$。

解：$\lim\limits_{x\to 0}\frac{\ln(1+x)}{x}=\lim\limits_{x\to 0}\ln(1+x)^{\frac{1}{x}}=\ln\lim\limits_{x\to 0}(1+x)^{\frac{1}{x}}=\ln e=1$。

1.3.2　函数的间断点

【定义 17】如果下面 3 条：

① 在 $x=c$ 点有定义；② $\lim\limits_{x\to c} f(x)$ 存在；③ $\lim\limits_{x\to c} f(x)=f(c)$ 中至少有一条不满足，则称 $x=c$ 为函数 $y=f(x)$ 的间断点。

例如，因为函数 $f(x)=\frac{x^2-1}{x-1}$ 在 $x=1$ 处无定义，所以 $x=1$ 是函数 $f(x)=\frac{x^2-1}{x-1}$ 的间断点。如图 1-29 所示。

又例如，符号函数 $\operatorname{sgn}(x)=\begin{cases}1, & x>0\\ 0, & x=0\\ -1, & x<0\end{cases}$ 虽然在 $x=0$ 处有定义，但 $\lim\limits_{x\to0^+}\operatorname{sgn}(x)=1$，$\lim\limits_{x\to0^-}\operatorname{sgn}(x)=-1$，即 $\lim\limits_{x\to0}\operatorname{sgn}(x)$ 不存在，所以这里的 $x=0$ 为间断点，如图 1-30 所示。

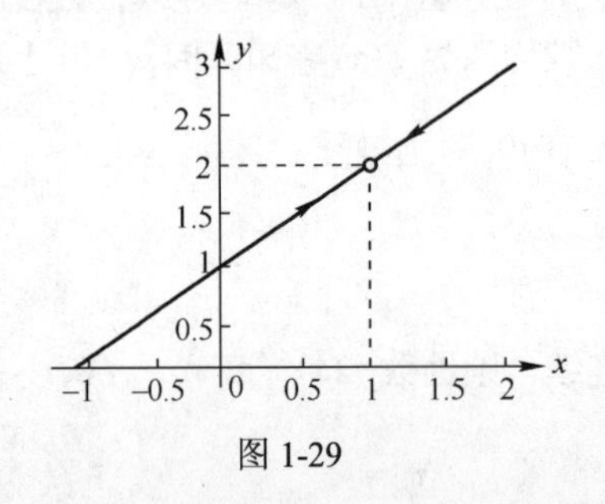

图 1-29

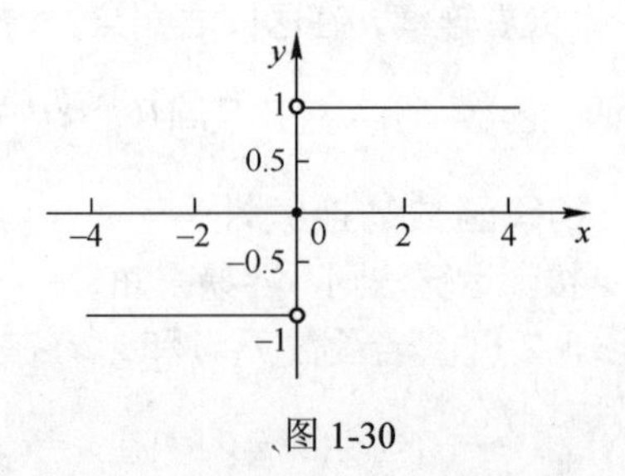

图 1-30

1.3.3 闭区间上连续函数的性质

下面介绍闭区间上连续函数的两个重要性质，由于证明时用到实数理论，我们仅从几何直观上加以说明。

【定理 3】(最值定理) 若函数 $f(x)$ 在闭区间 $[a, b]$ 上连续，则它在这个闭区间上一定有最大值与最小值。

例如，在图 1-31 中，$f(x)$ 在闭区间 $[a, b]$ 上连续，在点 x_1 处取得最小值 m，在点 x_2 处取得最大值 M。

【定理 4】(介值定理) 若函数 $f(x)$ 在闭区间 $[a, b]$ 上连续，x_1 与 x_2 是 $[a, b]$ 上的点，函数在点 x_1 与 x_2 满足 $f(x_1)\neq f(x_2)$，则对于 $f(x_1)$ 与 $f(x_2)$ 之间的任意数 C，在区间 $[a, b]$ 内至少存在一点 x_0，使得 $f(x_0)=C$。

例如，在图 1-32 中函数 $f(x)$ 在 $[a, b]$ 上连续，过 y 轴上 $f(a)$ 与 $f(b)$ 之间的任何一点 $(0, C)$，画一条与 x 轴平行的直线 $y=C$，该直线与函数 $f(x)$ 的图像至少交于一点 (ξ, C)，其中 $a<\xi<b$。

【推论 3】(零点定理) 若函数 $y=f(x)$ 在区间 $[a, b]$ 上连续，且 $f(a)f(b)<0$，则其在区间 (a, b) 内至少存在一点 ξ，使 $f(\xi)=0$。

如图 1-33 所示，满足定理条件的函数 $f(x)$ 的图形是一条连续的曲线，且曲线的两端分别位于 x 轴的两侧，因此，它至少要和 x 轴相交一次，若记交点的横坐标为 ξ，则 $f(\xi)=0$。

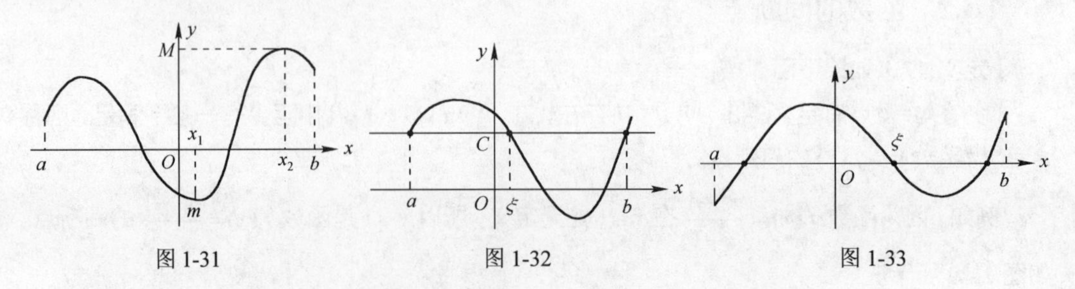

图 1-31　　图 1-32　　图 1-33

利用零点定理可以判断一元方程 $f(x)=0$ 在闭区间 $[a, b]$ 上是否有根。

【例 37】证明方程 $x^3-4x^2+1=0$ 在区间 $(0, 1)$ 内至少有一个实根。

解：设 $f(x)=x^3-4x^2+1$，显然 $f(x)$ 在闭区间 $[0,1]$ 上连续，又 $f(0)=1>0$，$f(1)=-2<0$，所以由零点定理可知，在区间 $(0,1)$ 内至少存在一点 ξ，使得 $f(\xi)=0$，即

$$\xi^3-4\xi^2+1=0,$$

所以方程 $x^3-4x^2+1=0$ 在区间 $[0,1]$ 内至少有一个实根。

试试看：用 Mathematica 数学软件制作函数图像、求极限

用 Mathematica 做函数图像、求极限的基本语句（见表 1-6）。

表 1-6

命令格式	功能说明
Plot[f[x]，{x，a，b}]	画出函数 $f(x)$ 在区间 $[a,b]$ 上的图形
ParametricPlot[{x[t]，y[t]}，{t，t_1，t_2}]	画出参数方程 $\begin{cases}x=x(t)\\y=y(t)\end{cases}$ 在 $[t_1,t_2]$ 上的图形
ListPlot[list]	画出以所给表 list 为坐标的点的散点图
Show[g1，g2，g3，…]	将 g1，g2，g3，…等图形组合显示在一张图中
Limit[f[x], x->x_0, Direction->-1]	求右极限 $\lim\limits_{x\to x_0^+}f(x)$
Limit[f[x], x->x_0, Direction->+1]	求左极限 $\lim\limits_{x\to x_0^-}f(x)$

【例 38】画出下列函数在给定区间内的图形。

① $f(x)=\sin x,\ x\in[-2\pi,2\pi]$；　　② $\begin{cases}x=\sin^3 t\\y=\cos^3 t\end{cases}$，$t\in[0,2\pi]$；

③ 给定数据表（见表 1-7），试画出这一数据表的散点图。

表 1-7

x	0	0.5	1	1.5	2	2.5	3
y	0.1	3	2	2.5	4	5	7

解：① Plot[Sin[x]，{x，-2Pi，2Pi}]
结果见图 1-34：

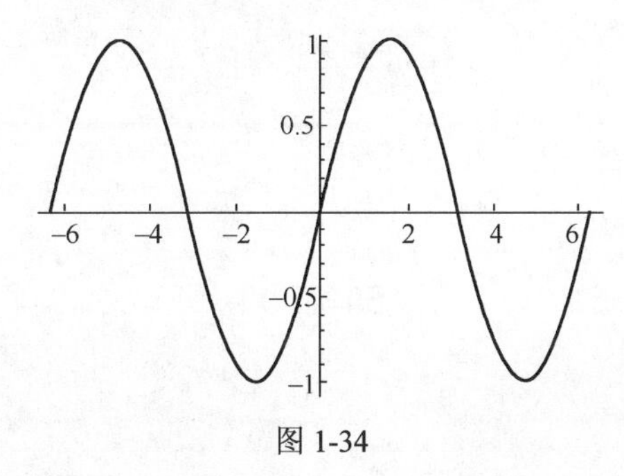

图 1-34

② ParametricPlot[{Sin[t]^3，Cos[t]^3}，{t，0，2Pi}]
结果见图 1-35：

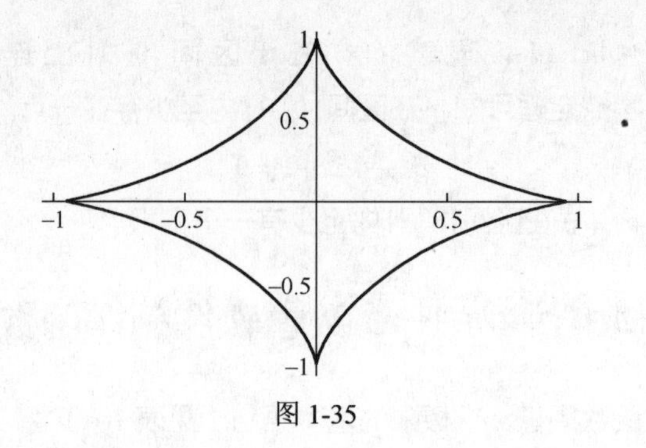

图 1-35

③ data={{0，0.1}，{0.5，3}，{1，2}，{1.5，2.5}，{2，4}，{2.5，5}，{3，7}}
ListPlot[data]
结果见图 1-36：

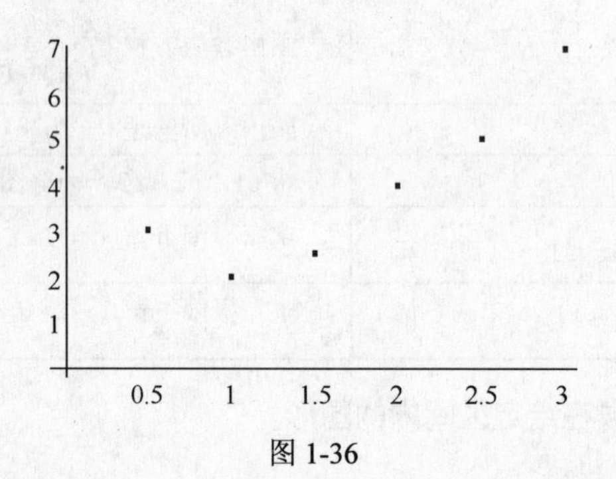

图 1-36

【例 39】求下列极限：

① $\lim_{n\to\infty}\left(1+\frac{1}{n}\right)^{3n}$；　　② $\lim_{x\to 0}\frac{x\sin x+\cos x-1}{x^2}$。

解：① Limit[(1+1/n)^(3n)，n->Infinity，Direction->-1]
结果：E^3

由此可得 $\lim_{n\to\infty}\left(1+\frac{1}{n}\right)^{3n}=e^3$。

② Limit[(x*Sin[x]+Cos[x]-1)/x^2，x->0，Direction->-1]

结果：$\frac{1}{2}$

由此可得 $\lim_{x\to 0}\frac{x\sin x+\cos x-1}{x^2}=\frac{1}{2}$。

习题 1

1．求下列函数的定义域。

（1）$y=\frac{x-5}{\sqrt{x^2-3x+2}}$；　　（2）$y=\sqrt{1-x^2}+\frac{1}{x}+1$；

(3) $y=-\log_2\dfrac{1+x}{1-x}$；　　(4) $y=1-e^{-x^2}$。

2. 计算并化简 $\dfrac{f(x+\Delta x)-f(x)}{\Delta x}$。

(1) $f(x)=C$（C 为常数）；　　(2) $f(x)=x^2$；

(3) $f(x)=\dfrac{1}{x}$；　　(4) $f(x)=\sqrt{x}$。

3. 设 $f(x)=x^2-x$，计算 $\dfrac{f(x)-f(2)}{x-2}$。

4. 设 $f(x)=3x^2-4x$，试求 $f(2)$，$f(-x)$，$f(x-1)$，$f\left[f(x)\right]$。

5. 求下列函数的反函数，指出定义域。

(1) $y=\dfrac{x-1}{x+1}$；　　(2) $y=1+\ln(x+2)$；

(3) $y=\sqrt{x^2+1}\quad(x\geqslant 0)$；　　(4) $y=2^x-1$。

6. 确定下列函数的定义域，并做出函数的图形。

(1) $f(x)=\begin{cases}1, & x>0\\ 0, & x=0\\ -1, & x<0\end{cases}$；　　(2) $f(x)=\begin{cases}x^2, & x>1\\ 2x-1, & x\leqslant 1\end{cases}$。

7. 下列函数可以看成是由哪些简单函数复合而成的。

(1) $y=e^{-x}$；　　(2) $y=\ln(\cos x)$；

(3) $y=\sin^2 x$；　　(4) $y=\sqrt{2x^2+1}$；

(5) $y=\left(2-\ln x\right)^3$；　　(6) $y=\tan\left(\sqrt{x}e^x\right)$。

8. 将直径为 d 的圆木料锯成截面为矩形的木材，列出矩形截面两边长之间的函数关系。

9. 有一物体做直线运动，已知物体所受阻力的大小与物体的运动速度成正比，但方向相反。当物体以 4m/s 的速度运动时，阻力为 2N，试建立阻力与速度之间的函数关系。

10. 设某商品的供给函数（即供给量作为价格的函数）为 $S(x)=x^2+3x-70$，需求函数（即需求量作为价格的函数）为 $D(x)=410-x$，其中 x 为价格。

(1) 在同一坐标系中，画出 $S(x)$，$D(x)$ 的图形；

(2) 若该商品的需求量与供给量均衡，求其价格。

11. 旅客乘坐火车时，随身携带物品，不超过 20kg 免费；超过 20kg 部分，每千克收费 0.20 元；超过 50kg 部分再加收 50%。试列出收费与物品重量的函数关系式。

12. 某停车场收费标准为：凡停车不超过两小时的，收费 2 元；以后每多停车 1h（不到 1h 仍以 1h 计）增加收费 0.5 元，但停车时间最长不能超过 5h。试建立停车费用与停车时间之间的函数模型。

13. 在稳定的理想状态下，细菌的繁殖按指数模型增长：

$$Q(t)=ae^{kt}\ （表示\ t\text{min}\ 后的细菌数），$$

假设在一定的条件下，开始 $(t=0)$ 时有 2 000 个细菌，且 20min 后已增加到 6 000 个，试问 1h 后将有多少个细菌？

14. 设某公司产品的固定成本为 15 000 元，每个单位的可变成本为 $140+0.04x$，其中 x

是产品的总数，产品的价格 P 与销量 x（注意：产品总数与销量相等）的关系为 $P=300-0.06x$。试给出总成本函数，总收益函数及利润函数。

15. 根据给定函数的图形（如图 1-37 所示），求解以下极限问题。

（1）① $\lim\limits_{x\to 2^-}f(x)$；② $\lim\limits_{x\to 2^+}f(x)$；③ $\lim\limits_{x\to 2}f(x)$；④ $f(2)$；⑤ $\lim\limits_{x\to +\infty}f(x)$；⑥ $\lim\limits_{x\to -\infty}f(x)$。

（2）① $\lim\limits_{x\to 3^-}f(x)$；② $\lim\limits_{x\to 3^+}f(x)$；③ $\lim\limits_{x\to 3}f(x)$；④ $f(3)$；⑤ $\lim\limits_{x\to +\infty}f(x)$；⑥ $\lim\limits_{x\to -\infty}f(x)$。

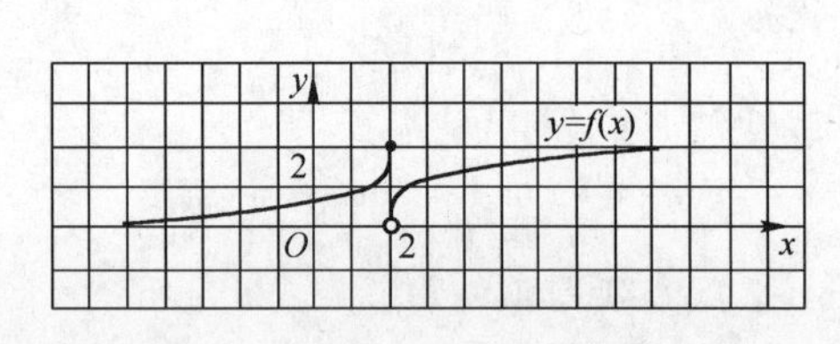

（1）题图

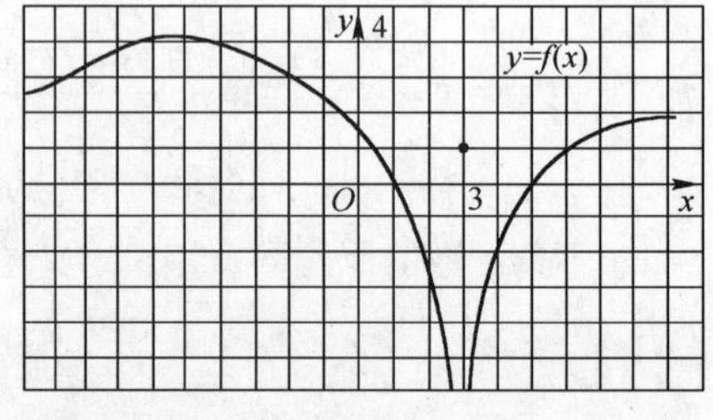

（2）题图

图 1-37

16. 设 $f(x)=\begin{cases}2x, & 0\leqslant x\leqslant 1\\ 3-x, & 1<x\leqslant 2\end{cases}$，求 $\lim\limits_{x\to 1^+}f(x)$ 及 $\lim\limits_{x\to 1^-}f(x)$，并判断 $\lim\limits_{x\to 1}f(x)$ 是否存在?

17. 设函数 $f(x)=\dfrac{|x|}{x}$，求 $\lim\limits_{x\to 0^+}f(x)$ 及 $\lim\limits_{x\to 0^-}f(x)$，并判断 $\lim\limits_{x\to 0}f(x)$ 是否存在?

18. 计算下列各极限。

（1）$\lim\limits_{x\to 3}(2x^2-6x+1)$；

（2）$\lim\limits_{x\to 0}\dfrac{6x-9}{x^3-12x+3}$；

（3）$\lim\limits_{x\to 1}\dfrac{x^2}{2x^2-x-1}$；

（4）$\lim\limits_{x\to 2}\dfrac{x-2}{x^2-5x+6}$；

（5）$\lim\limits_{h\to 0}\dfrac{(x+h)^3-x^3}{h}$；

（6）$\lim\limits_{x\to 1}\left(\dfrac{1}{x-1}-\dfrac{2}{x^2-1}\right)$；

（7）$\lim\limits_{x\to 1}\dfrac{\sqrt{5x-4}-\sqrt{x}}{x-1}$；

（8）$\lim\limits_{x\to \infty}\left(1+\dfrac{1}{x}\right)\left(2-\dfrac{1}{x^2}\right)$；

（9）$\lim\limits_{x\to +\infty}\dfrac{3x+1}{2x-5}$；

（10）$\lim\limits_{x\to -\infty}\dfrac{x-2}{x^2+2x+1}$；

（11）$\lim\limits_{x\to \infty}\left(\dfrac{2x}{3-x}-\dfrac{2+x}{3x^2}\right)$；

（12）$\lim\limits_{x\to +\infty}\dfrac{1}{\sqrt{x^2+3x}-x}$。

19. 计算下列各极限。

（1）$\lim\limits_{x\to 0}\dfrac{\sin 3x}{x}$；

（2）$\lim\limits_{x\to 0}\dfrac{\tan 2x}{3x}$；

（3）$\lim\limits_{x\to 0}\dfrac{\sin 5x}{\sin 2x}$；

（4）$\lim\limits_{x\to 0}\dfrac{x(x+3)}{\sin x}$；

（5）$\lim\limits_{x\to 0^-}\dfrac{\sin x}{|x|}$；

（6）$\lim\limits_{x\to \infty}\left(1-\dfrac{2}{x}\right)^{2x}$；

（7）$\lim\limits_{x\to 0}(1+3x)^{\frac{1}{x}}$

（8）$\lim\limits_{x\to \infty}\left(\dfrac{5+3x}{3x}\right)^{-x}$。

20. 已知某药物在人体内的代谢速度 v 与药物进入人体的时间 t 呈现函数关系

$$v(t)=24.61(1-0.273^t),$$

试画出该函数的大致图形，并求出代谢速度最终的稳定值（即 $t\to+\infty$ 时 v 的极限）。

21. 在一 RC 电路的充电过程中，电容器两端的电压 $U(t)$ 与时间 t 的关系为

$$U(t)=E\left(1-\mathrm{e}^{-\frac{t}{RC}}\right),\ (E,\ R,\ C\ 均为常数)$$

求 $t\to+\infty$ 时电压 $U(t)$ 的变化趋势。

22. 设某企业生产 x 个汽车轮胎的成本（单位：元）为

$$C(x)=200+\sqrt{2+2x+x^2},$$

生产 x 个汽车轮胎的平均成本为 $\overline{C}(x)=\dfrac{C(x)}{x}$，当生产量很大时，每个轮胎的成本大致为 $\lim\limits_{x\to+\infty}\overline{C}(x)$，试求这个极限。

23. 研究下列函数在给定点处的连续性。

（1）$f(x)=\begin{cases}2-x, & 0\leqslant x\leqslant 1\\ x^2, & 1<x\leqslant 3\end{cases}$，$x=1$；　（2）$f(x)=\begin{cases}\mathrm{e}^x, & -2\leqslant x\leqslant 0\\ 2+x, & 0<x\leqslant 7\end{cases}$，$x=0$。

24. 设 $f(x)=\begin{cases}\mathrm{e}^x+k, & x\leqslant 0\\ (1+x)^{\frac{2}{x}}, & x>0\end{cases}$，试确定常数 k，使得函数 $f(x)$ 在 $x=0$ 处连续。

25. 设函数 $f(x)=\begin{cases}\mathrm{e}^{x-2}, & x<2\\ a+x, & x\geqslant 2\end{cases}$，试问 a 取何值时，$f(x)$ 在 $x=2$ 处连续。

26. 求下列函数的间断点。

（1）$f(x)=\dfrac{x^2-9}{x-3}$；　（2）$f(x)=\dfrac{x^2-1}{x^2-x}$；

（3）$f(x)=\begin{cases}x-1, & x\leqslant 0\\ x^2, & x>0\end{cases}$；　（4）$f(x)=\begin{cases}\dfrac{1-x^2}{1-x}, & x\neq 1\\ 0, & x=1\end{cases}$。

27. 证明方程 $x^3-2x-1=0$ 至少有一个根介于 1 与 2 之间。

28. 证明方程 $x\cdot 2^x=1$ 在区间 $[0,\ 1]$ 内至少有一个实根。

第 2 章 导数及其应用

研究导数理论，求函数的导数与微分的方法及其应用的科学称为微分学。其中，导数是反映函数相对于自变量变化快慢程度的概念，即一种变化率；微分反映当自变量有微小变化时，函数大约有多少变化。本章主要讨论导数与微分的概念，微分法及其应用。

2.1 导数的概念

2.1.1 变速直线运动的瞬时速度问题——认识导数

在实际问题中，经常需要讨论自变量 x 的增量 Δx 与相应的函数 $y=f(x)$ 的增量 Δy 之间的关系。例如，它们的比 $\frac{\Delta y}{\Delta x}$ 以及当 $\Delta x \to 0$ 时，$\frac{\Delta y}{\Delta x}$ 的极限。下面先讨论两个问题：变速直线运动的瞬时速度问题和平面曲线的切线斜率。这两个问题在历史上都与导数概念的形成有着十分密切的关系。

变速直线运动的瞬时速度

17 世纪微积分创立之前，一个物理学问题一直困扰着人们，这就是已知物体移动的距离随时间 t 的变化规律 $s(t)$，如何由 $s(t)$ 求出物体在任一时刻的速度与加速度?

显然，这一问题不能像计算匀速运动那样用运动的时间去除移动的距离来计算。

为了求解上述问题，我们先看一个特例。考虑自由落体运动在任一时刻的速度。实验结果表明：$s=\frac{1}{2}\mathrm{g}t^2$，其中 $\mathrm{g}=9.8\mathrm{m/s}^2$，如何求任一时刻物体下落的速度 v?

由平均速度的概念，在 $[t,t+h]$ 时间段内的平均速度为

$$\bar{v}=\frac{s(t+h)-s(t)}{h},$$

又

$$s(t+h)-s(t)=\frac{1}{2}\mathrm{g}(t+h)^2-\frac{1}{2}\mathrm{g}t^2=\mathrm{g}th+\frac{1}{2}\mathrm{g}h^2,$$

所以

$$\overline{v}=\mathrm{g}t+\frac{1}{2}\mathrm{g}h,$$

但 $\overline{v}$ 毕竟不是所要求的在 t 时刻的速度，它与我们所取的时间间隔 h 有关。

怎样才能算是一个时刻的速度呢？我们取一个点来考察一下：比如，$t=1$，并将 h 分别取成 0.1，0.01，0.001，0.0001，…，则可以算出：

$[1,\ 1.1]$ $\qquad \overline{v}=9.8+\frac{1}{2}\times 9.8\times 0.1=10.29$；

$[1,\ 1.01]$ $\qquad \overline{v}=9.8+\frac{1}{2}\times 9.8\times 0.01=9.849$；

[1，1.001] $\bar{v}=9.8+\frac{1}{2}\times 9.8\times 0.001=9.8049$；

[1，1.0001] $\bar{v}=9.8+\frac{1}{2}\times 9.8\times 0.0001=9.80049$。

可以看出，各时间段内的平均速度趋于一常数。也就是说，当时间段间隔非常小时，在此时间段内的各时间点上的速度可近似看成是无差别的，因此这个时间段内的平均速度近似等于此区间内各点的速度，且当区间长度越来越小时，这种近似的误差将越来越小。这就是说：

$$v\big|_{t=1}=\lim_{h\to 0}\frac{s(1+h)-s(1)}{h}。$$

从上述过程可以发现，上面的讨论对任一时刻都正确。即

$$v\big|_{t=t_0}=\lim_{h\to 0}\frac{s(t_0+h)-s(t_0)}{h}。$$

物体在一点处的速度称为该物体在此点处的**瞬时速度**，从而此问题中的瞬时速度为

$$v(t_0)=\lim_{h\to 0}\frac{s(t_0+h)-s(t_0)}{h}=\lim_{h\to 0}\left(\mathrm{g}t_0+\frac{1}{2}\mathrm{g}h\right)=\mathrm{g}t_0。$$

因此最初提出的问题，事实上就是要求一个函数随其自变量变化的瞬时变化率。

2.1.2 导数的概念

在自然科学和工程技术领域，甚至在经济领域和社会科学的研究中，还有许多有关变化率的概念都可以归结为上述形式。正是由于这些问题求解的需要，促使人们去研究这种极限，从而导致微分学的诞生。我们抛开这些量的具体的物理意义和几何意义等，抓住它们在数量关系上的共性，得出函数导数的概念。

【定义 1】设函数 $y=f(x)$ 在点 x_0 及其附近有定义，当自变量 x 在 x_0 处取得增量 Δx 时，相应的函数 y 的增量为 $\Delta y=f(x_0+\Delta x)-f(x_0)$，若 Δy 与 Δx 之比当 $\Delta x\to 0$ 时的极限存在，则称函数 $y=f(x)$ 在点 x_0 处可导，称此极限值为函数 $y=f(x)$ 在点 x_0 处的导数，记为 $y'\big|_{x=x_0}$，$f'(x_0)$，$\frac{\mathrm{d}y}{\mathrm{d}x}\big|_{x=x_0}$ 或 $\frac{\mathrm{d}f}{\mathrm{d}x}\big|_{x=x_0}$。即

$$y'\big|_{x=x_0}=\lim_{\Delta x\to 0}\frac{f(x_0+\Delta x)-f(x_0)}{\Delta x}。$$

如果上述极限不存在，则称函数 $y=f(x)$ 在点 x_0 处不可导。

注意：导数的定义式也可取其他的不同形式，常见的有

$$f'(x_0)=\lim_{h\to 0}\frac{f(x_0+h)-f(x_0)}{h}，$$

或

$$f'(x_0)=\lim_{x\to x_0}\frac{f(x)-f(x_0)}{x-x_0}。$$

由导数定义可得：

变速直线运动的瞬时速度 $v(t_0)=s'(t_0)$。

若函数 $f(x)$ 在区间上每一点都可导，将区间上的点与函数在此点的导数对应起来，则可得到定义在这个区间上的一个函数，称该函数为原来函数在此区间上的导函数，记作 y'，$f'(x)$，$\frac{dy}{dx}$ 或 $\frac{df}{dx}$。

在不会引起混淆的情况下，导函数也往往简称为导数。

显然对于可导函数 $f(x)$ 而言，有

$$f'(x_0)=f'(x)\big|_{x=x_0}\text{。}$$

根据导数定义，求函数 $y=f(x)$ 的导数可分为以下 3 个步骤：

① 求函数的增量：$\Delta y=f(x+\Delta x)-f(x)$；

② 计算比值：$\frac{\Delta y}{\Delta x}=\frac{f(x+\Delta x)-f(x)}{\Delta x}$；

③ 求极限：$f'(x)=\lim\limits_{\Delta x\to 0}\frac{\Delta y}{\Delta x}=\lim\limits_{\Delta x\to 0}\frac{f(x+\Delta x)-f(x)}{\Delta x}$。

下面根据这三个步骤来求较简单函数的导数。

【例 1】求常值函数 $y=C$ 的导数。

解：① 求函数的增量：因为 $y=C$，不论 x 取什么值，y 的值总是 C，所以 $\Delta y=0$；

② 计算比值：$\frac{\Delta y}{\Delta x}=0$；

③ 求极限：$\lim\limits_{\Delta x\to 0}\frac{\Delta y}{\Delta x}=\lim\limits_{\Delta x\to 0}0=0$。

因此，$(C)'=0$。

【例 2】求函数 $y=x^2$ 的导数。

解：① 求函数的增量：$\Delta y=f(x+\Delta x)-f(x)=(x+\Delta x)^2-x^2=2x\Delta x+(\Delta x)^2$；

② 计算比值：$\frac{\Delta y}{\Delta x}=\frac{2x\Delta x+(\Delta x)^2}{\Delta x}=2x+\Delta x$；

③ 求极限：$\lim\limits_{\Delta x\to 0}\frac{\Delta y}{\Delta x}=\lim\limits_{\Delta x\to 0}(2x+\Delta x)=2x$，

因此，$(x^2)'=2x$。

事实上，可以证明：$(x^\alpha)'=\alpha x^{\alpha-1}$ （其中，α 为任意实数）。

例如，当 $\alpha=\frac{1}{2}$ 时，$y=x^{\frac{1}{2}}=\sqrt{x}(x>0)$ 的导数为

$$\left(x^{\frac{1}{2}}\right)'=\frac{1}{2}x^{\frac{1}{2}-1}=\frac{1}{2}x^{-\frac{1}{2}}=\frac{1}{2\sqrt{x}}\text{，}$$

即

$$\left(\sqrt{x}\right)'=\frac{1}{2\sqrt{x}}\text{；}$$

当 $\alpha=-1$ 时，$y=x^{-1}=\frac{1}{x}(x\neq 0)$ 的导数为

$$\left(x^{-1}\right)'=(-1)x^{-1-1}=-x^{-2}=-\frac{1}{x^2}\text{，}$$

即

$$\left(\frac{1}{x}\right)=-\frac{1}{x^2}。$$

【例 3】求函数 $y=\sin x$ 的导数。

解：因为

$$\frac{\Delta y}{\Delta x}=\frac{\sin(x+\Delta x)-\sin x}{\Delta x}=\frac{2\sin\frac{\Delta x}{2}\cos\left(\frac{2x+\Delta x}{2}\right)}{\Delta x},$$

所以

$$\lim_{\Delta x\to 0}\frac{\Delta y}{\Delta x}=\lim_{\Delta x\to 0}\frac{2\sin\frac{\Delta x}{2}\cos\left(\frac{2x+\Delta x}{2}\right)}{\Delta x}=\lim_{\Delta x\to 0}\frac{\sin\frac{\Delta x}{2}}{\frac{\Delta x}{2}}\cdot\lim_{\Delta x\to 0}\cos\left(\frac{2x+\Delta x}{2}\right)=\cos x。$$

因此

$$(\sin x)'=\cos x。$$

用同样的方法可以求得余弦函数 $y=\cos x$ 的导数

$$(\cos x)'=-\sin x。$$

类似地，我们可以得到部分基本初等函数的求导公式：

① $(c)'=0$；　② $(x^{\alpha})'=\alpha x^{\alpha-1}$；

③ $(a^x)'=a^x\ln a$；　④ $(\mathrm{e}^x)'=\mathrm{e}^x$；

⑤ $(\log_a x)'=\frac{1}{x\ln a}$；　⑥ $(\ln x)'=\frac{1}{x}$；

⑦ $(\sin x)'=\cos x$；　⑧ $(\cos x)'=-\sin x$。

2.1.3 边际问题

导数（又称变化率）概念在不同的学科领域有许多其他的解释。

在经济管理中，边际概念是一个重要的概念，它是经济变量 y 关于自变量 x 在“边际上”的变化，是指当 x 在一给定值 x_0 附近做微小变化，即 x 有一改变量 Δx 时，相应的 y 也有改变量 Δy，Δx 与 Δy 之间的关系就是边际关系。用 $\frac{\Delta y}{\Delta x}$ 表示平均每单位 x 改变引起 y 的关于 x 的相对变化，极限 $\lim\limits_{\Delta x\to 0}\frac{\Delta y}{\Delta x}$ 准确地反映了经济变量 y 关于 x 在“边际” x 处的变化率，它就称为**边际经济变量**。例如，若用 $C=C(x)$ 表示总成本函数，则其**边际成本函数**就是 $C'=C'(x)$；若用 $R=R(x)$ 表示总收益函数，则其**边际收益函数**就是 $R'=R'(x)$；若用 $L=L(x)$ 表示总利润函数，则其**边际利润函数**就是 $L'=L'(x)$，等等。

【例 4】已知总成本函数

$$C=C(x)=x^2+10x+600,$$

求边际成本函数及产量为 2 时的边际成本，并做出经济解释。

解：边际成本函数

$$C' = C'(x) = 2x + 10\text{，}$$

当 $x = 2$ 时，边际成本为

$$C' = C'(x) = 2 \times 2 + 10 = 14\text{。}$$

这表明，生产第 2 个单位产品，总成本将增加 14 个单位，即生产第 2 个单位产品的生产成本为 14。

2.1.4 导数的几何意义与物理意义

由导数定义可知，曲线 $y = f(x)$ 在点 $P(x_0, y_0)$ 处切线的斜率为 $f'(x_0)$。因此导数 $f'(x_0)$ 的几何意义是曲线 $y = f(x)$ 在点 $P(x_0, y_0)$ 处切线的斜率。

由导数的几何意义，曲线 $y = f(x)$ 在点 $P(x_0, y_0)$ 处的切线方程为

$$y - y_0 = f'(x_0)(x - x_0)\text{。}$$

【例 5】求曲线 $y = \dfrac{1}{x}$ 在点 $\left(\dfrac{1}{2}, 2\right)$ 的切线方程。

解：由导数的几何意义可得，所求切线的斜率

$$k = y'\Big|_{x=\frac{1}{2}} = -\frac{1}{x^2}\Big|_{x=\frac{1}{2}} = -4\text{，}$$

所以切线方程为

$$y - 2 = -4\left(x - \frac{1}{2}\right)\text{，}$$

即

$$4x + y - 4 = 0\text{。}$$

由前面变速直线运动的瞬时速度问题还可以看出，变速直线运动的瞬时速度为 $s'(t_0)$。因此导数 $s'(t_0)$ 的物理意义就是变速直线运动的物体在 $t = t_0$ 时刻的速度。微积分的创立也是物理学发展中的里程碑，为研究受力和运动提供了重要的方法和手段。导数在物理学研究上"有极其丰富的实际背景和广泛的应用"。一阶导数的物理意义随着不同物理量而不同，但都是该量的变化快慢函数，即该量的变化率，例如，对位移求导就是速度，速度求导就是加速度，对功求导就是功的改变率，等等。

【例 6】一条河宽 L，水速 v_1，船在静水中的航行速度 v_2。小船渡河的最小位移是多少？

解：运动的合成与分解遵循平行四边形定则，当 $v_2 > v_1$ 时，小船能垂直到达对岸，最小位移为 L；当 $v_2 < v_1$ 时，小船不可能垂直到达对岸，此时要求最小位移一般运用几何方法，而用几何方法技巧性很强，且这种方法没有通用性。要是用求导的方法就会好得多：

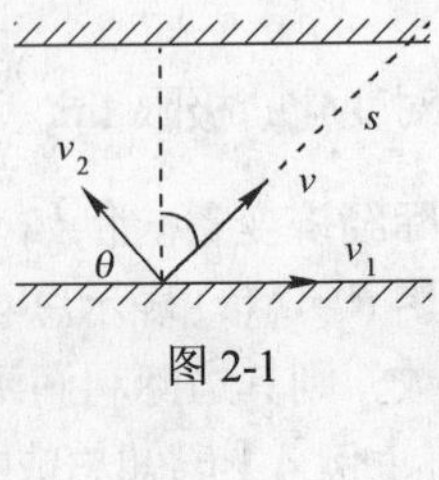

本题中水速 v_1 大小方向都一定，船在静水中的速度大小 v_2 也一定，唯一可变的就是船速与岸的夹角 θ，所以可以以 θ 为自变量，来求小船经过的位移，如图 2-1 所示。

图 2-1

小船在垂直河岸方向上速度为 $\quad v_{\perp} = v_2 \sin\theta$

渡河时间为 $\quad t = \dfrac{L}{v_{\perp}} = \dfrac{L}{v_2 \sin\theta}$

合速度大小为　　$v=\sqrt{v_1^2+v_2^2-2v_1v_2\cos\theta}$

则船渡河位移大小为　$s=vt=\sqrt{v_1^2+v_2^2-2v_1v_2\cos\theta}\cdot\dfrac{L}{v_2\sin\theta}$

欲求位移 s 的最大值，先求位移 s 在角度 θ 上的导数

$$s'=(\sqrt{v_1^2+v_2^2-2v_1v_2\cos\theta}\cdot\frac{L}{v_2\sin\theta})'$$

$$=\frac{(\sqrt{v_1^2+v_2^2-2v_1v_2\cos\theta})'(v_2\sin\theta)-\sqrt{v_1^2+v_2^2-2v_1v_2\cos\theta}(v_2\sin\theta)'}{(v_2\sin\theta)^2}L$$

$$=\frac{v_1v_2^2\sin^2\theta-(v_1^2+v_2^2-2v_1v_2\cos\theta)v_2\cos\theta}{\sqrt{v_1^2+v_2^2-2v_1v_2\cos\theta}(v_2\sin\theta)^2}L$$

当 s 取为极值时其导数为 0，即：

$$v_1v_2^2\sin^2\theta-(v_1^2+v_2^2-2v_1v_2\cos\theta)v_2\cos\theta=0$$

化简得：$(v_1\cos\theta-v_2)(v_1-v_2\cos\theta)=0$

即当 $v_1<v_2$ 时，$\theta=\arccos\dfrac{v_1}{v_2}$，此时合速度垂直于河岸，最小位移为 L；

而当 $v_1>v_2$ 时，$\theta=\arccos\dfrac{v_2}{v_1}$，此时合速度垂直于船相对于水的速度 v_1，最小位移为 $s=\dfrac{L}{\cos\theta}=\dfrac{Lv_1}{v_2}$。

2.2　导数的运算法则

2.2.1　函数的和、差、积、商的求导法则

【法则 1】设 $f(x)$、$g(x)$ 均可导，则

① $[f(x)\pm g(x)]'=f'(x)\pm g'(x)$，

可以推广到任意有限个函数的情况；

② $[f(x)g(x)]'=f'(x)g(x)+f(x)g'(x)$，

特别地　　$(af(x))'=af'(x)$　（a 为常数）；

③ $\left[\dfrac{f(x)}{g(x)}\right]'=\dfrac{f'(x)\cdot g(x)-f(x)\cdot g'(x)}{[g(x)]^2}$　（$g(x)\neq 0$），

特别地　　$\left[\dfrac{1}{f(x)}\right]'=-\dfrac{f'(x)}{[f(x)]^2}$。

【例 7】求函数 $y=\sin x+x+\cos\dfrac{\pi}{3}$ 的导数。

解：$y'=\left(\sin x+x+\cos\dfrac{\pi}{3}\right)'=(\sin x)'+(x)'+\left(\cos\dfrac{\pi}{3}\right)'=\cos x+1$。

【例 8】求函数 $y=\dfrac{x^2+x\sqrt{x}-1}{\sqrt{x}}$ 的导数。

解：
$$y'=\left(\frac{x^2+x\sqrt{x}-1}{\sqrt{x}}\right)'=\left(x^{\frac{3}{2}}+x-x^{-\frac{1}{2}}\right)'=\left(x^{\frac{3}{2}}\right)'+(x)'-\left(x^{-\frac{1}{2}}\right)'$$
$$=\frac{3}{2}x^{\frac{3}{2}-1}+1-\left(-\frac{1}{2}\right)x^{-\frac{1}{2}-1}=\frac{3x^2+2x\sqrt{x}+1}{2x\sqrt{x}}。$$

【例 9】已知 $y=\mathrm{e}^x\cos x+\dfrac{3}{x}$，求 y'。

解：$y'=\left(\mathrm{e}^x\cos x+\dfrac{3}{x}\right)'=(\mathrm{e}^x\cos x)'+\left(\dfrac{3}{x}\right)'=\mathrm{e}^x(\cos x-\sin x)-\dfrac{3}{x^2}$。

【例 10】已知 $y=x^2\ln x$，求函数在 $x=1$ 时的导数 $y'|_{x=1}$。

解：由于 $y'=2x\ln x+x^2\cdot\dfrac{1}{x}=2x\ln x+x$，

所以 $y'|_{x=1}=2\times1\times\ln1+1=1$。

【例 11】已知 $y=\dfrac{x^2-x}{\sin x}$，求 y'。

解：
$$y'=\frac{(x^2-x)'\sin x-(x^2-x)\cdot(\sin x)'}{(\sin x)^2}=\frac{(2x-1)\sin x-(x^2-x)\cdot\cos x}{\sin^2 x}。$$

【例 12】求正切函数 $y=\tan x$ 的导数。

解：由于 $\tan x=\dfrac{\sin x}{\cos x}$，因此由商的求导法则得
$$\left(\frac{\sin x}{\cos x}\right)'=\frac{(\sin x)'\cos x-(\cos x)'\sin x}{(\cos x)^2}=\frac{\sin^2 x+\cos^2 x}{\cos^2 x}=\sec^2 x，$$

即
$$(\tan x)'=\sec^2 x。$$

同理可得
$$(\cot x)'=-\csc^2 x，$$
$$(\sec x)'=\sec x\cdot\tan x，$$
$$(\csc x)'=-\csc x\cdot\cot x。$$

为便于查阅，将基本初等函数的求导公式归纳如下：

① $(c)'=0$；　② $(x^\alpha)'=\alpha x^{\alpha-1}$；

③ $(a^x)'=a^x\ln a$；　④ $(\mathrm{e}^x)'=\mathrm{e}^x$；

⑤ $(\log_a x)'=\dfrac{1}{x\ln a}$；　⑥ $(\ln x)'=\dfrac{1}{x}$；

⑦ $(\sin x)'=\cos x$；　⑧ $(\cos x)'=-\sin x$；

⑨ $(\tan x)'=\sec^2 x$；　⑩ $(\cot x)'=-\csc^2 x$；

⑪ $(\sec x)'=\sec x\cdot\tan x$；　⑫ $(\csc x)'=-\csc x\cdot\cot x$；

⑬ $(\arcsin x)' = \frac{1}{\sqrt{1-x^2}}$；　⑭ $(\arccos x)' = -\frac{1}{\sqrt{1-x^2}}$；

⑮ $(\arctan x)' = \frac{1}{1+x^2}$；　⑯ $(\mathrm{arc}\cot x)' = -\frac{1}{1+x^2}$。

2.2.2 复合函数的求导法则

【法则 2】若函数 $u = g(x)$ 在点 x 处可导，而函数 $y = f(u)$ 在相应的点 $u = g(x)$ 处也可导，则复合函数 $y = f[g(x)]$ 在点 x 处也可导，且有

$$\frac{\mathrm{d}y}{\mathrm{d}x} = \frac{\mathrm{d}y}{\mathrm{d}u}\cdot\frac{\mathrm{d}u}{\mathrm{d}x} = f'(u)\Big|_{u=g(x)}\cdot g'(x)。$$

上述法则可以推广到有限个可导函数所合成的复合函数。例如，

若 $v = h(x)$ ， $u = g(v)$ ， $y = f(u)$ 分别在点 x 及其相应的点 v 及 u 处可导，则复合函数 $y = f\{g[h(x)]\}$ 在点 x 也可导，并且有

$$\frac{\mathrm{d}y}{\mathrm{d}x} = \frac{\mathrm{d}y}{\mathrm{d}u}\cdot\frac{\mathrm{d}u}{\mathrm{d}v}\cdot\frac{\mathrm{d}v}{\mathrm{d}x} = f'(u)\Big|_{u=g[h(x)]}\cdot g'(v)\Big|_{v=h(x)}\cdot h'(x)。$$

【例 13】已知 $y = \sin 2x$ ，求 $\frac{\mathrm{d}y}{\mathrm{d}x}$。

解：设 $u = 2x$ ，则 $y = \sin u$。所以

$$\frac{\mathrm{d}y}{\mathrm{d}x} = \frac{\mathrm{d}y}{\mathrm{d}u}\cdot\frac{\mathrm{d}u}{\mathrm{d}x} = (\sin u)'\cdot(2x)' = 2\cos u = 2\cos 2x。$$

【例 14】设 $y = \sqrt[3]{1-x^2}$ ，求 $\frac{\mathrm{d}y}{\mathrm{d}x}$。

解：设 $u = 1-x^2$ ，则 $y = \sqrt[3]{u}$。所以

$$\frac{\mathrm{d}y}{\mathrm{d}x} = \frac{\mathrm{d}y}{\mathrm{d}u}\cdot\frac{\mathrm{d}u}{\mathrm{d}x} = \frac{1}{3}u^{-\frac{2}{3}}(-2x) = \frac{-2x}{3\sqrt[3]{(1-x^2)^2}}。$$

在复合函数求导法则熟练之后，中间变量可以在求导过程中不写出来，而直接写出函数对中间变量求导的结果，重要的是每一步对哪个变量求导必须清楚。

【例 15】已知函数 $y = \sin^2(2-3x)$ ，求 y'。

解：
$$\begin{aligned} y' &= 2\sin(2-3x)\cdot(\sin(2-3x))' = 2\sin(2-3x)\cdot[\cos(2-3x)\cdot(2-3x)'] \\ &= 2\sin(2-3x)\cos(2-3x)\cdot(-3) = -3\sin(4-6x)。\end{aligned}$$

【例 16】求函数 $y = \frac{x}{2}\sqrt{1-x^2}$ 的导数 y'。

解：
$$y' = \left(\frac{x}{2}\right)'\sqrt{1-x^2} + \frac{x}{2}\left(\sqrt{1-x^2}\right)'$$

$$= \frac{1}{2}\sqrt{1-x^2} + \frac{x}{2}\cdot\frac{1}{2}(1-x^2)^{-\frac{1}{2}}(1-x^2)'$$

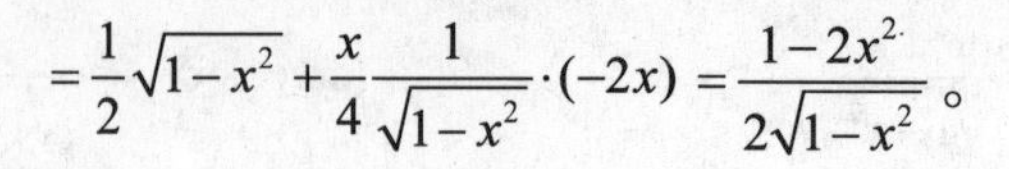

$$=\frac{1}{2}\sqrt{1-x^2}+\frac{x}{4}\frac{1}{\sqrt{1-x^2}}\cdot(-2x)=\frac{1-2x^2}{2\sqrt{1-x^2}}\text{。}$$

【例 17】求函数 $y=x^x$ 的导数。

解：因为 $y=x^x=\mathrm{e}^{\ln x^x}=\mathrm{e}^{x\ln x}$，所以

$$y'=\mathrm{e}^{x\ln x}\cdot(x\ln x)'=x^x(\ln x+x\cdot\frac{1}{x})=x^x(\ln x+1)\text{。}$$

2.2.3 导数在销售问题中的应用

运用导数可以解决经济上常用的一些实际问题，比如，利润最大问题、成本最小问题、关于市场的需求量增加率的问题、关于经济订购批量和批次问题等。下面就通过实例介绍一下导数在销售额的变化率的实际应用。

【例 18】(销售)设某商品经过一次广告活动之后，销售额 S 与活动后销售数 x 有如下关系：

$$S(x)=1200-0.1x-0.01x^2, 0\leqslant x\leqslant 100.$$

试求：$x=10$ 时，销售额的变化率。

解：因为 $$S'(x)=-0.1-0.02x\text{，}$$

所以 $x=10$ 时，销售额的变化率为 $S'(10)=-0.3$。

变化率即为导数，本例通过一阶导数求出需求量的增加率，可再通过对需求量的增加率求导找出唯一驻点，利用对函数单调性的讨论判断出需求量的增加率达到最大时的平均收入水平。

2.2.4 高阶导数

若函数 $y=f(x)$ 的导数 $y'=f'(x)$ 仍然可导，则 $y'=f'(x)$ 的导数称为函数 $y=f(x)$ 的二阶导数，记作 y'', $f''(x)$ 或 $\frac{\mathrm{d}^2y}{\mathrm{d}x^2}$。即

$$y''=(y')'\text{；}\ f''(x)=[f'(x)]'\text{；}\ \frac{\mathrm{d}^2y}{\mathrm{d}x^2}=\frac{\mathrm{d}}{\mathrm{d}x}\left(\frac{\mathrm{d}y}{\mathrm{d}x}\right)\text{。}$$

相应地，把函数 $y=f(x)$ 的导数 $y'=f'(x)$ 称为 $y=f(x)$ 的**一阶导数**。

类似地，函数 $y=f(x)$ 的二阶导数的导数称为 $y=f(x)$ 的**三阶导数**，三阶导数的导数称为**四阶导数**，……。一般地，$y=f(x)$ 的 $n-1$ 阶导数的导数称为 $y=f(x)$ 的 n **阶导数**。它们分别记作

$$y''', y^{(4)}, \cdots, y^{(n)}\text{；}$$

或

$$f'''(x), f^{(4)}(x), \cdots, f^{(n)}(x)\text{；}$$

或

$$\frac{\mathrm{d}^3y}{\mathrm{d}x^3}, \frac{\mathrm{d}^4y}{\mathrm{d}x^4}, \cdots, \frac{\mathrm{d}^ny}{\mathrm{d}x^n}\text{。}$$

二阶及二阶以上的导数统称为**高阶导数**。

求高阶导数的方法就是反复地运用求一阶导数的方法。

【例 19】求函数 $y = x\ln x$ 的二阶导数 y''。

解：
$$y' = (x\ln x)' = \ln x + 1,$$
$$y'' = (\ln x + 1)' = \frac{1}{x}。$$

【例 20】求函数 $y = \sin x$ 的 n 阶导数。

解：
$$(\sin x)' = \cos x = \sin\left(\frac{\pi}{2} + x\right),$$
$$(\sin x)'' = (\cos x)' = \left[\sin\left(\frac{\pi}{2} + x\right)\right]' = \cos\left(\frac{\pi}{2} + x\right) = \sin\left(2\cdot\frac{\pi}{2} + x\right),$$
$$(\sin x)''' = \left[\sin\left(2\cdot\frac{\pi}{2} + x\right)\right]' = \cos\left(2\cdot\frac{\pi}{2} + x\right) = \sin\left(3\cdot\frac{\pi}{2} + x\right),$$

依此类推，可得
$$(\sin x)^{(n)} = \sin\left(\frac{n\pi}{2} + x\right) \qquad (n = 1,2,3\cdots)。$$

用类似的方法，可得
$$(\cos x)^{(n)} = \cos\left(\frac{n\pi}{2} + x\right) \qquad (n = 1,2,3\cdots)。$$

2.3 函数的微分

2.3.1 受热的金属片——认识微分

对函数 $y = f(x)$，当自变量 x 在点 x_0 有改变量 Δx 时，因变量 y 的改变量是
$$\Delta y = f(x + \Delta x) - f(x)。$$

在实际应用中，有些问题要计算 Δy 的方法，并要求达到两个要求：一是计算简便，二是精度高。

例如，设一个边长为 x 的正方形，它的面积 $A = x^2$ 是 x 的函数。若边长由 x_0 改变（增加或减少）了 Δx，相应的正方形的面积的改变量（增加或减少）
$$\Delta A = (x_0 + \Delta x)^2 - x_0^2 = 2x_0\Delta x + (\Delta x)^2,$$

显然，ΔA 由两部分组成：

第一部分是 $2x_0\Delta x$，其中 $2x_0$ 是常数，$2x_0\Delta x$ 可以看做 Δx 的线性函数，即如图 2-2 所示阴影部分的面积。

第二部分是 $(\Delta x)^2$，是图 2-2 中以 Δx 为边长的小正方形的面积，当 $\Delta x \to 0$ 时，$(\Delta x)^2$ 是比 Δx 较高阶的无穷小，即 $(\Delta x)^2 = o(\Delta x)$。

由此可见，当给边长 $A = x^2$ 一个微小的变化量 Δx 时，所引起正方形面积的改变量 ΔA，可以近似地用第一部分——Δx 的线性函数 $2x_0\Delta x$ 来代替，这时所产生的误差 $(\Delta x)^2$ 比 Δx 更微

小。从理论上讲，当 Δx 是无穷小时，所产生的误差 $(\Delta x)^2$ 是比 Δx 较高阶的无穷小。

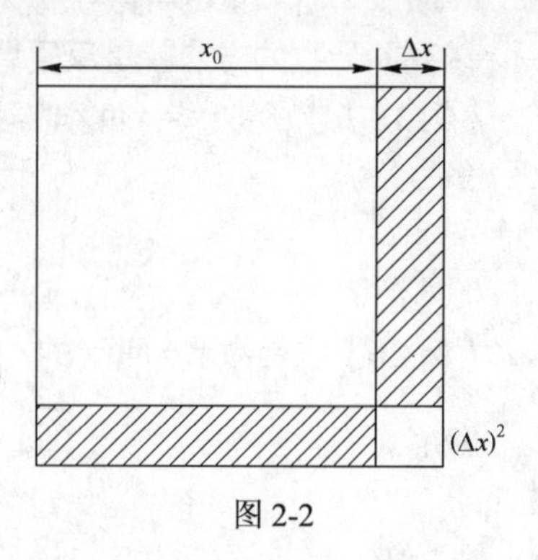

图 2-2

在上述问题中，注意到对函数 $A=x^2$，有

$$\frac{dA}{dx}=\frac{dx^2}{dx}=2x, \qquad \left.\frac{dA}{dx}\right|_{x=x_0}=2x_0,$$

这表明，用来近似代替面积的改变量 ΔA 的 $2x_0\Delta x$，实际上是函数 $A=x^2$ 在点 x_0 的导数 $2x_0$ 与自变量 x 在点 x_0 的改变量 Δx 的乘积。可见 $2x_0\Delta x$ 的计算更为方便，不难知道，当 A 的改变量不大时，这样的计算是有效的，且 A 的改变量越小，计算结果精确度越高。我们把 $A'\Delta x$ 称为微分，下面就给出微分的精确定义。

2.3.2 微分的概念

【定义 2】若一元函数 $y=f(x)$ 在点 x 处满足

$$\Delta y=f'(x)\cdot\Delta x+\alpha$$

其中，α 满足 $\lim\limits_{\Delta x\to 0}\frac{\alpha}{\Delta x}=0$，则称一元函数 $y=f(x)$ 在 x 点**可微**，且称 $f'(x)\cdot\Delta x$ 为一元函数 $y=f(x)$ 在 x 点的微分，记为 dy。即

$$dy=f'(x)\Delta x。$$

显然，函数的微分 $dy=f'(x)\Delta x$ 与 x 和 Δx 两个量有关。

【例 21】求函数 $y=x^2$ 当 $x=2$，$\Delta x=0.01$ 时的微分。

解：先求函数在任意点处的微分

$$dy=(x^2)'\cdot\Delta x=2x\cdot\Delta x,$$

然后将 $x=2$，$\Delta x=0.01$ 代入上式，得

$$dy\Big|_{\substack{x=2\\ \Delta x=0.01}}=2x\cdot\Delta x\Big|_{\substack{x=2\\ \Delta x=0.01}}=2\times2\times0.01=0.04。$$

通常把自变量的微分定义为自变量的增量，记为 dx，即 $dx=\Delta x$，于是函数 $y=f(x)$ 的微分又可以记为

$$dy=f'(x)dx,$$

从而有

$$\frac{dy}{dx}=f'(x)。$$

由此可知，一元函数的可导与可微是等价的。

若一元函数在一区间上任一点是可微的，则称函数在此区间上可微。

【例 22】已知函数 $y=\ln x$，求其微分 dy 以及微分 $dy\big|_{x=2}$。

解：因为 $y'=(\ln x)'=\frac{1}{x}$，所以

$$dy=y'dx=\frac{1}{x}dx,$$

且

$$dy\big|_{x=2}=\frac{1}{2}dx\text{。}$$

【例 23】已知函数 $y=\cos\sqrt{x}$，求 dy。

解：因为 $y'=-\sin\sqrt{x}\cdot\left(\sqrt{x}\right)'=-\sin\sqrt{x}\cdot\frac{1}{2\sqrt{x}}=-\frac{\sin\sqrt{x}}{2\sqrt{x}}$，所以

$$dy=y'dx=-\frac{\sin\sqrt{x}}{2\sqrt{x}}dx\text{。}$$

【例 24】在下列等式左端的括号内填入适当的函数，使等式成立：

① $d(\quad)=xdx$；　　② $d(\quad)=e^x dx$；

③ $d(\quad)=\frac{1}{\sqrt{x}}dx$；　　④ $d(\quad)=\sin 2x dx$。

解：① 因为 $d(x^2)=2xdx$，所以

$$xdx=\frac{1}{2}d(x^2)=d\left(\frac{x^2}{2}\right),$$

即

$$d\left(\frac{x^2}{2}\right)=xdx\text{。}$$

又因为任意常数 C 的微分 $d(C)=0$，所以一般地应该为

$$d\left(\frac{x^2}{2}+C\right)=xdx\qquad(C\text{为任意常数})\text{。}$$

类似地，

② $d(e^x+C)=e^x dx$。

③ $d(2\sqrt{x}+C)=\frac{1}{\sqrt{x}}dx$。

④ $d\left(-\frac{1}{2}\cos 2x+C\right)=\sin 2x dx$。

2.3.3　微分的几何意义

图 2-3 是函数 $y=f(x)$ 的图像，曲线上过点 $M(x,\ y)$ 的切线 MT，其倾斜角为 α，当自变量 x 有一微小增量 Δx 时，即当横坐标在 $x=ON$ 有一个增量 $\Delta x=dx=NN'$ 时，相应地函数 y 即纵坐标在 $y=NM=N'Q$ 处便得到增量 $\Delta y=QM'$，同时切线上的纵坐标也得到对应的增量 QP，从直角三角形 MQP 中可知：

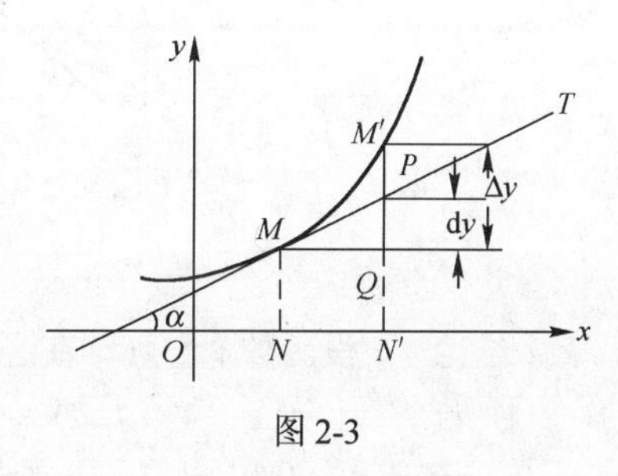

图 2-3

$$QP=MQ\cdot\tan\alpha,$$

而

$$\tan\alpha=f'(x),\ MQ=dx,$$

所以

$$QP=f'(x)\cdot dx=dy\text{。}$$

由此得出，函数的微分 $\mathrm{d}y$ ，就是曲线在点 $M(x, y)$ 处的切线纵坐标对应于 $\mathrm{d}x$ 的增量。用 $\mathrm{d}y$ 近似代替 Δy 就是用切线的增量近似代替曲线的增量。

2.3.4 微分在收入问题中的应用

在前面的学习中知道，若 $y=f(x)$ 在点 x_0 处可微，且 $f'(x_0)\neq 0$ ，当 $|\Delta x|$ 很小时，有

$$\Delta y \approx \mathrm{d}y = f'(x)\Delta x \text{ 。}$$

此公式被广泛应用于计算函数增量的近似值。

【例 25】(收入问题) 某公司一个月生产 x 单位的产品的收入函数为 $R(x)=36x-\frac{1}{20}x^2$ (单位：百元)，已知该公司某年 6 月份的产量从 250 单位增加到 260 单位，求该公司 6 月份的收入增加了多少?

解：该公司 6 月份产量的增加量为 $\Delta x = 260-250=10$ (单位)，用 $\mathrm{d}R$ 来计算 6 月份收入的增加量

$$\Delta R \approx \mathrm{d}R = \frac{\mathrm{d}R}{\mathrm{d}x}\Delta x\bigg|_{\substack{x=250\\ \Delta x=10}} = \left(36x-\frac{1}{20}x^2\right)'\Delta x\bigg|_{\substack{x=250\\ \Delta x=10}} = \left(36-\frac{1}{10}x\right)\Delta x\bigg|_{\substack{x=250\\ \Delta x=10}} = 11\,000 \text{ 元}$$

即该公司 6 月份的收入大约增加了 11 000 元。

2.4 导数的应用

2.4.1 一元可导函数的单调性与极值

1．一元可导函数的单调性

前边我们曾经介绍过一元增函数的图形随其自变量的增大而逐渐上升，减函数的图形随其自变量的增大而逐渐下降。如图 2-4 所示，当其图形随着自变量的增大而上升时，曲线上每点处的切线与 x 轴正向夹角为锐角，从而斜率大于零，由导数的几何意义知导数大于零。同样可知图形随着自变量的增大而下降时，导数小于零。

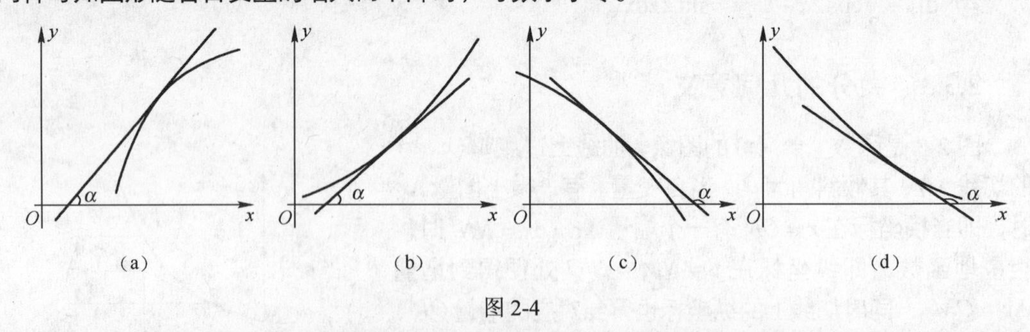

图 2-4

【结论 1】设函数 $y=f(x)$ 在区间 (a, b) 内可导，

① 若 $f'(x)>0$ ，$x\in(a, b)$ ，则函数 $f(x)$ 在 (a, b) 内是单调增加的；

② 若 $f'(x)<0$ ，$x\in(a, b)$ ，则函数 $f(x)$ 在 (a, b) 内是单调减少的；

③ 若 $f'(x)\equiv 0$ ，$x\in(a, b)$ ，则函数 $f(x)$ 在 (a, b) 内必为常值函数。

称一阶导数为零的点为驻点。做图可以判断函数的单调性，但用上述结论，先求出驻点划分出单调区间，再用导数的正负判断单调性有时会更方便些。

【例 26】判断函数 $y=\ln x+x$ 在其定义域内的单调性。

解：定义域为 $(0,+\infty)$，因为

$$y'=\frac{1}{x}+1>0,$$

所以函数 $y=\ln x+x$ 在定义域 $(0,+\infty)$ 内单调增加。

【例 27】讨论函数 $f(x)=x(x-2)^3$ 的单调性。

解：定义域为 $(-\infty,+\infty)$，

$$f'(x)=(x-2)^3+3x(x-2)^2=(x-2)^2(4x-2),$$

令 $f'(x)=0$，解得驻点：$x_1=\frac{1}{2}$，$x_2=2$。

下面直接列表分析（见表 2-1）。

表 2–1

x	$\left(-\infty,\ \frac{1}{2}\right)$	$\frac{1}{2}$	$\left(\frac{1}{2},\ 2\right)$	2	$(2,+\infty)$
$f'(x)$	–	0	+	0	+
$f(x)$	↘		↗		↗

即函数 $f(x)$ 在 $\left(-\infty,\ \frac{1}{2}\right)$ 内单调减少，在 $\left(\frac{1}{2},\ +\infty\right)$ 内单调增加。

2．一元可导函数的极值

设函数 $y=f(x)$ 的图形如图 2-5 所示，C_1、C_2、C_4、C_5 是函数由增变减或由减变增的转折点，在 $x=c_1,x=c_4$ 处曲线出现“峰”，即函数 $y=f(x)$ 在点 C_1、C_4 处的函数值 $f(c_1)$、$f(c_4)$ 分别比它们左、右邻近各点的函数值都大；而在 $x=c_2,x=c_5$ 处曲线出现“谷”，即函数 $y=f(x)$ 在点 C_2、C_5 处的函数值 $f(c_2)$、$f(c_5)$ 分别比它们左、右邻近各点的函数值都小。对于这样的单调区间的转折点及它们所对应的函数值给出如下定义：

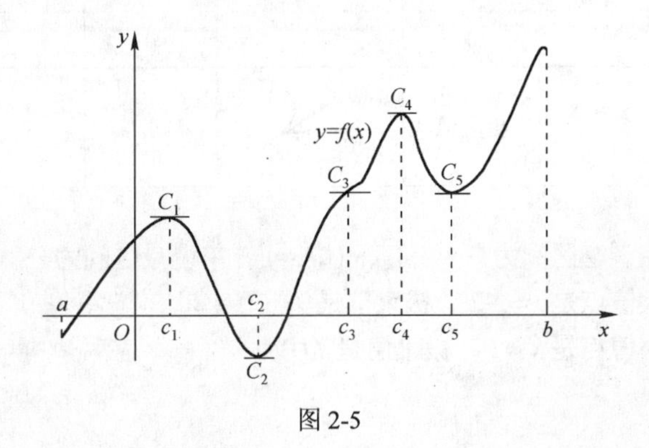

图 2-5

【定义 3】设函数 $f(x)$ 在点 x_0 及其附近有定义，若对于点 x_0 附近的任意一点 x，均有 $f(x)<f(x_0)$（或 $f(x)>f(x_0)$），则称 $f(x_0)$ 是函数 $f(x)$ 的一个**极大值**（或**极小值**），点 x_0 叫做函数 $f(x)$ 的一个**极大值点**（**极小值点**）。函数的极大值与极小值统称为**极值**；函数的极大值点与极小值点统称为**极值点**。

在图 2-5 中，$f(c_1)$，$f(c_4)$ 是函数的极大值，$x=c_1, x=c_4$ 是函数的极大值点；$f(c_2)$，$f(c_5)$ 是函数极小值，$x=c_2, x=c_5$ 是函数极小值点。

【结论 2】若可导函数 $y=f(x)$ 在点 x_0 处取得极值，则 $f'(x_0)=0$。更进一步，若导数在 x_0 左正右负，则 x_0 为极大值点；左负右正，则 x_0 为极小值点。

【例 28】求函数 $f(x)=x(x-2)^3$ 的极值与极值点。

解：定义域为 $(-\infty,+\infty)$，

$$f'(x)=(x-2)^3+3x(x-2)^2=(x-2)^2(4x-2),$$

令 $f'(x)=0$，解得驻点：$x_1=\frac{1}{2}, x_2=2$。

下面直接列表分析（见表 2-2）。

表 2-2

x	$\left(-\infty, \frac{1}{2}\right)$	$\frac{1}{2}$	$\left(\frac{1}{2}, 2\right)$	2	$(2, +\infty)$
$f'(x)$	−	0	+	0	+
$f(x)$	↘	极小值	↗	不是极值	↗

即函数 $f(x)$ 的极小值点是 $x=\frac{1}{2}$，极小值是 $f\left(\frac{1}{2}\right)=-\frac{27}{16}$。

【例 29】求函数 $f(x)=2x^3+3x^2-12x$ 的单调区间、极值与极值点。

解：定义域为 $(-\infty,+\infty)$，

$$f'(x)=6x^2+6x-12=6(x+2)(x-1),$$

令 $f'(x)=0$，解得驻点：$x_1=-2$，$x_2=1$。

下面直接列表分析（见表 2-3）。

表 2-3

x	$(-\infty, -2)$	−2	$(-2, 1)$	1	$(1, +\infty)$
$f'(x)$	+	0	−	0	+
$f(x)$	↗	极大值	↘	极小值	↗

即函数 $f(x)$ 的单调增区间为 $(-\infty,-2)$，$(1,+\infty)$，单调减区间为 $(-2,1)$；

函数 $f(x)$ 的极大值点是 $x=-2$，极大值是 $f(-2)=20$；

函数 $f(x)$ 的极小值点是 $x=1$，极小值是 $f(1)=-7$。

2.4.2　曲线的凹凸性与拐点

如图 2-4 的（a）、（c）所示，它们的图形均是朝上鼓的，数学上称之为**凸弧**；如图 2-4 的（b）、（d）所示，它们的图形均是朝下鼓的，数学上称之为**凹弧**。对于图形是凸的函数，由图形可以看出当 x 增大时，切线的倾斜角逐渐变小，因而导函数是单调减少的，即函数的二阶导数为负；同理，图形为凹的函数二阶导数为正。

【结论 3】若函数 $y=f(x)$ 在区间 (a, b) 内二阶可导，则

① 若 $f''(x)<0$，$x\in(a, b)$，则函数 $f(x)$ 在 (a, b) 内是凸的；

② 若 $f''(x)>0$，$x\in(a, b)$，则函数 $f(x)$ 在 (a, b) 内是凹的。

【定义 4】若函数 $f(x)$ 在 (a, b) 内是凸的，则称区间 (a, b) 为函数 $f(x)$ 的**凸区间**；若函数 $f(x)$ 在 (a, b) 内是凹的，则称区间 (a, b) 为函数 $f(x)$ 的**凹区间**。

【定义 5】连续曲线上凹弧与凸弧的分界点称为曲线的拐点。

由于拐点是曲线凹凸的分界点，所以拐点左右近旁的 $f''(x)$ 必然异号。

【例 30】试判断函数 $y=\ln x+x$ 的凸凹性。

解：定义域为 $(0,+\infty)$，因为

$$y'=\frac{1}{x}+1,$$

$$y''=-\frac{1}{x^2}<0,$$

所以函数 $y=\ln x+x$ 在其定义域 $(0,+\infty)$ 内为凸的。

【例 31】求函数 $y=x^3-5x^2+3x-5$ 的凸凹区间与拐点。

解：定义域为 $(-\infty,+\infty)$，

$$y'=3x^2-10x+3,$$

$$y''=6x-10,$$

令 $y''=0$，解得 $x=\frac{5}{3}$。

为便于分析列出下表（见表 2-4）。

表 2–4

x	$\left(-\infty, \frac{5}{3}\right)$	$\frac{5}{3}$	$\left(\frac{5}{3}, +\infty\right)$
y''	−	0	+
y	∩	拐点	∪

即函数的凸区间为 $\left(-\infty, \frac{5}{3}\right)$；凹区间为 $\left(\frac{5}{3}, +\infty\right)$；拐点坐标为 $\left(\frac{5}{3}, -\frac{250}{27}\right)$。

【例 32】判断曲线 $y=(2x-1)^4+1$ 是否有拐点？

解：定义域为 $(-\infty,+\infty)$，

$$y' = 8(2x-1)^3,$$

$$y'' = 48(2x-1)^2,$$

令 $y''=0$，解得 $x=\frac{1}{2}$。

显然，当 $x \neq \frac{1}{2}$ 时，恒有 $y''>0$，因此点 $\left(\frac{1}{2},\ 1\right)$ 不是曲线 $y=(2x-1)^4+1$ 的拐点。

所以曲线在 $(-\infty,+\infty)$ 内是凹的，因此无拐点。

2.4.3　一元可导函数的最值及其应用

前面讲过，若函数 $f(x)$ 在闭区间 $[a,b]$ 上连续，则在 $[a,b]$ 上必取得最大值和最小值。显然，函数 $f(x)$ 的最大值和最小值只能在区间内的极值点或端点处取得。因此，可用下述方法求出连续函数 $f(x)$ 在闭区间 $[a,b]$ 上的最大值和最小值：

① 求出可导函数 $f(x)$ 在 (a,b) 内的所有驻点：$x_1, x_2, \cdots, x_n$；

② 求出 $f(x)$ 在驻点和区间端点处的函数值：$f(x_1), f(x_2), \cdots, f(x_n), f(a), f(b)$；

③ 比较各函数值的大小，其中最大的值就是函数 $f(x)$ 的最大值，最小的值就是函数 $f(x)$ 的最小值。

【例 33】求函数 $f(x)=2x^3+3x^2-12x$ 在 $[-3,2]$ 的最大值与最小值。

解：$f'(x)=6x^2+6x-12$，

令 $f'(x)=0$，从而可得驻点为：$x_1=-2$，$x_2=1$。

下面求驻点和区间端点处的函数值：

$$f(-2)=20, f(1)=-7, f(-3)=9, f(2)=4\text{。}$$

比较后可得 $f(x)=2x^3+3x^2-12x$ 在 $[-3,2]$ 上的最大值是 $f(-2)=20$，最小值是 $f(1)=-7$。

【例 34】某厂上午班（8:00~12:00）工人的工作效率的研究表明，一个中等技术水平的工人早上 8 点开始工作，t 小时后共生产 $Q(t)=-t^3+6t^2+45t$ 个产品，问在早上几点钟这个工人工作效率最高?

解：这个工人的工作效率就是单位时间内生产的产品个数，即 $Q(t)$ 的导数。设 $R(t)=Q'(t)$，则这个工人的工作效率最高的时间（上班以后的工作时间）即函数 $R(t)$ 的最大值点。由于

$$R(t)=Q'(t)=-3t^2+12t+45,\quad t\in[0,4]$$

$$R'(t)=-6t+12$$

令 $R'(t)=0$，求得 $t=2$。

计算　$R(0)=45, R(4)=45, R(2)=57$，

比较大小得最大值为 $R(2)=57$。

所以，当 $t=2$，即上午 10 点这个工人的工作效率最高。

注意：若在某区间内，函数的极值点只有一个，则极大值点必为区间上的最大值点；极小值点必为区间上的最小值点，如图 2-6 所示。

【例 35】欲用长 $l=6\text{ m}$ 的木料加工一“日”字形窗框，问它的长和宽分别为多少米时，才能使窗框的面积最大，最大面积是多少?

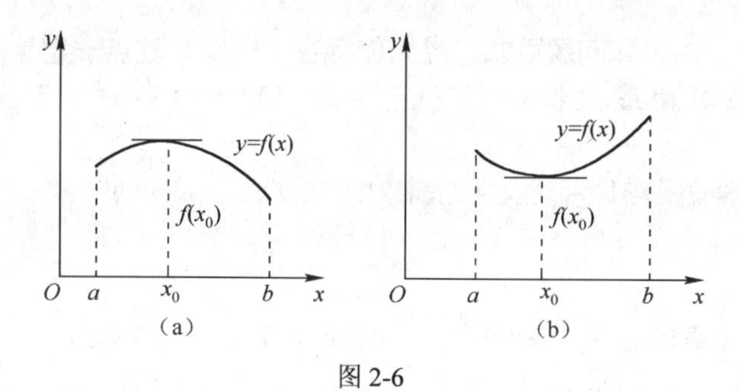

图 2-6

解：如图 2-7 所示，设窗框的宽为 x m，则

长为 $\dfrac{1}{2}(l-3x)=\dfrac{1}{2}(6-3x)$ m，

窗框的面积为

$$S=x\cdot\frac{1}{2}(6-3x)=3x-\frac{3}{2}x^2, \qquad (0<x<2)。$$

$S'=3-3x$，令 $S'=0$，求得驻点 $x=1$（唯一）。

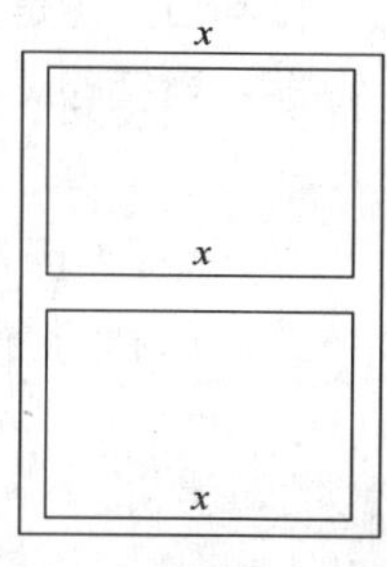

图 2-7

因为驻点唯一，由实际问题可知，最大值存在，所以此驻点一定是最大值点。因此当窗框的宽为 1m，长为 1.5m 时面积最大，最大面积为 $S(1)=\dfrac{3}{2}$（m^2）。

【例 36】已知两个正数的乘积为常数 a，试问这两个数分别为多少时其和为最小？

解：设两个正数为 $x,y\,(x>0,y>0)$，其和为

$$s=x+y,$$

由条件 $xy=a$，解得

$$y=\frac{a}{x},$$

从而目标函数为

$$s=x+\frac{a}{x} \quad (x>0)。$$

令 $s'=1-\dfrac{a}{x^2}=0$，求得驻点：$x=\sqrt{a}$（$x=-\sqrt{a}$ 舍掉）。

因为驻点唯一，由实际问题可知，最小值存在，所以此驻点一定是最小值点。因此乘积为 a 的两个正数都是 $\sqrt{a}$ 时，其和最小。

【例 37】每亩种 50 株葡萄藤，每株葡萄藤将产出 75kg 葡萄，若每亩再多种一株葡萄藤（最多 20 株），每株产量平均下降 1kg。试问每亩种多少株葡萄藤才能使产量达到最大值？

解：设每亩多种 x 株，则产量为

$$f(x)=(50+x)(75-x), \qquad (0\leqslant x\leqslant 20)。$$

问题归结为求目标函数 $f(x)$ 在 $[0,20]$ 上的最大值。

$$f'(x)=25-2x,$$

令 $f'(x)=0$，解得驻点 $x=12.5$（唯一）。

因为驻点唯一，由实际问题可知，最大值存在，所以此驻点一定是最大值点。因此当 $x=12.5$ 时，$f(x)$ 取得最大值。即每亩种 $50+12.5\approx 63$ 株时，产量可达到最大值 $f(13)=3906$ kg。

【例 38】某快速食品店每月对汉堡的需求由

$$P(x)=\frac{60000-x}{20000}$$

确定，其中 x 是需求量，P 是价格。又设生产 x 个汉堡的成本为

$$C=C(x)=5000+0.56x \qquad (0\leqslant x\leqslant 50000),$$

试问当产量是多少时，快速食品店才获得最大利润?

解：当销售 x 单位汉堡时，总收益函数

$$R=R(x)=xP(x)=\frac{60000x-x^2}{20000},$$

又，总利润函数是总收益函数与总成本函数之差，所以总利润函数为

$$L=L(x)=R(x)-C(x)=\frac{60000x-x^2}{20000}-5000-0.56x$$

$$=2.44x-\frac{x^2}{20000}-5000 \qquad (0\leqslant x\leqslant 50000)。$$

问题归结为求目标函数 $L(x)$ 在 $[0,50000]$ 上的最大值。

$$L'(x)=2.44-\frac{x}{10000},$$

令 $L'(x)=0$，解得驻点 $x=24400$（唯一）。

因为驻点唯一，由实际问题可知，最大值存在，所以此驻点一定是最大值点。因此当 $x=24\,400$ 时，$L(x)$ 取得最大值。即产量为 24 400 单位时，快速食品店可获得最大利润。

2.4.4　罗比达法则

我们在学习无穷小阶的比较时，已经遇到过两个无穷小之比的极限。由于这种极限可能存在，也可能不存在，因此把这种极限称为未定式，记为 $\frac{0}{0}$ 型。此外，两个无穷大之比的极限也是一种未定式，记为 $\frac{\infty}{\infty}$ 型。例如 $\lim\limits_{x\to 0}\frac{\sin x}{x}$ 是 $\frac{0}{0}$ 型；$\lim\limits_{x\to+\infty}\frac{\ln x}{x^2}$ 是 $\frac{\infty}{\infty}$ 型等。前面只能解决某些未定式的极限，下面介绍一种求这类极限的简便且重要的方法——罗比达法则。

【定理 1】若函数 $f(x),g(x)$ 满足。

① $\lim\limits_{x\to x_0}f(x)=\lim\limits_{x\to x_0}g(x)=0$；

② 在点 x_0 及其左右附近可导，且 $g'(x)\neq 0$；

③ $\lim\limits_{x\to x_0}\frac{f'(x)}{g'(x)}=A$　(或 ∞)，

则 $\lim\limits_{x\to x_0}\frac{f(x)}{g(x)}=\lim\limits_{x\to x_0}\frac{f'(x)}{g'(x)}=A$　(或 ∞)。（证明略）

说明：（a）将定理中的 $x\to x_0$ 换成 $x\to x_0^+$，$x\to x_0^-$，$x\to+\infty$，$x\to\infty$ 等，条件②作相

应的修改，也有相同的结论；

（b）定理中条件①换成 $\lim_{x \to x_0} f(x) = \lim_{x \to x_0} g(x) = \infty$；其他条件不变，结论仍成立。

【例 39】 $\lim_{x \to 0^+} \frac{\sqrt{x}}{1 - e^{2\sqrt{x}}}$。

解：属于 $\frac{0}{0}$ 型未定式。利用罗比达法则，得

$$\lim_{x \to 0^+} \frac{\sqrt{x}}{1 - e^{2\sqrt{x}}} = \lim_{x \to 0^+} \frac{\frac{1}{2\sqrt{x}}}{-\frac{1}{\sqrt{x}} e^{2\sqrt{x}}} = -\frac{1}{2}。$$

【例 40】 $\lim_{x \to 0} \frac{\ln(1+x)}{x}$。

解：属于 $\frac{0}{0}$ 型未定式。利用罗比达法则，得

$$\lim_{x \to 0} \frac{\ln(1+x)}{x} = \lim_{x \to 0} \frac{\frac{1}{1+x}}{1} = \lim_{x \to 0} \frac{1}{1+x} = 1。$$

【例 41】 $\lim_{x \to +\infty} \frac{\ln(1+\frac{1}{x})}{\operatorname{arc\,cot} x}$。

解：属于 $\frac{\infty}{\infty}$ 型未定式。利用罗比达法则，得

$$\lim_{x \to +\infty} \frac{\ln(1+\frac{1}{x})}{\operatorname{arc\,cot} x} = \lim_{x \to +\infty} \frac{-\frac{1}{1+\frac{1}{x}} \cdot (-\frac{1}{x^2})}{\frac{1}{1+x^2}} = \lim_{x \to +\infty} \frac{1+x^2}{x+x^2} = \lim_{x \to +\infty} \frac{2x}{1+2x} = \lim_{x \to +\infty} \frac{2}{2} = 1。$$

2.4.5 变化率与相对变化率在经济学中的应用

边际分析和弹性分析是经济数量分析的重要组成部分，是微分法的重要应用。它密切了数学与经济问题的联系。在分析经济量的关系时，不仅要知道因变量依赖于自变量变化的函数关系，还要进一步了解这个函数变化的速度，即函数的变化率，它的边际函数；不仅要了解某个函数的绝对变化率，还要进一步了解它的相对变化率，即它的弹性函数。经过深层次的分析，就可以探求取得最佳经济效益的途径。

1．变化率在经济中的应用

在经济学中，边际概念是反映一种经济变量 y 相对于另一种经济变量 x 的变化率 $\frac{\Delta y}{\Delta x}$ 或 $\lim_{\Delta x \to 0} \frac{\Delta y}{\Delta x}$。

（1）边际成本

设 $C(q)$ 表示生产 q 个单位某种产品的总成本，平均成本 $\overline{C(q)} = \frac{C(q)}{q}$ 表示生产 q 个单位

产品时平均每单位产品的成本，$C'(q)$ 表示产量为 q 时的边际成本。

（2）边际收益

边际收益是指销售量增加一个单位时所增加的总收益或增加这一个单位的销售产品的销售收入，是总收入函数在给定点的导数，记作 $MR=C'(q)$。

（3）边际利润

对于利润函数 $L(q)=R(q)-C(q)$，定义边际利润为 $L'(q)=R'(q)-C'(q)=MR-MC$，表示指销售量增加一个单位时所增加的总利润或增加这一个单位销售量时利润的改变量。

【例 42】设生产某商品的固定成本为 20 000 元，每生产一个单位产品，成本增加 100 元，总收益函数 $R(q)=400q-\frac{1}{2}q^2$，设产销平衡，试求边际成本、边际收益及边际利润。

解：总成本函数 $C(q)=20000+100q$（元），

边际成本 $C'(q)=100$（元）；

总收益函数 $R(q)=400q-\frac{1}{2}q^2$（元），

边际收益 $R'(q)=400-q$（元）；

总利润函数 $L(q)=R(q)-C(q)=-\frac{1}{2}q^2+300q-20000$（元），

边际利润 $L'(q)=R'(q)-C'(q)=-q+300$（元）。

2．相对变化率在经济学中的应用

在经济理论中，还经常存在一种变量 y 对于另一种变量 x 的微小百分比变动关系——弹性。

弹性作为一个数学概念是指相对变化率，即相互依存的一个变量对另一个变量变化的反应程度。用比例来说，是自变量变化 1%所引起因变量变化的百分数。弹性是一种不依赖于任何单位的计量法，即是无量纲的。

需求价格弹性是是经济数学弹性中应用最广泛的概念之一。它是指物品的需求量对价格变化的反应程度，即需求弹性 = 需求变化百分比/价格变化百分比。设需求函数为 $Q=Q(P)$，这里 P 为价格，Q 为需求量。如果我们以极限为工具来研究需求弹性，则此变化率可定义为 $Ep=\lim\limits_{\Delta p\to 0}\frac{\Delta Q/Q}{\Delta P/P}=\frac{P}{Q}\frac{\mathrm{d}Q}{\mathrm{d}P}$，需求弹性有其实际的经济含义：表示当某种商品的价格下降（或上升）1%时，其需求量将增加（或减少）$|Ep|$%。

试试看：用 Mathematica 数学软件求导数与微分

用 Mathematica 求导数与微分的基本语句（见表 2-5）。

表 2-5

命令格式	功能说明
D[f[x],x]	求 $f(x)$关于 x 的一阶导数
D[f[x],{x,n}]	求 $f(x)$关于 x 的 n 阶导数
FindRoot[方程，{x,初始点}]	求方程在初始点的近似根，x 是自变量
FindMinimum[f[x],{x, 初始点}]	求函数 $f(x)$在初始点的近似极小值，x 是自变量

【例 43】求函数 $y=\left(1+x^{2}\right)\arctan x$ 的二阶导数。

解：In[1]:=D[(1+x^2)ArcTan[x],{x,2}]

Out[1]= $\frac{2x}{1+x^{2}}$+2ArcTan[x]

【例 44】求 $y=x^{3}$ 在 $x=2.03$ 处的微分；在 $x=1$，$dx=0.01$ 处的微分。

解：In[1]:=D[x^3,x]dx/. $x\to 2.03$

Out[1]:=12.362 7dx

In[2]:=D[x^3,x]dx/.{ $x\to 1, dx\to 0.01$ }

Out[2]:=0.03

解方程，得 $dy|_{x=2.03}=12.3627dx$，$dy|_{\substack{x=1\\ dx=0.01}}=0.03$。

练习

求下列函数的导数和微分。

（1）$y=\cos x-\sin x$；　　（2）$y=(\ln x)^{x}$；

（3）$y=\frac{1+\cos^{2}x}{\cos x^{2}}$；　　（4）$y=a^{x}+x^{n}+x^{x}$。

习题 2

1. 将一个物体垂直上抛，设经过时间 t s 后，物体上升的高度为

$$s=10t-\frac{1}{2}gt^{2},$$

求下列各值：

（1）物体在 1s 到 $1+\Delta t$ s 这段时间内的平均速度；

（2）物体在 1s 时的瞬时速度；

（3）物体在 t_0 s 到 $t_0+\Delta t$ s 这段时间内的平均速度；

（4）物体在 t_0 s 时的瞬时速度。

2. 一块凉的甘薯被放进热烤箱，其温度 T（℃）由函数 $T=f(t)$ 给出，其中，t（单位：min）从甘薯放进烤箱开始计时。

（1）$f'(t)$ 的符号是什么？为什么？

（2）$f'(20)$ 的单位是什么？$f'(20)=2$ 有什么实际意义？

3. 用导数定义求函数 $y=\cos x$ 在点 $x=0$ 处的导数。

4. 用导数定义求函数 $y=x^{3}$ 的导数。

5. 求下列曲线在点 $x=1$ 处的切线方程。

（1）$y=\frac{1}{x}$；　　（2）$y=x^{2}$。

6. 求下列函数的导数（其中 a，b 为常数）：

（1）$y=5x^{4}-3x^{2}+x-2$；　　（2）$y=x^{a+b}$；

(3) $y=\sqrt{x}-\frac{1}{x}+4\sqrt{2}$；

(4) $y=\frac{1-x^2}{\sqrt{x}}$；

(5) $y=\left(\sqrt{x}-1\right)\left(\frac{1}{\sqrt{x}}-1\right)$；

(6) $y=\frac{x^2}{2}+\frac{2}{x^2}$；

(7) $y=x^2\ln x$；

(8) $y=\frac{x+1}{x-1}$；

(9) $y=\cos x+x^2\sin x$；

(10) $y=3^x\mathrm{e}^x$；

(11) $y=\frac{\sec x}{x}+\frac{x}{\tan x}$；

(12) $y=\sqrt{x}\cot x$；

(13) $y=10^x\sin x-\lg x$；

(14) $y=x^5+5^x+5^5$；

(15) $y=4\sin x-\ln x+2\sqrt{x}-\mathrm{e}^2$；

(16) $y=\frac{1}{1+x+x^2}$；

(17) $y=x^2\mathrm{e}^x+\frac{x\sin x}{1+\tan x}$；

(18) $y=x\cot x-2\csc x$；

(19) $y=(3x+1)^5$；

(20) $y=\ln\ln x$；

(21) $y=\sin(x^3)$；

(22) $y=\cot\frac{1}{x}$；

(23) $y=\sin^2 x$；

(24) $y=\sqrt{1-x^2}$；

(25) $y=\mathrm{e}^{-x^2}$；

(26) $y=2\sec(x^2)$；

(27) $y=\sqrt{2x}\cot\frac{1}{x}$；

(28) $y=\frac{x}{\sqrt{x^2-a^2}}$；

(29) $y=\ln\sqrt{x}+\sqrt{\ln x}$；

(30) $y=x^4\mathrm{e}^{\sqrt{x}}$；

(31) $y=3\mathrm{e}^{-x}\cos 2x+\sin\frac{1}{2}$；

(32) $y=\mathrm{e}^{x\ln x}$。

7. 求下列函数在相应点处的导数值。

(1) $y=\sin x\cos x$，$x=\frac{\pi}{2}$；

(2) $y=\frac{1+x}{1-x}$，$x=0$；

(3) $y=2^{\sin x}$，$x=\frac{\pi}{4}$。

8. 求下列函数的二阶导数。

(1) $y=2x^2+\ln x$；

(2) $y=\mathrm{e}^{-x}\sin x$；

(3) $y=x+\mathrm{e}^{\sqrt{x}}$。

9. 某产品生产 x 单位的总成本 C 为 x 的函数

$$C=C(x)=100+7x+50\sqrt{x},$$

(1) 求生产 900 单位和 1 600 单位时的总成本；

(2) 求生产 900 单位和 1 600 单位时的边际成本。

10. 设某商品 x 单位的收益 R 为 x 的函数

$$R=L(x)=200x-0.01x^2,$$

(1) 求生产 50 单位时的总收益；

(2) 求生产 50 单位时的边际收益。

11. 设某产品一周的产量为

$$Q(x)=200x+6x^2,$$

其中 x 是装配线上劳动者的人数，如果现在有 60 人在装配线上，

（1）计算 $Q(61)-Q(60)$，看看一周产量的实际变化；

（2）求 $Q'(60)$，并解释一下，由于增加一个人，一周产量变化的情况。

12. 植物发生光合作用的大小 $P(x)$ 取决于光的强度 x，且

$$P(x)=145x^2-30x^3,$$

（1）求光合作用 P 关于光强度 x 的变化率（光合作用的速率）;

（2）当 $x=1$ 时，$x=3$ 时，光合作用的变化率各是多少？

13. 求下列函数的微分。

（1）$y=5x^4+x$；（2）$y=(x+1)e^x$；

（3）$y=\cos x+x^2\sin x$；（4）$y=\dfrac{x+1}{x-1}$；

（5）$y=\ln\ln x$；（6）$y=3^x e^x$；

（7）$y=\tan\sqrt{x}$；（8）$y=\ln\cos x$；

（9）$y=\csc x+x\sin(2^x)$；（10）$y=\dfrac{x\sin x}{1+\tan x}$。

14. 将适当的函数填入括号内，使等式成立。

（1）$d(\quad)=3xdx$；（2）$d(\quad)=\dfrac{2}{\sqrt{x}}dx$；

（3）$d(\quad)=\dfrac{1}{x^2}dx$；（4）$d(\quad)=e^x dx$；

（5）$d(\quad)=-\sin xdx$；（6）$d(\quad)=\sec^2 xdx$。

15. 判断函数 $f(x)=x+\ln x$ 的单调性。

16. 求下列函数的单调区间、极值点和极值。

（1）$y=2x^3-6x^2-18x+5$；（2）$y=2x^2-\ln x$；

（3）$y=2x+\dfrac{8}{x}$；（4）$y=(x-1)^2(x+1)^3$。

17. 求下列曲线的凹凸区间与拐点。

（1）$y=x^3-5x^2+3x-5$；（2）$y=\ln(1+x^2)$；

（3）$y=2x^3-6x^2-18x+5$；（4）$y=-x^4+2x^2$；

（5）$y=x^4-2x^3+1$；（6）$y=e^{-x}$。

18. 求下列函数在指定区间上的最大值和最小值。

（1）$y=x^4-2x^2+5\quad[-2,2]$；（2）$y=2x^3-3x^2\quad[-1,4]$；

（3）$y=x-2\sqrt{x}\quad[1,4]$；（4）$y=\sqrt{x}\ln x\quad\left[\dfrac{1}{4},1\right]$。

19. 周长为 a，而面积为最大的长方形的边长是多少？

20. 一块边长为 a 的正方形金属薄片，从四角各截去一个小方块，然后折成一个无盖的盒子。问截去的小方块的边长等于多少时，方盒子的容积最大？

21. 某细菌群体的数量 $N(t)$ 是由以下函数模型确定的

$$N(t)=\frac{5000t}{50+t^2},$$

其中，t 是时间，以周为单位。试问细菌的群体在多少周后数量最大，最大数量是多少?

22. 设每亩地种植梨树 20 棵时，每棵梨树产梨 300kg。若每亩种植梨树超过 20 棵时，每超种一棵，每棵产量平均减少 10kg。试问每亩种植多少棵梨树才能使亩产量最高?

23. 生产某种商品 x 单位的利润是

$$L(x)=5000+x-0.00001x^2,$$

问生产多少单位时获得的利润最大?

24. 某厂每批生产某种商品 x 单位的费用为

$$C(x)=5x+200,$$

得到的收益为

$$R(x)=10x-0.01x^2,$$

问每批应生产多少单位时才能使利润最大?

25. 根据临床经验，病人的血压下降幅度的大小 $D(x)$ 与注射的药物剂量 x（单位：mg）有密切关系

$$D(x)=0.025x^2(30-x),$$

试求注射药物剂量多少时，血压下降幅度达到最大值?

26. 假设某新成立公司 2000 年建立时有员工 8 人，公司计划在今后 10 年内员工的增长函数模型为

$$N(t)=8\left(1+\frac{160t}{t^2+16}\right)\qquad(0\leqslant t\leqslant 10),$$

来预测。其中，$N(t)$ 表示 2000 年以后 t 年时的员工人数。试问公司在哪一年员工人数达到最大值? 最大值是多少?

第 3 章 积分学及其应用

微分学的基本问题是：已知一个函数，求它的导数。但是，在科学技术领域中往往还会遇到与此相反的问题：已知一个函数的导数，求原来的函数，由此产生了积分学。积分学由两个基本部分组成：不定积分和定积分。本章主要研究不定积分和定积分的概念、性质、基本积分方法、定积分的应用及微分方程。

3.1 定积分的概念

定积分的概念是从自然科学和大量实际问题中抽象出来的，比如，求变速直线运动的路程问题、平面图形的面积以及总产量，等等。虽然它们的实际意义各不相同，但求解的思路和方法却是类似的。我们先从下面几个引例谈起。

3.1.1 曲边梯形的面积——认识定积分

【例 1】曲边梯形的面积。

所谓曲边梯形是指在直角坐标系下，由闭区间$[a, b]$上的连续曲线$y = f(x) \geqslant 0$，直线$x = a$，$x = b$与x轴所围成的平面图形$AabB$，如图 3-1 所示。

下面讨论如何计算曲边梯形的面积。

解决这个问题的困难之处在于曲边梯形的上部边界是一条曲线，而在初等数学中，我们只会求如矩形面积、三角形面积、梯形面积等。如图 3-2 所示，若把曲边梯形分割成许多细小的曲边梯形，然后用我们易求的矩形面积近似代替小曲边梯形的面积，则大曲边梯形的面积的近似值就是所有小矩形的面积之和。显然，若分割得越细，小曲边梯形的宽度越小，小矩形和小曲边梯形的近似程度就越高，误差就越小。当所有的小曲边梯形的宽度都趋于零时，则所有小矩形面积之和的极限值就是这个大曲边梯形面积的精确值了。

按照上述思路，计算曲边梯形的面积一般要经过“分割—取近似—求和—取极限”这四个步骤来完成。

① 分割：把曲边梯形分割成n个小曲边梯形。

如图 3-2 所示，在区间$[a, b]$内任意插入$n-1$个分点：

$$a = x_0 < x_1 < x_2 < \cdots < x_{i-1} < x_i < x_{i+1} < \cdots < x_{n-1} < x_n = b,$$

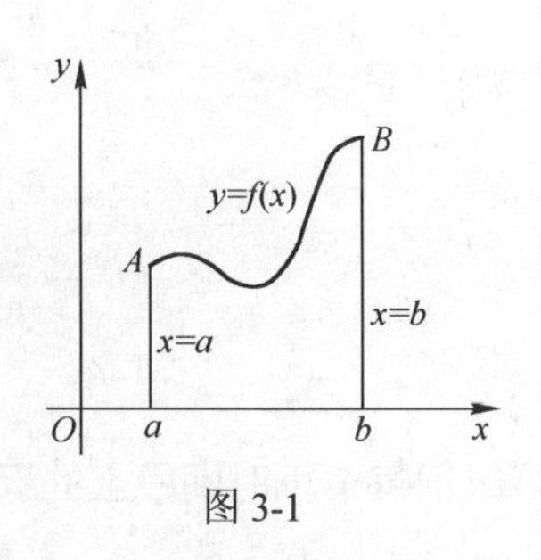

图 3-1

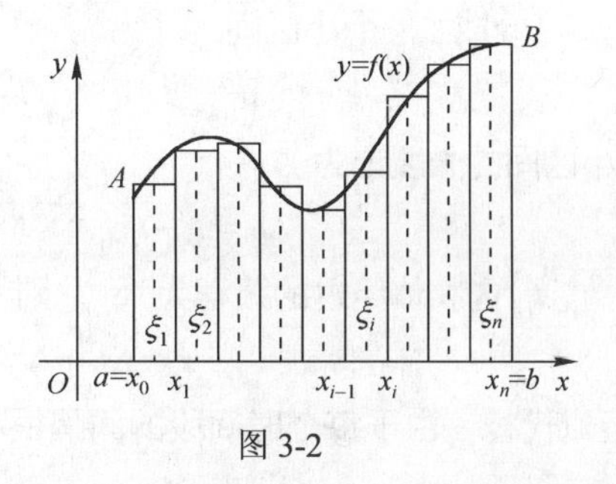

图 3-2

即把区间$[a, b]$分成n个小区间：

$$[x_{i-1}, x_i] \qquad (i=1, 2, \cdots, n),$$

每个小区间的长度记为：

$$\Delta x_i = x_i - x_{i-1} \quad (i=1, 2, \cdots, n),$$

过每个分点作平行y轴的直线，则把整个曲边梯形分成了n个小曲边梯形，其面积分别记为ΔA_i（$i=1, 2, \cdots, n$），则大曲边梯形的面积为：

$$A = \Delta A_1 + \Delta A_2 + \cdots + \Delta A_n 。$$

② 取近似：用小矩形的面积近似代替小曲边梯形的面积。

在每个小区间上任取一点$\xi_i \in [x_{i-1}, x_i]$（$i=1, 2, \cdots, n$），如图 3-2 所示，则以$\Delta x_i = x_i - x_{i-1}$为底，以$f(\xi_i)$为高的小矩形面积就可以近似地代替小曲边梯形的面积$\Delta A_i$，即

$$\Delta A_i \approx f(\xi_i)\Delta x_i \qquad (i=1, 2, \cdots, n)。$$

③ 求和：用小矩形面积的和近似代替大曲边梯形的面积。即

$$\begin{aligned} A &= \Delta A_1 + \Delta A_2 + \cdots + \Delta A_n \\ &\approx f(\xi_1)\Delta x_1 + f(\xi_2)\Delta x_2 + \cdots + f(\xi_n)\Delta x_n \\ &= \sum_{i=1}^{n} f(\xi_i)\Delta x_i 。\end{aligned}$$

④ 取极限：求出曲边梯形面积的精确值。

当分割越来越细的时候，每个小曲边梯形的宽度都趋近于 0。为了便于描述，取小区间长度的最大值$\lambda = \max\limits_{1 \leqslant i \leqslant n}\{\Delta x_i\}$趋于 0 时，如果和式$\sum\limits_{i=1}^{n} f(\xi_i)\Delta x_i$的极限存在，则极限值就是曲边梯形面积的精确值，即

$$A = \lim_{\lambda \to 0}\sum_{i=1}^{n} f(\xi_i)\Delta x_i 。$$

【例 2】变速直线运动的路程。

设一物体做直线运动，已知速度$v = v(t)$是时间间隔$[T_1, T_2]$上的一个连续函数，并且$v(t) \geqslant 0$，求物体在这段时间内所经过的路程s。

如果物体做匀速直线运动，则路程$s = v \times (T_2 - T_1)$。对于变速直线运动，由于每一时刻速度都是变化的，因此不能按上述公式求路程。但我们仍可以采用求曲边梯形面积的方法“分割—取近似—求和—取极限”来解决这个问题。

① 分割：在时间间隔$[T_1, T_2]$内任意插入$n-1$个分点：

$$T_1 = t_0 < t_1 < t_2 < \cdots < t_{i-1} < t_i < t_{i+1} < \cdots < t_{n-1} < t_n = T_2,$$

将$[T_1, T_2]$分成了n个小区间

$$[t_{i-1}, t_i] \qquad (i=1, 2, \cdots, n),$$

每个小区间的长度记为

$$\Delta t_i = t_i - t_{i-1} \qquad (i=1, 2, \cdots, n),$$

设在$[t_{i-1}, t_i]$内物体经过的路程为Δs_i，则

$$s = \Delta s_1 + \Delta s_2 + \cdots + \Delta s_n 。$$

② 近似代替：由于每个时间段的间隔很小，于是可以把每个小时间段上的运动近似看

成是匀速的（以常量代变量），任取一个时刻 $\tau_i \in [t_{i-1}, t_i]$，以 τ_i 时刻的速度 $v(\tau_i)$ 代替 $[t_{i-1}, t_i]$ 上各个时刻的速度，则

$$\Delta s_i \approx v(\tau_i)\Delta t_i \quad (i=1, 2, \cdots, n)。$$

③ 求和：

$$s=\sum_{i=1}^{n}\Delta s_i \approx \sum_{i=1}^{n} v(\tau_i)\Delta t_i 。$$

④ 取极限：当小时间间隔的最大值 $\lambda=\max\limits_{1\leqslant i\leqslant n}\{\Delta t_i\}$ 趋近于 0 时，取和式的极限，若该极限存在，则极限值就是物体在这段时间内所经过的路程 s，即

$$s=\lim_{\lambda\to 0}\sum_{i=1}^{n} v(\tau_i)\Delta t_i 。$$

从上面两个引例可以看到，无论计算曲边梯形的面积还是变速直线运动的路程，尽管它们的实际意义并不相同，但是解决问题的思路、方法和计算步骤都是相同的，即：分割—取近似—求和—取极限，并且它们都可以归结为具有相同结构的一种和式的极限。抛开这些问题的具体意义，只考虑定义在区间 $[a,b]$ 上的函数 $f(x)$，就可以抽象出定积分的定义。

3.1.2 定积分的概念与性质

1. 定积分的概念

【定义 1】设函数 $f(x)$ 在闭区间 $[a, b]$ 上连续，任取分点

$$a=x_0<x_1<x_2<\cdots<x_{i-1}<x_i<x_{i+1}<\cdots<x_{n-1}<x_n=b ,$$

把区间 $[a, b]$ 分割成 n 个小区间 $[x_{i-1}, x_i]$（$i=1, 2, \cdots, n$），其长度记为

$$\Delta x_i = x_i - x_{i-1} ,$$

在每个小区间 $[x_{i-1}, x_i]$ 上任取一点 ξ_i（$x_{i-1}\leqslant \xi_i \leqslant x_i$），做乘积

$$f(\xi_i)\Delta x_i \quad (i=1, 2, \cdots, n),$$

把所有这些乘积加起来，得和式

$$\sum_{i=1}^{n} f(\xi_i)\Delta x_i 。$$

记 $\lambda=\max\limits_{1\leqslant i\leqslant n}\{\Delta x_i\}$，若极限 $\lim\limits_{\lambda\to 0}\sum\limits_{i=1}^{n} f(\xi_i)\Delta x_i$ 存在，则称函数 $f(x)$ 在区间 $[a, b]$ 上**可积**，并称此极限值为 $f(x)$ 在 $[a, b]$ 上的**定积分**，记作 $\int_a^b f(x)\mathrm{d}x$，即

$$\int_a^b f(x)\mathrm{d}x=\lim_{\lambda\to 0}\sum_{i=1}^{n} f(\xi_i)\Delta x_i ,$$

其中，称 $\int$ 为**积分号**，$f(x)$ 为**被积函数**，$f(x)\mathrm{d}x$ 为**被积表达式**，x 为**积分变量**，$[a, b]$ 为**积分区间**，a,b 分别称为**积分下限**和**积分上限**。

根据定积分的定义，上面两个例子都可以表示为定积分：

（1）由闭区间 $[a, b]$ 上的连续曲线 $y=f(x)\geqslant 0$，直线 $x=a$，$x=b$ 与 x 轴所围成的曲边梯形的面积为

$$A=\int_a^b f(x)\mathrm{d}x ;$$

（2）以连续的速度 $v=v(t)\geqslant 0$ 做变速直线运动的物体，从时刻 T_1 到 T_2 通过的路程为

$$s=\int_{T_1}^{T_2} v(t)\mathrm{d}t \text{。}$$

注意: ① 定义中的极限过程是 $\lambda\to 0$，它表示的是对区间 $[a, b]$ 的分割越来越细的过程，当 $\lambda\to 0$ 时，必有小区间的个数 $n\to\infty$ ，反之则不成立；

② 定积分表示的是一个和式的极限值，是一个常量，它仅与被积函数 $f(x)$、积分区间 $[a, b]$ 有关，而与积分变量用什么符号表示无关，即

$$\int_a^b f(x)\mathrm{d}x=\int_a^b f(t)\mathrm{d}t=\int_a^b f(u)\mathrm{d}u \text{。}$$

③ 为了讨论方便，规定

a. $\int_a^a f(x)\mathrm{d}x=0$，　　b. $\int_a^b f(x)\mathrm{d}x=-\int_b^a f(x)\mathrm{d}x$ 。

2. 定积分的几何意义

由定积分的定义以及【例 1】可知，定积分的几何意义如下：

（1）在闭区间 $[a, b]$ 上，若函数 $f(x)\geqslant 0$，则定积分 $\int_a^b f(x)\mathrm{d}x$ 在几何上表示由曲线 $y=f(x)$，直线 $x=a$，$x=b$ 与 x 轴所围成的曲边梯形的面积；

（2）在闭区间 $[a, b]$ 上，若函数 $f(x)\leqslant 0$，则定积分 $\int_a^b f(x)\mathrm{d}x$ 在几何上表示由曲线 $y=f(x)$，直线 $x=a$，$x=b$ 与 x 轴所围成的曲边梯形面积的负值；

（3）在闭区间 $[a, b]$ 上，若 $f(x)$ 的值有正也有负，如图 3-3 所示，则定积分 $\int_a^b f(x)\mathrm{d}x$ 表示介于 x 轴、曲线 $y=f(x)$ 及直线 $x=a$，$x=b$ 之间各部分面积的代数和。即在 x 轴上方的图形面积减去 x 轴下方的图形面积：

$$\int_a^b f(x)\mathrm{d}x=A_1-A_2+A_3$$

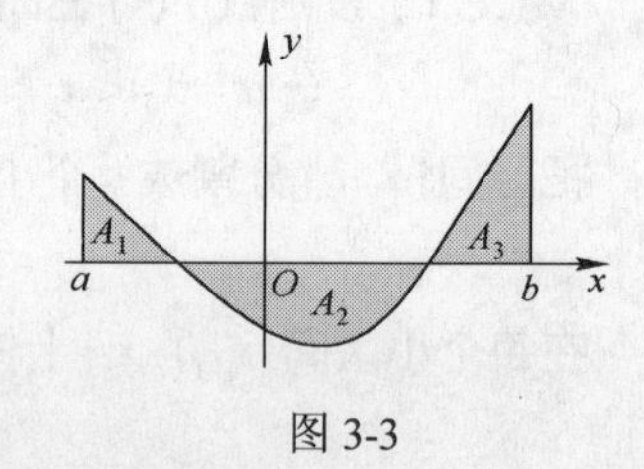

图 3-3

【例 3】利用定积分的几何意义求 $\int_0^1\sqrt{1-x^2}\,\mathrm{d}x$ 。

解：画出被积函数 $y=\sqrt{1-x^2}$ 在区间 $[0, 1]$ 上的图形，如图 3-4 所示。

由图可看出，在区间 $[0, 1]$ 上，由曲线 $y=\sqrt{1-x^2}$，x 轴，y 轴所围成的曲边梯形是 $\frac{1}{4}$ 单位圆，所以由定积分的几何意义可得

$$\int_0^1\sqrt{1-x^2}\,\mathrm{d}x=\frac{\pi}{4} \text{。}$$

在【例 1】中求曲边梯形的面积是将区间 $[a, b]$ 无限细分，则相应地曲边梯形被分为无穷多个小竖条。现考虑以任意一点 $x\in[a, b]$ 为左端点的小竖条，其底边为 $\mathrm{d}x$（$\mathrm{d}x>0$），如图 3-5 所示。在无限细分的条件下，小竖条的面积就近似等于以 $f(x)$ 为高，以 $\mathrm{d}x$ 为底的小矩形的面积，记作 $\mathrm{d}A=f(x)\mathrm{d}x$，称为**面积微元**（**简称微元**）。将这无穷多个极其微小的面积由 $x=a$ 到 $x=b$ “积累”起来，就成为总面积 A，也就是定积分 $\int_a^b f(x)\mathrm{d}x$，即 $A=\int_a^b f(x)\mathrm{d}x$ 。

由此可见，定积分 $\int_a^b f(x)\mathrm{d}x$ 实际上就是无穷多个微元“$f(x)\mathrm{d}x$”累加求和。这种“微元求和”的思想，就是定积分的实质。这种解决问题的方法通常称为“微元法”。实际应用中，我们经常使用这种方法。

3．定积分的性质

下面介绍定积分的性质，假设以下性质中所有的函数都是可积的。

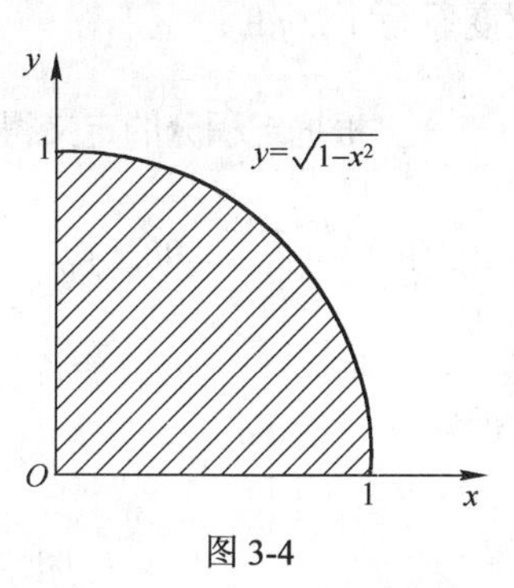

图 3-4

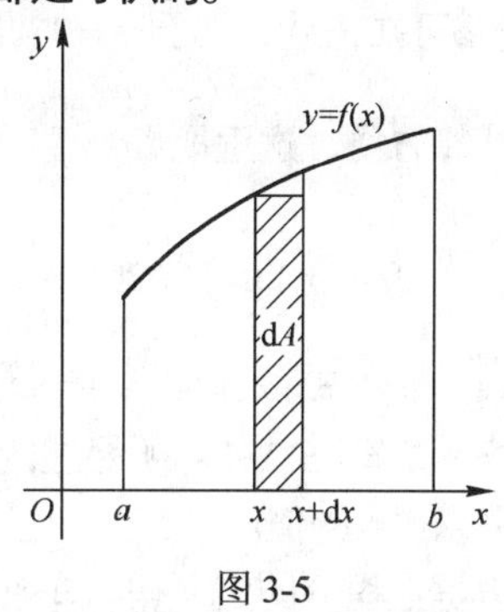

图 3-5

① $\int_a^b k\mathrm{d}x = k(b-a)$（$k$ 为常数）;

② $\int_a^b kf(x)\mathrm{d}x = k\int_a^b f(x)\mathrm{d}x$（$k$ 为常数）;

③ $\int_a^b [f(x)+g(x)]\mathrm{d}x = \int_a^b f(x)\mathrm{d}x + \int_a^b g(x)\mathrm{d}x$；

④ 设 a，b，c 为常数，则

$$\int_a^b f(x)\mathrm{d}x = \int_a^c f(x)\mathrm{d}x + \int_c^b f(x)\mathrm{d}x,$$

该性质称为定积分对积分区间具有**可加性**。它的几何意义如图 3-6 所示。

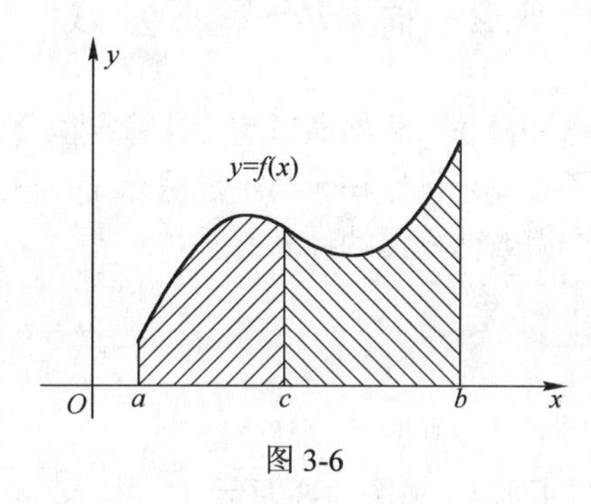

图 3-6

3.1.3　水塔中的水量问题

【例 4】（水塔中的水量问题）水流到水塔的速度为 $r=r(t)$（单位：L/min），这里时间 t 的单位为分钟

① 写出在时间 t 到 $t+\Delta t$ 内水流入水塔的数量近似表达式，这里 Δt 很小；

② 写出从 $t=0$ 到 $t=3$ 期间水流入水塔的总量的近似和，并给出这一总量的精确表达式；

③ 如果 $r(t)=20t$，试问从 $t=0$ 到 $t=3$ 期间水塔中的水量改变了多少?

解：① 由条件可得在时间 t 到 $t+\Delta t$ 内水流入水塔的数量的近似表达式为：$r(t)\Delta t$。

② 将时间区间 $[0,3]$ 分成 n 个小区间 $[t_{i-1}, t_i]$，$(n=1, 2, \cdots, n)$ 其中，$t_0=0$，$t_n=3$。在第 i 个小区间 $[t_{i-1}, t_i]$ 内水流入水塔的数量的近似表达式为 $r(t_i)\Delta t_i$，（其中，$\Delta t_i = t_i - t_{i-1}$），所以从 $t=0$ 到 $t=3$ 期间水流入水塔的总量的近似和为 $\sum_{i=1}^{n} r(t_i)\Delta t_i$，这一总量的精确表达式

为：$\int_0^3 r(t)\mathrm{d}t$。

③ 由②可知，从$t=0$到$t=3$期间水塔中的水量改变量为$\int_0^3 20t\mathrm{d}t$，

为了计算方便，这里取$\Delta t_i=\dfrac{3}{n}$，$t_i=\dfrac{3i}{n}(i=1,\ 2,\ \cdots,\ n)$。根据定积分的定义得

$$\int_0^3 20t\mathrm{d}t=\lim_{n\to\infty}\sum_{i=1}^{n}\left[20\times\frac{3i}{n}\times\frac{3}{n}\right]=180\lim_{n\to\infty}\sum_{i=1}^{n}\frac{i}{n^2}=180\lim_{n\to\infty}\frac{n(n+1)}{2n^2}=90(\mathrm{L})。$$

【例 5】一辆汽车以速度$v(t)=2t+3$ m/s 做直线运动，试用定积分表示汽车在 1~3s 所经过的路程s，并利用定积分的几何意义求出s的值。

解：根据定积分的定义得汽车在 1~3s 所经过的路程

$$s=\int_1^3(2t+3)\mathrm{d}t,$$

因为被积函数$v(t)=2t+3$的图像是一条直线，如图 3-7 所示。

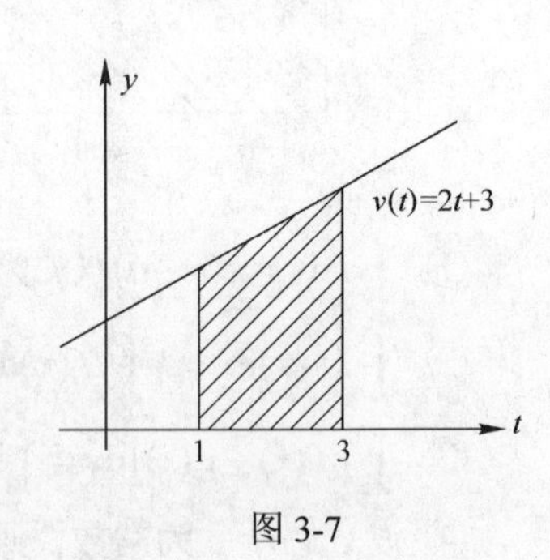

图 3-7

由定积分的几何意义可知，所求路程s是上底为$v(1)=5$，下底为$v(3)=9$，高为 2 的梯形面积，即

$$s=\int_1^3(2t+3)\mathrm{d}t=\frac{1}{2}(5+9)\times 2=14\ (\mathrm{m})。$$

3.2 微积分基本公式

前面介绍了定积分的概念和性质，显然通过定义计算定积分，计算量大且复杂。下面将要介绍的微积分基本公式，不但揭示了定积分与不定积分或被积函数的原函数之间的联系，还为定积分的计算提供了一个有效而简便的计算方法。

3.2.1 积分上限函数

由定积分的几何意义可知，$\int_a^x f(t)\mathrm{d}t$ 在$f(t)\geqslant 0$时表示区间$[a,x]$上的曲边梯形的面积（如图 3-8 所示），当x在$[a,b]$上不断变化时，$\int_a^x f(t)\mathrm{d}t$（即图 3-8 中阴影部分的面积）也相应地改变。则对x的每一个取值，该定积分都有一个确定的值与之对应，因此$\int_a^x f(t)\mathrm{d}t$是关于积分上限x的函数。

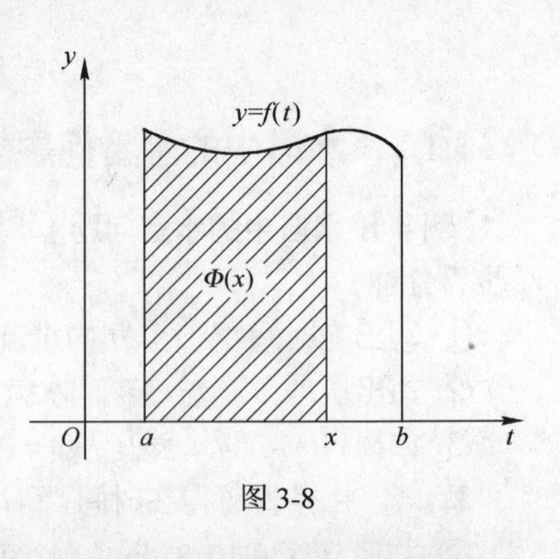

图 3-8

【定义 2】设函数$f(t)$在区间$[a,b]$上可积，则称函数$\int_a^x f(t)\mathrm{d}t$为**积分上限函数**，记为$\varPhi(x)=\int_a^x f(t)\mathrm{d}t$，$x\in[a,b]$。

$\varPhi(x)$在推导微积分基本公式中将起到重要作用，它具有定理 1 中所指出的重要性质。

【定理 1】若函数$f(x)$在区间$[a,\ b]$上连续，则积分上限函数$\varPhi(x)=\int_a^x f(t)\mathrm{d}t\ (a\leqslant x\leqslant b)$在区间$[a,\ b]$上可导，且导数为

$$\Phi'(x)=\frac{\mathrm{d}}{\mathrm{d}x}\int_a^x f(t)\mathrm{d}t=f(x)。$$

（证明略）

【例 6】已知 $\Phi(x)=\int_0^x \cos(t^2)\mathrm{d}t$ ，求 $\Phi'(\sqrt{\pi})$ 。

解：因为 $\Phi'(x)=\cos(x^2)$ ，所以 $\Phi'(\sqrt{\pi})=-1$ 。

【例 7】求 $\int_x^a f(t)\mathrm{d}t$ 的导数。

解：如果交换积分上下限，就得到了一个积分上限函数，并且由定积分的性质，它们有这样的关系：

$$\int_x^a f(t)\mathrm{d}t=-\int_a^x f(t)\mathrm{d}t，$$

因此，

$$\frac{\mathrm{d}}{\mathrm{d}x}\int_x^a f(t)\mathrm{d}t=\frac{\mathrm{d}}{\mathrm{d}x}\left[-\int_a^x f(t)\mathrm{d}t\right]=-\frac{\mathrm{d}}{\mathrm{d}x}\int_a^x f(t)\mathrm{d}t=-f(x)。$$

积分上限函数的性质给出了一个重要的结论：连续函数 $f(x)$ 取变上限 x 的定积分后求导，其结果仍为 $f(x)$ 本身。

下面我们就介绍计算定积分的一个重要公式——牛顿—莱布尼兹公式。

3.2.2　牛顿—莱布尼兹公式

【定理 2】若函数 $f(x)$ 在区间 $[a, b]$ 上连续且 $F'(x)=f(x)$ ，则

$$\int_a^b f(x)\mathrm{d}x=F(x)\Big|_a^b=F(b)-F(a)。$$

上式称为**牛顿（Newton）—莱布尼兹（Leibniz）公式**，也称为**微积分基本公式**。这个公式提供了一个有效而简便的计算定积分方法。

【例 8】计算下列定积分。

① $\int_1^2 x^3\mathrm{d}x$ ；　　② $\int_0^1 \mathrm{e}^x\mathrm{d}x$ ；

③ $\int_0^\pi \cos x\mathrm{d}x$ ；　　④ $\int_{-2}^{-1}\frac{\mathrm{d}x}{x}$ 。

解：① $\int_1^2 x^3\mathrm{d}x=\frac{1}{4}x^4\Big|_1^2=\frac{1}{4}\times 2^4-\frac{1}{4}\times 1^4=\frac{15}{4}$ ；

② $\int_0^1 \mathrm{e}^x\mathrm{d}x=\mathrm{e}^x\Big|_0^1=\mathrm{e}^1-\mathrm{e}^0=\mathrm{e}-1$ ；

③ $\int_0^\pi \cos x\mathrm{d}x=\sin x\Big|_0^\pi=\sin\pi-\sin 0=0$ ；

④ $\int_{-2}^{-1}\frac{\mathrm{d}x}{x}=\ln|x|\Big|_{-2}^{-1}=\ln 1-\ln 2=-\ln 2$ 。

【例 9】一辆汽车在平直线路上以 12m/s 的速度行驶，当制动时汽车获得加速度$-0.4\mathrm{m/s^2}$，问从开始制动到汽车完全停止，这辆汽车在这段时间里行驶了多少米?

解：根据题意，$v(0)=12$ m/s，又因为汽车制动后做匀减速直线运动，所以

$$v(t)=v(0)+at=12-0.4t。$$

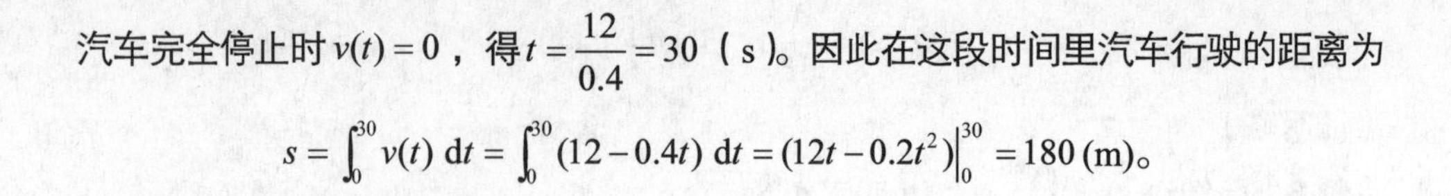

汽车完全停止时 $v(t)=0$，得 $t=\dfrac{12}{0.4}=30$（s）。因此在这段时间里汽车行驶的距离为

$$s=\int_0^{30} v(t)\,\mathrm{d}t=\int_0^{30}(12-0.4t)\,\mathrm{d}t=(12t-0.2t^2)\Big|_0^{30}=180\,(\mathrm{m})。$$

3.2.3 原函数与不定积分

1．原函数的定义

在牛顿—莱布尼兹公式中，函数 $F(x)$ 和 $f(x)$ 满足关系式 $F'(x)=f(x)$，当函数 $f(x)$ 已知时，求出函数 $F(x)$。由此引出原函数的概念。

【定义 3】设 $f(x)$ 是定义在某区间 I 内的一个函数，如果存在一个函数 $F(x)$，对于每一点 $x\in I$，都有

$$F'(x)=f(x),$$

则称函数 $F(x)$ 为 $f(x)$ 在区间 I 内的一个原函数。

例如，由于 $(\sin x)'=\cos x$，所以在 $(-\infty,\ +\infty)$ 内，$\sin x$ 是 $\cos x$ 的一个原函数；又因为 $(\sin x+2)'=\cos x$，所以在 $(-\infty,\ +\infty)$ 内，$\sin x+2$ 是 $\cos x$ 的一个原函数；更进一步，对任意常数 C，有 $(\sin x+C)'=\cos x$，所以在 $(-\infty,\ +\infty)$ 内，$\sin x+C$ 都是 $\cos x$ 的原函数。

牛顿—莱布尼兹公式表明：一个连续函数在区间 $[a,b]$ 上的定积分等于它的一个原函数在区间 $[a,b]$ 上的增量，揭示了定积分与不定积分或被积函数的原函数之间的联系。由原函数的定义及 3.2.1 节的定理 1 可知 $\Phi(x)$ 就是 $f(x)$ 的一个原函数。因此我们引入下面的原函数存在定理：

【定理 3】若函数 $f(x)$ 在区间 $[a,b]$ 上连续，则函数 $\Phi(x)=\int_a^x f(t)\mathrm{d}t$ 就是 $f(x)$ 在区间 $[a,b]$ 上的一个原函数。

注意：① 若 $F'(x)=f(x)$，则对于任意常数 C，$F(x)+C$ 都是 $f(x)$ 的原函数。即如果 $f(x)$ 在 I 上有原函数，则它有无穷多个原函数；

② 若 $F(x)$ 和 $G(x)$ 都是 $f(x)$ 的原函数，则 $F(x)-G(x)=C$（C 为任意常数），即任意两个原函数只相差一个常数。

2．不定积分的定义

【定义 4】若 $F(x)$ 是 $f(x)$ 在区间 I 内的一个原函数，则称 $F(x)+C$（C 为任意常数）为 $f(x)$ 在区间 I 内的不定积分，记为 $\int f(x)\mathrm{d}x$，即

$$\int f(x)\mathrm{d}x=F(x)+C。$$

其中称 $\int$ 为积分号，$f(x)$ 为被积函数，$f(x)\mathrm{d}x$ 为被积表达式，x 为积分变量，C 为积分常数。

由不定积分的定义可知，计算一个函数的不定积分时，只要求出被积函数的一个原函数再加上任意的常数即可。

由不定积分的定义，有

① $\dfrac{\mathrm{d}}{\mathrm{d}x}\left[\int f(x)\mathrm{d}x\right]=f(x)$，或 $\mathrm{d}\left[\int f(x)\mathrm{d}x\right]=f(x)\mathrm{d}x$；

② $\int F'(x)\mathrm{d}x=F(x)+C$，或 $\int \mathrm{d}F(x)=F(x)+C$。

由此可见，微分运算与求不定积分的运算是互逆的。

【例 10】计算下列不定积分。

① $\int 2x\mathrm{d}x$；　　② $\int \sin x\mathrm{d}x$；　　③ $\int \mathrm{e}^x\mathrm{d}x$。

解：① 因为 $(x^2)'=2x$，所以 x^2 是 $2x$ 的一个原函数，由不定积分的定义可知

$$\int 2x\mathrm{d}x = x^2 + C\text{。}$$

② 因为 $(-\cos x)'=\sin x$，所以 $-\cos x$ 是 $\sin x$ 的一个原函数，由不定积分的定义知

$$\int \sin x\mathrm{d}x = -\cos x + C\text{。}$$

③ 因为 $(\mathrm{e}^x)'=\mathrm{e}^x$，所以 e^x 是 e^x 的一个原函数，由不定积分的定义知

$$\int \mathrm{e}^x\mathrm{d}x = \mathrm{e}^x + C\text{。}$$

3．不定积分的性质

由不定积分的定义，可得到下面的性质：

（1）$\int [f(x)\pm g(x)]\mathrm{d}x = \int f(x)\mathrm{d}x \pm \int g(x)\mathrm{d}x$；

此性质可推广到有限多个函数代数和的情形。

（2）$\int kf(x)\mathrm{d}x = k\int f(x)\mathrm{d}x$（$k$ 是常数）。

3.2.4　滑冰场的结冰问题

【例 11】（滑冰场的结冰问题）美丽的冰城常年积雪，滑冰场完全靠自然结冰，结冰的速度由 $\frac{\mathrm{d}y}{\mathrm{d}t}=kt^{\frac{2}{3}}$（$k>0$ 为常数）确定，其中，y 是从结冰起到时刻 t 时冰的厚度，求结冰厚度 y 关于时间 t 的函数。

解：由题意可得，结冰厚度 y 关于时间 t 的函数为

$$y=\int kt^{\frac{2}{3}}\mathrm{d}t=\frac{3}{5}kt^{\frac{5}{3}}+C\text{，}$$

其中，常数 C 由结冰的时间确定。

如果 $t=0$ 时开始结冰，此时冰的厚度为 0，即有 $y(0)=0$，代入上式得 $C=0$，这时 $y=\frac{3}{5}kt^{\frac{5}{3}}$ 为结冰厚度关于时间的函数。

【例 12】设某产品的总成本 $C(x)$（单位：万元）的变化率是产量 x（单位：百台）的函数 $C'(x)=3+x$，固定成本为 3 万元，求总成本函数。

解：总成本函数为

$$C(x)=\int C'(x)\mathrm{d}x=\int (3+x)\mathrm{d}x=3x+\frac{1}{2}x^2+C\text{，}$$

其中常数 C 由固定成本确定。

已知固定成本为 3 万元，即 $C(0)=3$，于是有 $C=3$。所以总成本函数为

$$C(x)=3x+\frac{1}{2}x^2+3\text{。}$$

3.3 积 分 法

3.3.1 不定积分的基本积分公式

由不定积分的定义，从导数公式可得到相应的积分公式。为了计算方便，下面列出基本积分公式：

① $\int k\mathrm{d}x = kx + C$；　　② $\int x^{\mu}\mathrm{d}x = \dfrac{x^{\mu+1}}{\mu+1} + C \quad (\mu \neq -1)$；

③ $\int \dfrac{1}{x}\mathrm{d}x = \ln|x| + C$；　　④ $\int a^{x}\mathrm{d}x = \dfrac{a^{x}}{\ln a} + C$；

⑤ $\int \mathrm{e}^{x}\mathrm{d}x = \mathrm{e}^{x} + C$；　　⑥ $\int \sin x\mathrm{d}x = -\cos x + C$；

⑦ $\int \cos x\mathrm{d}x = \sin x + C$；　　⑧ $\int \sec^{2} x\mathrm{d}x = \tan x + C$；

⑨ $\int \csc^{2} x\mathrm{d}x = -\cot x + C$；　　⑩ $\int \sec x\tan x\mathrm{d}x = \sec x + C$；

⑪ $\int \csc x\cot x\mathrm{d}x = -\csc x + C$；　　⑫ $\int \dfrac{1}{1+x^{2}}\mathrm{d}x = \arctan x + C$；

⑬ $\int \dfrac{1}{\sqrt{1-x^{2}}}\mathrm{d}x = \arcsin x + C$。

这些基本积分公式是求不定积分时常用的公式，读者应熟练地掌握。

3.3.2 直接积分法

1．不定积分的直接积分法

所谓直接积分法，就是利用不定积分的基本积分公式和性质，来求一些简单函数的不定积分。

【例 13】计算下列不定积分。

① $\int x^{2}\sqrt{x}\mathrm{d}x$；　　② $\int \sqrt{x\sqrt{x}}\mathrm{d}x$；

③ $\int \dfrac{(1-x)^{2}}{x^{2}}\mathrm{d}x$；　　④ $\int 3^{x}\mathrm{e}^{x}\mathrm{d}x$。

解：① $\int x^{2}\sqrt{x}\mathrm{d}x = \int x^{\frac{5}{2}}\mathrm{d}x = \dfrac{1}{\frac{5}{2}+1}x^{\frac{5}{2}+1} + C = \dfrac{2}{7}x^{\frac{7}{2}} + C$；

② $\int \sqrt{x\sqrt{x}}\mathrm{d}x = \int x^{\frac{3}{4}}\mathrm{d}x = \dfrac{1}{1+\frac{3}{4}}x^{\frac{3}{4}+1} + C = \dfrac{4}{7}x^{\frac{7}{4}} + C$；

③ $$\int \frac{(1-x)^{2}}{x^{2}}\mathrm{d}x = \int \frac{1-2x+x^{2}}{x^{2}}\mathrm{d}x = \int\left(\frac{1}{x^{2}} - \frac{2}{x} + 1\right)\mathrm{d}x = \int x^{-2}\mathrm{d}x - 2\int\frac{1}{x}\mathrm{d}x + \int\mathrm{d}x$$

$$= \frac{1}{1+(-2)}x^{-2+1} - 2\ln|x| + x + C = -\frac{1}{x} - 2\ln|x| + x + C；$$

④ $\int 3^{x}\mathrm{e}^{x}\mathrm{d}x = \int (3\mathrm{e})^{x}\mathrm{d}x = \dfrac{(3\mathrm{e})^{x}}{\ln(3\mathrm{e})} + C = \dfrac{3^{x}\mathrm{e}^{x}}{1+\ln 3} + C$。

注意：检验积分结果是否正确，只要对结果求导，看它的导数是否等于被积函数，相等时结果是正确的，否则结果是错误的。

【例 14】计算下列不定积分。

① $\int\left(\frac{1}{2\sqrt{x}}-3\cos x+\frac{1}{x^2}\right)dx$；　　② $\int(2x-1)^2dx$；

③ $\int 2^x\left(5^x-\frac{2^{-x}}{x}\right)dx$；　　④ $\int\frac{1}{x^2(1+x^2)}dx$。

解：① $\int\left(\frac{1}{2\sqrt{x}}-3\cos x+\frac{1}{x^2}\right)dx=\frac{1}{2}\int x^{-\frac{1}{2}}dx-3\int\cos xdx+\int x^{-2}dx$

$$=\frac{1}{2}\frac{1}{\left(-\frac{1}{2}\right)+1}x^{-\frac{1}{2}+1}-3\sin x+\frac{1}{-2+1}x^{-2+1}+C=\sqrt{x}-3\sin x-\frac{1}{x}+C;$$

② $\int(2x-1)^2dx=\int(4x^2-4x+1)dx=4\int x^2dx-4\int xdx+\int dx=\frac{4}{3}x^3-2x^2+x+C$；

③ $\int 2^x\left(5^x-\frac{2^{-x}}{x}\right)dx=\int\left(2^x\cdot5^x-\frac{1}{x}\right)dx=\int 10^xdx-\int\frac{1}{x}dx=\frac{10^x}{\ln 10}-\ln|x|+C$；

④ $\int\frac{1}{x^2(1+x^2)}dx=\int\left(\frac{1}{x^2}-\frac{1}{1+x^2}\right)dx=\int\frac{1}{x^2}dx-\int\frac{1}{1+x^2}dx=-\frac{1}{x}-\arctan x+C$。

【例 15】计算下列不定积分。

① $\int\tan^2 xdx$；　　② $\int\frac{1}{\sin^2 x\cos^2 x}dx$；

③ $\int\frac{\cos 2x}{\sin^2 x}dx$；　　④ $\int\cos^2\frac{x}{2}dx$。

解：① $\int\tan^2 xdx=\int(\sec^2 x-1)dx=\int\sec^2 xdx-\int dx=\tan x-x+C$；

② $\int\frac{1}{\sin^2 x\cos^2 x}dx=\int\frac{\sin^2 x+\cos^2 x}{\sin^2 x\cos^2 x}dx=\int\left(\frac{1}{\cos^2 x}+\frac{1}{\sin^2 x}\right)dx=\int(\sec^2 x+\csc^2 x)\,dx$

$$=\tan x-\cot x+C;$$

③ $\int\frac{\cos 2x}{\sin^2 x}dx=\int\frac{1-2\sin^2 x}{\sin^2 x}dx=\int(\csc^2 x-2)\,dx=-\cot x-2x+C$；

④ $\int\cos^2\frac{x}{2}dx=\int\frac{1+\cos x}{2}dx=\int\frac{1}{2}dx+\frac{1}{2}\int\cos xdx=\frac{x}{2}+\frac{\sin x}{2}+C$。

从以上几个例题可以看出，对于比较简单的不定积分，有的须先将被积函数恒等变形，再利用基本积分公式积分。这时往往要用到中学的一些数学公式（见附录 1）。

2．定积分的直接积分法

定积分的直接积分法就是利用定积分的性质以及牛顿—莱布尼兹公式求定积分的方法，它只适用于比较简单的定积分的计算。

【例 16】计算下列定积分。

① $\int_0^2(x^3-2x+1)\,dx$；　　② $\int_1^2\left(x+\frac{1}{x}\right)^2dx$；

③ $\int_0^1 2^x e^x dx$；　　　　④ $\int_0^{\frac{\pi}{4}} \tan^2\theta d\theta$。

解：① $\int_0^2 (x^3-2x+1)dx = \int_0^2 x^3 dx - 2\int_0^2 x dx + \int_0^2 dx$

$$= \frac{1}{4}x^4\Big|_0^2 - x^2\Big|_0^2 + x\Big|_0^2 = \frac{1}{4}(2^4-0^4)-(2^2-0^2)+(2-0)=2；$$

② $\int_1^2 \left(x+\frac{1}{x}\right)^2 dx = \int_1^2\left(x^2+2+\frac{1}{x^2}\right)dx = \int_1^2 x^2 dx + \int_1^2 2dx + \int_1^2 \frac{1}{x^2}dx$

$$= \frac{1}{3}x^3\Big|_1^2 + 2x\Big|_1^2 - \frac{1}{x}\Big|_1^2 = \frac{1}{3}(2^3-1)+2(2-1)-\left(\frac{1}{2}-1\right)=\frac{29}{6}；$$

③ $\int_0^1 2^x e^x dx = \int_0^1 (2e)^x dx = \frac{(2e)^x}{\ln(2e)}\Big|_0^1 = \frac{2e-1}{\ln(2e)}$；

④ $\int_0^{\frac{\pi}{4}} \tan^2 x dx = \int_0^{\frac{\pi}{4}}(\sec^2 x - 1)dx = (\tan x - x)\Big|_0^{\frac{\pi}{4}} = 1-\frac{\pi}{4}$。

【例 17】计算下列定积分。

① 设 $f(x)=\begin{cases} x-1, & x\leqslant 0 \\ x+1, & x>0 \end{cases}$，求 $\int_{-1}^2 f(x)dx$；

② $\int_0^2 |1-x| dx$。

解：① 被积函数是分段函数，利用定积分对积分区间具有可加性，得

$$\int_{-1}^2 f(x)dx = \int_{-1}^0 f(x)dx + \int_0^2 f(x)dx$$

$$= \int_{-1}^0 (x-1)dx + \int_0^2 (x+1)dx = \left(\frac{1}{2}x^2 - x\right)\Big|_{-1}^0 + \left(\frac{1}{2}x^2+x\right)\Big|_0^2 = \frac{9}{2}；$$

② 被积函数带有绝对值，绝对值函数是分段函数，因此不能直接用公式，利用定积分对积分区间的可加性，得

$$\int_0^2 |1-x| dx = \int_0^1 (1-x)dx + \int_1^2 (x-1)dx = \left(x-\frac{x^2}{2}\right)\Big|_0^1 + \left(\frac{x^2}{2}-x\right)\Big|_1^2 = 1。$$

3.3.3　凑微分法

1．不定积分的凑微分法

前面已经学习了直接积分法，但是仅利用基本积分公式和不定积分的性质计算所有的不定积分是不可能的。例如，计算不定积分 $\int e^{-x}dx$，这个积分看上去很简单，与基本积分公式 $\int e^x dx$ 相似，但不能用直接积分法。区别在于 $\int e^{-x}dx$ 中的被积函数 $y=e^{-x}$ 是由 $y=e^u$，$u=-x$ 复合而成的。如何求出这类复合函数的积分呢？利用复合函数的求导法则可推导出计算不定积分的一种常用方法——凑微分法，定理如下：

【定理 4】设 $F(u)$ 是 $f(u)$ 的一个原函数，且 $u=\varphi(x)$ 可导，则

$$\int f[\varphi(x)]\varphi'(x)dx = F[\varphi(x)] + C。$$

凑微分法的名称来源于把被积函数分为复合函数 $f[\varphi(x)]$ 与中间变量的导数 $\varphi'(x)$ 两部分，再把 $\varphi'(x)dx$ 凑成 $d\varphi(x)$。

【例 18】计算下列不定积分。

① $\int\frac{1}{2x-1}\mathrm{d}x$；　　② $\int xe^{x^2}\mathrm{d}x$；

③ $\int\frac{1}{x}\ln x\mathrm{d}x$；　　④ $\int\cos 2x\mathrm{d}x$。

解：① 令 $u=2x-1$，则 $\mathrm{d}u=2\mathrm{d}x$。于是

$$\int\frac{1}{2x-1}\mathrm{d}x=\int\frac{1}{2x-1}\cdot\frac{1}{2}\mathrm{d}(2x-1)=\frac{1}{2}\int\frac{1}{u}\mathrm{d}u=\frac{1}{2}\ln|u|+C=\frac{1}{2}\ln|2x-1|+C。$$

② 令 $u=x^2$，则 $\mathrm{d}u=2x\mathrm{d}x$。于是

$$\int xe^{x^2}\mathrm{d}x=\int e^{x^2}\cdot\frac{1}{2}\mathrm{d}(x^2)=\frac{1}{2}\int e^u\mathrm{d}u=\frac{1}{2}e^u+C=\frac{1}{2}e^{x^2}+C。$$

当运算熟练之后，可以不设出中间变量，直接计算。

③ $\int\frac{1}{x}\ln x\mathrm{d}x=\int\ln x\mathrm{d}(\ln x)=\frac{1}{2}\ln^2 x+C$。

④ $\int\cos 2x\mathrm{d}x=\frac{1}{2}\int\cos 2x\mathrm{d}(2x)=\frac{1}{2}\sin 2x+C$。

【例 19】计算下列不定积分。

① $\int\frac{1}{\sqrt{x}}\cos\sqrt{x}\mathrm{d}x$；　　② $\int\frac{1}{x^2}\sin\frac{1}{x}\mathrm{d}x$；

③ $\int\frac{\cos x}{\sqrt{\sin x}}\mathrm{d}x$；　　④ $\int\frac{e^x}{1+e^x}\mathrm{d}x$。

解：① $\int\frac{1}{\sqrt{x}}\cos\sqrt{x}\mathrm{d}x=2\int\cos\sqrt{x}\mathrm{d}\left(\sqrt{x}\right)=2\sin\sqrt{x}+C$；

② $\int\frac{1}{x^2}\sin\frac{1}{x}\mathrm{d}x=-\int\sin\frac{1}{x}\mathrm{d}\left(\frac{1}{x}\right)=\cos\frac{1}{x}+C$；

③ $\int\frac{\cos x}{\sqrt{\sin x}}\mathrm{d}x=\int\frac{1}{\sqrt{\sin x}}\mathrm{d}\left(\sin x\right)=2\sqrt{\sin x}+C$；

④ $\int\frac{e^x}{1+e^x}\mathrm{d}x=\int\frac{1}{1+e^x}\mathrm{d}(e^x+1)=\ln(e^x+1)+C$。

【例 20】计算下列不定积分。

① $\int\frac{1}{a^2+x^2}\mathrm{d}x$；　② $\int\frac{1}{\sqrt{4-x^2}}\mathrm{d}x$；　③ $\int\frac{1}{x(1+x)}\mathrm{d}x$。

解：① $\int\frac{1}{a^2+x^2}\mathrm{d}x=\int\frac{1}{a^2}\cdot\frac{1}{1+\left(\frac{x}{a}\right)^2}\mathrm{d}x=\frac{1}{a}\int\frac{1}{1+\left(\frac{x}{a}\right)^2}\mathrm{d}\left(\frac{x}{a}\right)=\frac{1}{a}\arctan\frac{x}{a}+C$；

② $\int\frac{1}{\sqrt{4-x^2}}\mathrm{d}x=\int\frac{1}{2}\cdot\frac{1}{\sqrt{1-\left(\frac{x}{2}\right)^2}}\mathrm{d}x=\int\frac{1}{\sqrt{1-\left(\frac{x}{2}\right)^2}}\mathrm{d}\left(\frac{x}{2}\right)=\arcsin\frac{x}{2}+C$；

③ $\int\frac{1}{x(1+x)}\mathrm{d}x=\int\left(\frac{1}{x}-\frac{1}{1+x}\right)\mathrm{d}x=\int\frac{1}{x}\mathrm{d}x-\int\frac{1}{1+x}\mathrm{d}(x+1)=\ln|x|-\ln|x+1|+C$。

凑微分法在积分学中是经常使用，这种方法的特点是“凑微分”，要掌握这种方法，需

要熟记一些函数的微分公式，为了做题方便，下面列出一些常用的凑微分公式：

① $\mathrm{d}x=\frac{1}{a}\mathrm{d}(ax+b)$（$a$，$b$ 为常数，且 $a\neq 0$）；② $x\mathrm{d}x=\frac{1}{2}\mathrm{d}(x^2)$；

③ $\frac{1}{\sqrt{x}}\mathrm{d}x=2\mathrm{d}(\sqrt{x})$；④ $\frac{1}{x^2}\mathrm{d}x=-\mathrm{d}\left(\frac{1}{x}\right)$；

⑤ $\frac{1}{x}\mathrm{d}x=\mathrm{d}(\ln x)$；⑥ $\mathrm{e}^x\mathrm{d}x=\mathrm{d}(\mathrm{e}^x)$；

⑦ $\sin x\mathrm{d}x=-\mathrm{d}(\cos x)$；⑧ $\cos x\mathrm{d}x=\mathrm{d}(\sin x)$；

⑨ $\sec^2 x\mathrm{d}x=\mathrm{d}(\tan x)$；⑩ $\csc^2 x\mathrm{d}x=-\mathrm{d}(\cot x)$；

⑪ $\frac{1}{\sqrt{1-x^2}}\mathrm{d}x=\mathrm{d}(\arcsin x)$；⑫ $\frac{1}{1+x^2}\mathrm{d}x=\mathrm{d}(\arctan x)$。

2．定积分的凑微分法

通过牛顿—莱布尼兹公式，我们知道求定积分可以转换为求原函数的增量，而通过上面的例题我们又知道通过凑微分可以求出一些函数的原函数，因此可以用凑微分法来求解一些定积分。我们先来看一个例子。

【例 21】求 $\int_0^2 x\mathrm{e}^{x^2}\mathrm{d}x$。

解：首先求被积函数的原函数，即用凑微分法求 $\int x\mathrm{e}^{x^2}\mathrm{d}x$。

$$\int x\mathrm{e}^{x^2}\mathrm{d}x=\frac{1}{2}\int \mathrm{e}^{x^2}\mathrm{d}(x^2)\overset{x^2=u}{=}\frac{1}{2}\int \mathrm{e}^u\mathrm{d}u=\frac{1}{2}\mathrm{e}^u+\mathrm{C}=\frac{1}{2}\mathrm{e}^{x^2}+\mathrm{C},$$

因此，$\int_0^2 x\mathrm{e}^{x^2}\mathrm{d}x=\frac{1}{2}\mathrm{e}^{x^2}\Big|_0^2=\frac{1}{2}(\mathrm{e}^4-\mathrm{e}^0)=\frac{1}{2}(\mathrm{e}^4-1)$。

很显然，这种方法比较麻烦，如果能在计算定积分的时候直接换元则更简单一些，即令 $u=x^2$，则 $x=0$ 时，$u=0$；$x=2$ 时，$u=4$，所以，

$$\int_0^2 (x\mathrm{e}^{x^2})\mathrm{d}x\overset{x^2=u}{=}\frac{1}{2}\int_0^4 \mathrm{e}^u\mathrm{d}u=\frac{1}{2}\mathrm{e}^u\Big|_0^4=\frac{1}{2}(\mathrm{e}^4-1)。$$

由本例可以看出，定积分的凑微分与不定积分的凑微分相比，主要区别在于当引入新的积分变量时，积分变量的上下限也要随之改变；而求不定积分时最后还要把积分变量换回去，但求定积分时则不需要。

因此有定积分凑微分公式：

$$\int_a^b f[\varphi(x)]\varphi'(x)\mathrm{d}x=F[\varphi(x)]\Big|_a^b=F[\varphi(b)]-F[\varphi(a)]。$$

通常将这一过程分为：“**凑微分—换元换限—积分**”三个步骤。

【例 22】计算下列定积分。

① $\int_0^{\frac{\pi}{2}}\cos^3 x\sin x\mathrm{d}x$；② $\int_1^{\mathrm{e}}\frac{\ln x}{x}\mathrm{d}x$；

③ $\int_{-1}^0 \mathrm{e}^{-2x}\mathrm{d}x$；④ $\int_0^1\frac{x}{\sqrt{1+x^2}}\mathrm{d}x$。

解：① 因为 $\sin x\mathrm{d}x=-\mathrm{d}(\cos x)$，令 $u=\cos x$，则 $x=0$ 时，$u=1$；$x=\frac{\pi}{2}$ 时，$u=0$。

$$\int_0^{\frac{\pi}{2}}\cos^3 x\sin x\mathrm{d}x=-\int_0^{\frac{\pi}{2}}\cos^3 x\mathrm{d}(\cos x)=-\int_1^0 u^3\mathrm{d}u=\int_0^1 u^3\mathrm{d}u=\frac{1}{4}u^4\Big|_0^1=\frac{1}{4}。$$

② 因为$\frac{1}{x}\mathrm{d}x=\mathrm{d}(\ln x)$，令$u=\ln x$，则$x=1$时，$u=0$；$x=\mathrm{e}$时，$u=1$。

$$\int_1^{\mathrm{e}}\frac{\ln x}{x}\mathrm{d}x=\int_1^{\mathrm{e}}\ln x\mathrm{d}(\ln x)=\int_0^1 u\mathrm{d}u=\frac{1}{2}u^2\Big|_0^1=\frac{1}{2}。$$

当运算熟练之后，可以不设置中间变量，直接计算。

③ $\int_{-1}^{0}\mathrm{e}^{-2x}\mathrm{d}x=-\frac{1}{2}\int_{-1}^{0}\mathrm{e}^{-2x}\mathrm{d}(-2x)=-\frac{1}{2}\mathrm{e}^{-2x}\Big|_{-1}^{0}=\frac{1}{2}(\mathrm{e}^2-1)$。

④ $\int_0^1\frac{x}{\sqrt{1+x^2}}\mathrm{d}x=\frac{1}{2}\int_0^1(1+x^2)^{-\frac{1}{2}}\mathrm{d}(1+x^2)=\frac{1}{2}\cdot\frac{1}{-\frac{1}{2}+1}(1+x^2)^{\frac{1}{2}}\Big|_0^1=\sqrt{2}-1$。

3.3.4　能源消耗问题

【例 23】（能源的消耗问题）近年来，世界范围内每年的石油消耗率呈指数增长，且增长指数大约为 0.07，1987 年年初，消耗率大约为每年 161 亿桶。设$R(t)$表示从 1987 年起第t年的石油消耗率，则$R(t)=161\mathrm{e}^{0.07t}$（亿桶），试用此式估计从 1987 年到 2007 年间石油消耗的总量。

解：设$T(t)$表示从 1987 年起$(t=0)$直到第t年的石油消耗总量，要求从 1987 年到 2007 年间石油消耗的总量，即求$T(20)$。

由条件可知$T'(t)=R(t)$，以从$t=0$到$t=20$期间石油消耗的总量为

$$\int_0^{20}161\mathrm{e}^{0.07t}\mathrm{d}t=\frac{161}{0.07}\mathrm{e}^{0.07t}\Big|_0^{20}=2300(\mathrm{e}^{0.07\times20}-1)\approx7027\ （亿桶）。$$

【例 24】一零售商收到一船共 10 000 kg 大米，这批大米以常量每月 2 000 kg 运走，需要 5 个月时间。如果储存费是每月 0.01 元/千克，5 个月后这位零售商需支付储存费多少元?

解：由条件可知 t 时刻（以月为单位）的储存费为：0.01（10 000–2 000t）。从而，5 个月后这位零售商需支付储存费为：

$$\int_0^5 0.01(10\,000-2\,000t)\mathrm{d}t=20\left(5t-\frac{1}{2}t^2\right)\Big|_0^5=250\ （元）。$$

3.4　广义积分

3.4.1　无穷区间上的广义积分

前面讨论定积分$\int_a^b f(x)\mathrm{d}x$，我们都假定积分区间$[a,b]$是有限区间，且被积函数$f(x)$在积分区间上连续或只存在有限个第一类间断点。但在许多实际问题中，我们常常会遇到积分区间为无穷区间的积分，这就是我们下面要介绍的广义积分。

【例 25】求由x轴，y轴以及曲线$y=\mathrm{e}^{-x}$所围成的，延伸到无穷远处的图形的面积A，如图 3-9 所示。

要求出此面积，我们可以分两步来完成：

① 先求出x轴，y轴，曲线$y=\mathrm{e}^{-x}$和$x=b$（$b>0$）所围成的曲边梯形的面积A_b，如

图 3-10 所示。由定积分的几何意义有

$$A_b = \int_0^b e^{-x} dx \text{。}$$

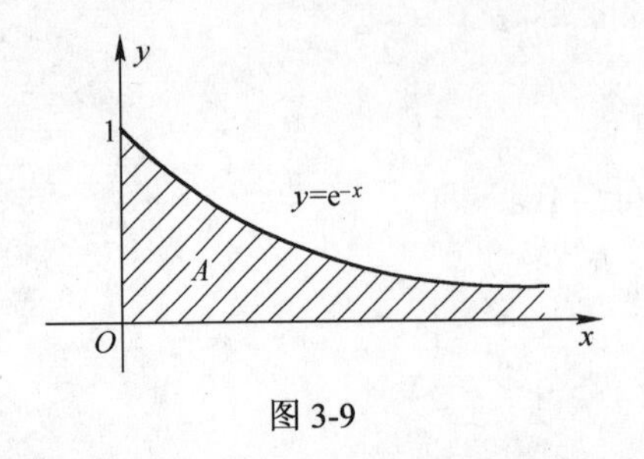

图 3-9

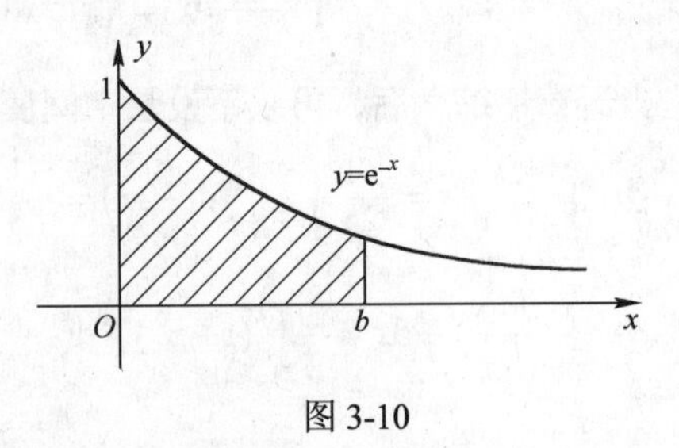

图 3-10

② 求 $\lim\limits_{b\to+\infty} A_b$，如果该极限存在，则极限值便是我们所求的面积 A，即

$$A = \lim_{b\to+\infty} A_b = \lim_{b\to+\infty} \int_0^b e^{-x} dx \text{。}$$

以上过程其实就是对函数 $y = e^{-x}$ 在[0，+∞]求了一种积分，我们称这种积分为广义积分。

【定义 5】设函数 $f(x)$ 在区间[a，+∞ ）上连续，任取 $b > a$，若极限 $\lim\limits_{b\to+\infty} \int_a^b f(x)dx$ 存在，则称该极限值为函数 $f(x)$ 在[a，+∞ ）上的广义积分，记作 $\int_a^{+\infty} f(x)dx$，即

$$\int_a^{+\infty} f(x)dx = \lim_{b\to+\infty} \int_a^b f(x)dx \text{，}$$

此时也称广义积分 $\int_a^{+\infty} f(x)dx$ 收敛，否则称广义积分 $\int_a^{+\infty} f(x)dx$ 发散。

类似地，我们还可定义 $f(x)$ 在区间 $(-\infty, b]$ 和 $(-\infty, +\infty)$ 上的广义积分，分别表示为：

$f(x)$ 在区间 $(-\infty, b]$ 上的广义积分为

$$\int_{-\infty}^b f(x)dx = \lim_{a\to-\infty} \int_a^b f(x)dx \text{，（} a < b \text{），}$$

当该式的极限 $\lim\limits_{a\to-\infty} \int_a^b f(x)dx$ 存在时，称广义积分 $\int_{-\infty}^b f(x)dx$ 收敛，否则称为发散。

$f(x)$ 在区间 $(-\infty, +\infty)$ 上的广义积分为

$$\int_{-\infty}^{+\infty} f(x)dx = \int_{-\infty}^c f(x)dx + \int_c^{+\infty} f(x)dx$$
$$= \lim_{a\to-\infty} \int_a^c f(x)dx + \lim_{b\to+\infty} \int_c^b f(x)dx \text{，}$$

其中，c 是介于 a 与 b 之间的任意常数，当该式的两个极限 $\lim\limits_{a\to-\infty} \int_a^c f(x)dx$ 和 $\lim\limits_{b\to+\infty} \int_c^b f(x)dx$ 都存在时，广义积分 $\int_{-\infty}^{+\infty} f(x)dx$ 才被称为是收敛的，否则称为发散。

【例 26】讨论广义积分 $\int_2^{+\infty} e^{-x}dx$ 的敛散性。

解：由于 $\int_2^{+\infty} e^{-x}dx = \lim\limits_{b\to+\infty} \int_2^b e^{-x}dx = \lim\limits_{b\to+\infty} - \int_2^b e^{-x}d(-x) = \lim\limits_{b\to+\infty} -e^{-x}\Big|_2^b$

$$= \lim_{b\to+\infty} \left(-e^{-b} + e^{-2}\right) = e^{-2} \text{，}$$

所以广义积分 $\int_2^{+\infty} e^{-x}dx$ 是收敛的。

注意：计算广义积分时，为了书写上的方便，可以省去极限符号，将其形式改为类似牛顿—莱布尼兹公式的形式，如上式可以写为

$$\int_2^{+\infty} e^{-x}dx = -\int_2^{+\infty} e^{-x}d(-x) = -e^{-x}\Big|_2^{+\infty} = 0 + e^{-2} = e^{-2}。$$

设 $F(x)$ 为 $f(x)$ 的一个原函数，若记 $F(+\infty) = \lim\limits_{x\to+\infty} F(x)$，$F(-\infty) = \lim\limits_{x\to-\infty} F(x)$，则

$$\int_a^{+\infty} f(x)dx = F(+\infty) - F(a)；$$

$$\int_{-\infty}^{b} f(x)dx = F(b) - F(-\infty)。$$

【例 27】讨论 $\int_{-\infty}^{-1}\frac{1}{x^2}dx$ 的敛散性。

解：因为 $\int_{-\infty}^{-1}\frac{1}{x^2}dx = -\frac{1}{x}\Big|_{-\infty}^{-1} = 1 - 0 = 1$，

所以广义积分 $\int_{-\infty}^{-1}\frac{1}{x^2}dx$ 收敛。

【例 28】讨论广义积分 $\int_{-\infty}^{+\infty}\cos x dx$ 的敛散性。

解：$\int_{-\infty}^{+\infty}\cos x dx = \int_{-\infty}^{0}\cos x dx + \int_{0}^{+\infty}\cos x dx$，

由于 $\int_{-\infty}^{0}\cos x dx = \sin x\Big|_{-\infty}^{0} = \sin 0 - \sin(-\infty) = -\sin(-\infty)$ 不存在，所以 $\int_{-\infty}^{0}\cos x dx$ 发散，从而广义积分 $\int_{-\infty}^{+\infty}\cos x dx$ 发散。

3.4.2　终身供应润滑油问题

【例 29】某制造公司在生产了一批超音速运输机之后停产了，但该公司承诺将为客户终身供应一种适于该机型的特殊润滑油，一年后该批飞机的用油率（单位：升/年）由下式给出：

$$r(t) = 300t^{-\frac{3}{2}}，$$

其中 t 表示飞机服役的年数（$t \geqslant 1$），该公司要一次性生产该批飞机所需的润滑油并在需要时分发出去，请问需要生产此润滑油多少升？

解：因为 $r(t)$ 是该批飞机一年后的用油率，所以在第一年到第 x 年间的任意一个时间段 $[t,\ t+\Delta t]$ 中，该批飞机所需的润滑油的数量等于 $r(t)dt$，因此从第一年到第 x 年间所需的润滑油的数量等于 $\int_1^x r(t)dt$，那么 $\int_1^{+\infty} r(t)dt$ 就等于该批飞机终身所需的润滑油的数量。

$$\int_1^{+\infty} r(t)dt = \lim_{x\to+\infty}\int_1^x 300t^{-\frac{3}{2}}dt$$

$$= \lim_{x\to+\infty} 300\times(-2)t^{-\frac{1}{2}}\Big|_1^x = \lim_{x\to+\infty} -600\left(x^{-\frac{1}{2}} - 1\right) = 600\ （L）$$

即 600 L 润滑油将保证终身供应。

3.5　定积分的应用

3.5.1　平面图形的面积

下面我们用微元法来讨论定积分在求平面图形面积上的应用。

由 3.1 节知道，若 $f(x)\geqslant 0$，则曲线 $y=f(x)$ 与直线 $x=a$，$x=b$ 及 x 轴所围成的平面图形的面积 A 的微元（如图 3-11 所示）为

$$dA=f(x)dx,$$

由此可得到平面图形的面积为

$$A=\int_a^b dA=\int_a^b f(x)dx。$$

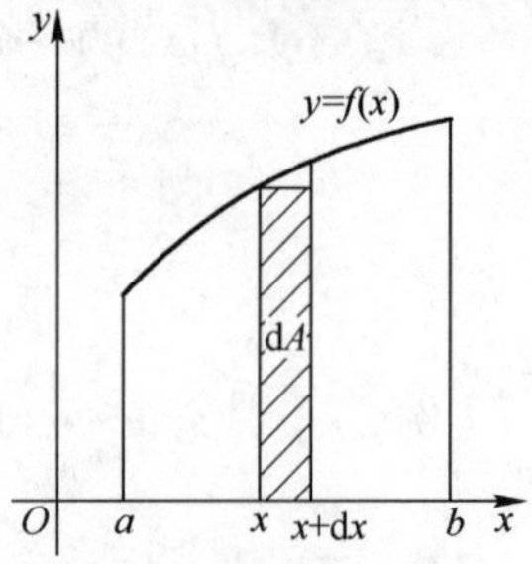

图 3-11

若平面图形是由连续曲线 $y=f(x)$，$y=g(x)$ 和直线 $x=a$，$x=b(a<b)$ 围成，在区间 $[a,b]$ 上有 $f(x)\geqslant g(x)$，如图 3-12 所示，并称这样的图形是 x 型的。如何求由该平面图形的面积 A。

我们仍可采用微元法求解该问题，取 x 为积分变量，在区间 $[a,b]$ 内任取一小区间 $[x,x+dx]$（如图 3-12 所示），类似前面的问题，我们可以找到 A 的面积微元

$$dA=[f(x)-g(x)]dx,$$

所以所求面积为

$$A=\int_a^b[f(x)-g(x)]dx。$$

同理，若平面图形是由连续曲线 $x=\varphi(y)$，$x=\psi(y)$ 和直线 $y=c,y=d(c<d)$ 围成，且在区间 $[c,d]$ 上有 $\varphi(y)\geqslant\psi(y)$，如图 3-13 所示，并称这样的图形是 y 型的。则该平面图形的面积为

$$A=\int_c^d[\varphi(y)-\psi(y)]dy。$$

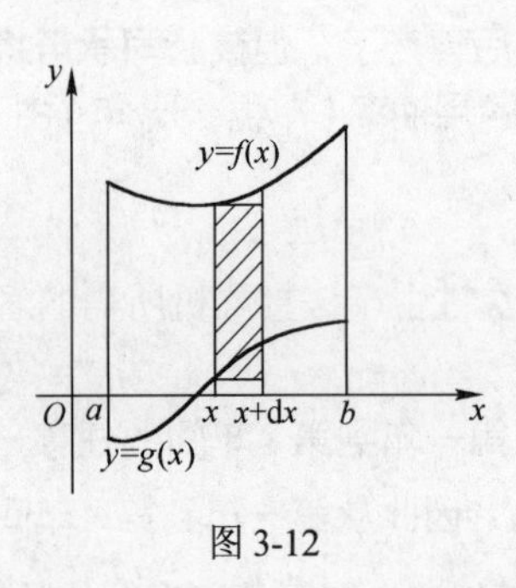

图 3-12

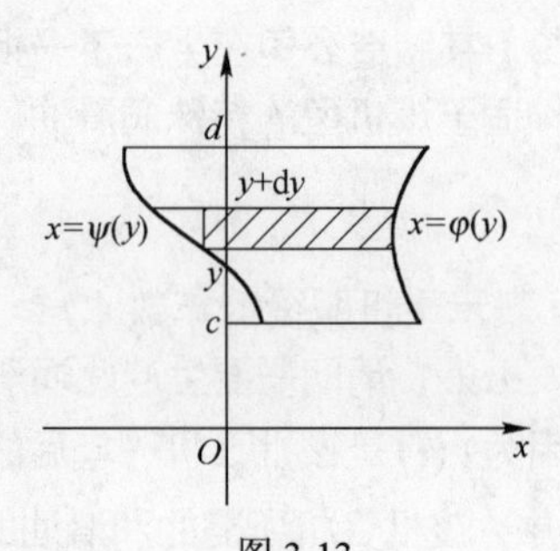

图 3-13

【例 30】求由抛物线 $y=x^2$ 和 $x=y^2$ 所围成图形的面积 A。

解：如图 3-14 所示。由题意知两条曲线的交点满足方程组 $\begin{cases}y=x^2\\x=y^2\end{cases}$，解得交点为 $(0,0)$ 和 $(1,1)$，因此所求面积可看做曲线 $y=x^2$，$x=y^2$，$x=0$ 和 $x=1$ 所围图形的面积，在 $[0,1]$ 上任取一小区间 $[x,x+dx]$，则可得到 A 的面积微元

$$dA=[\sqrt{x}-x^2]dx,$$

因此所求面积

$$A=\int_0^1[\sqrt{x}-x^2]dx=\left(\frac{2}{3}x^{\frac{3}{2}}-\frac{1}{3}x^3\right)\Bigg|_0^1=\frac{1}{3}。$$

本题中我们选取了 x 为积分变量，也可选取 y 为积分变量。

【例 31】求由抛物线 $y=x^2-2x$ 与直线 $y=x$ 所围成的平面图形的面积 A。

解：如图 3-15 所示。由题意知两条曲线的交点满足方程组 $\begin{cases} y=x^2-2x \\ y=x \end{cases}$，解得交点为 $(0,0)$ 和 $(3,3)$，因此所求面积可看做由曲线 $y=x^2-2x$，$y=x$，$x=0$ 和 $x=3$ 所围图形的面积，在 $[0,3]$ 上任取一小区间 $[x,x+\mathrm{d}x]$，则可得到 A 的面积微元

$$\mathrm{d}A=[x-(x^2-2x)]\mathrm{d}x,$$

因此所求面积

$$A=\int_0^3[x-(x^2-2x)]\mathrm{d}x=\int_0^3[3x-x^2]\mathrm{d}x=\left(\frac{3}{2}x^2-\frac{1}{3}x^3\right)\Bigg|_0^3=\frac{9}{2}。$$

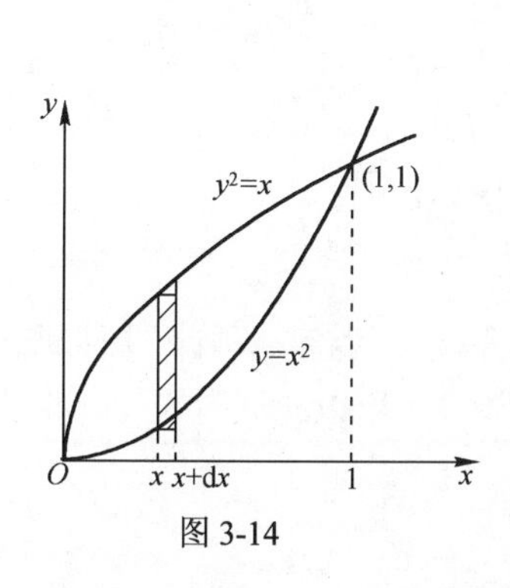

图 3-14

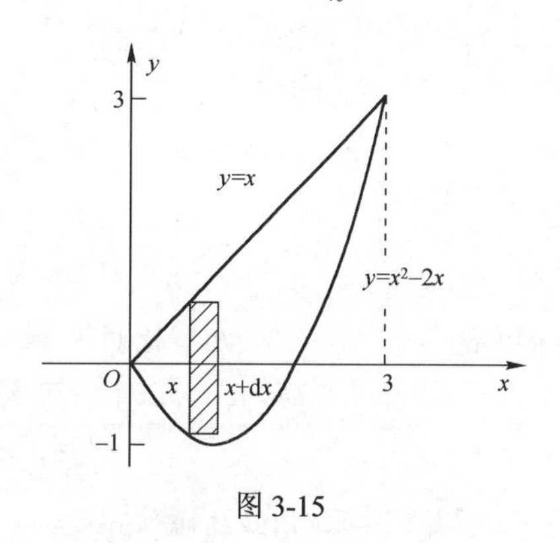

图 3-15

【例 32】求由抛物线 $y^2=2x$ 与直线 $y=x-4$ 所围成的平面图形的面积 A。

解：如图 3-16 所示。由题意知两条曲线的交点满足方程组 $\begin{cases} y^2=2x \\ y=x-4 \end{cases}$，解得交点为 $(2,-2)$ 和 $(8,4)$，因此所求面积可看做由曲线 $y^2=2x$，$y=x-4$，$y=-2$ 和 $y=4$ 所围图形的面积，在 $[-2,4]$ 上任取一小区间 $[y,y+\mathrm{d}y]$，则可得到 A 的面积微元

$$\mathrm{d}A=\left[(y+4)-\frac{y^2}{2}\right]\mathrm{d}y,$$

故所求面积为

$$A=\int_{-2}^4\mathrm{d}A=\int_{-2}^4\left[(y+4)-\frac{y^2}{2}\right]\mathrm{d}y=\left(\frac{1}{2}y^2+4y-\frac{1}{6}y^3\right)\Bigg|_{-2}^4=18。$$

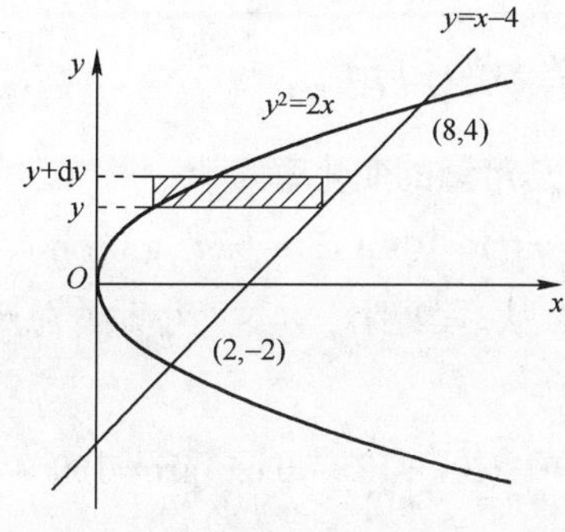

图 3-16

3.5.2 人口统计模型

【例 33】(人口统计模型)某城市 1997 年的人口密度近似为 $P(r)=\dfrac{4}{r^2+10}$，其中 $P(r)$ 表示距市中心 r km 区域内的人口数，单位为 10 万人/千米 ^{2}，试求距市中心 2 km 区域内的人口数。

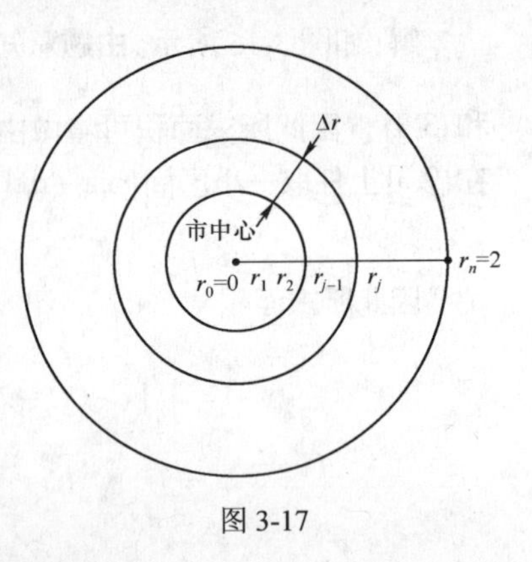

图 3-17

解：假设从城市中心画一条射线，把这条线上从 0~2 均匀分成 n 个小区间，每个小区间的长度为 Δr，每个小区间确定了一个环，如图 3-17 所示。

估算每个环中的人口数并且把他们相加，就可以得到总人口数。第 j 个环的面积为

$$\begin{aligned}\pi r_j^2-\pi r_{j-1}^2&=\pi r_j^2-\pi(r_j-\Delta r)^2\\&=\pi r_j^2-\pi[r_j^2-2r_j\Delta r+(\Delta r)^2]\\&=2\pi r_j\Delta r-\pi(\Delta r)^2\end{aligned}$$

当 n 很大时，Δr 很小，$\pi(\Delta r)^2$ 相对于 $2\pi r_j\Delta r$ 来说很小，可以忽略不计，所以此环的面积近似为 $2\pi r_j\Delta r$。在第 j 个环内，人口密度可看成常数 $P(r_j)$，所以此环内的人口数近似为

$$2P(r_j)\pi r_j\Delta r,$$

距市中心 2 km 区域内的人口数近似为

$$\sum_{j=1}^{n}2P(r_j)\pi r_j\Delta r,$$

即人口数

$$\begin{aligned}N&=\int_0^2 2P(r)\pi r\mathrm{d}r\\&=\int_0^2 2\pi\frac{4r}{r^2+10}\mathrm{d}r\\&=4\pi\int_0^2\frac{2r}{r^2+10}\mathrm{d}r=4\pi\int_0^2\frac{1}{r^2+10}\mathrm{d}(r^2+10)\\&=4\pi\ln(r^2+10)\Big|_0^2=4\pi\ln\frac{14}{10}\approx 4.228\text{（10 万人）}\end{aligned}$$

即距市中心 2 km 区域内的人口数大约为 422 800。

3.5.3 定积分在经济学中的应用

【例 34】设某产品在时刻 t 总产量的变化率为

$$f(t)=100+12t-0.6t^2\ \text{（t/h）},$$

求① 总产量函数 $Q(t)$；② 从 $t=2$ 到 $t=4$ 这两小时的总产量。

解：① 总产量函数

$$Q(t)=\int_0^t f(x)\mathrm{d}x=\int_0^t(100+12x-0.6x^2)\mathrm{d}x=100t+6t^2-0.2t^3\ \text{（t）};$$

② 从 $t=2$ 到 $t=4$ 这两小时的总产量为

$$Q(4)-Q(2)=(100\times 4+6\times 4^2-0.2\times 4^3)-(100\times 2+6\times 2^2-0.2\times 2^3)=260.8\ (\mathrm{t})。$$

【例 35】设某商品每天生产 x 单位时的固定成本为 20 元，边际成本函数为

$$C'(x)=0.4x+2\ （元/单位），$$

求① 总成本函数 $C(x)$；② 如果这种商品规定的销售单价为 18 元，且产品可以全部售出，求总利润函数 $L(x)$，并问每天生产多少单位时，才能获得最大利润?

解：① 由条件可知固定成本 $C(0)=20$，可变成本就是边际成本在 $[0,x]$ 上的积分，所以总成本函数为

$$C(x)=\int_0^x(0.4t+2)\mathrm{d}t+C(0)=0.2x^2+2x+20。$$

② 设销售 x 单位商品得到的总收益为 $R(x)$，由题意得

$$R(x)=18x，$$

所以，利润函数为

$$L(x)=R(x)-C(x)=18x-(0.2x^2+2x+20)=-0.2x^2+16x-20，$$

又

$$L'(x)=-0.4x+16，$$

令 $L'(x)=0$，求得驻点 $x=40$（唯一）。

因为驻点唯一，又根据问题可知最大值存在，所以当 $x=40$ 时，$L(x)$ 取得最大值，即每天生产 40 单位时，才能获得最大利润。最大利润为

$$L(40)=-0.2\times 40^2+16\times 40-20=300\ （元）。$$

3.6 微分方程

3.6.1 刹车制动问题——认识微分方程

什么是微分方程呢？下面先通过实例来认识一下微分方程。

【例 36】（刹车制动）列车在平直线路上以 20m/s 的速度行驶，当制动时列车获得加速度 $-0.4\mathrm{m/s^2}$，问开始制动后多少秒列车才能停住，以及列车在这段时间里行驶了多少米?

解：设列车开始制动后 t 秒钟行驶了 s m，根据题意，反映制动阶段列车运动规律的函数 $s=s(t)$ 应满足关系

$$\frac{\mathrm{d}^2s}{\mathrm{d}t^2}=-0.4。$$

另外，函数 $s=s(t)$ 还应满足下列条件：$s(0)=0$，$v(0)=s'(0)=20$，

把等式两端积分一次，得

$$v(t)=\frac{\mathrm{d}s}{\mathrm{d}t}=-0.4t+C_1，$$

再积分一次，得

$$s(t)=-0.2t^2+C_1t+C_2，$$

这里 C_1，C_2 都是任意常数。

把条件 $v(0)=s'(0)=2$ 代入 $v(t)$ 式，得 $C_1=20$；把条件 $s(0)=0$ 代入 $s(t)$ 式，得 $C_2=0$。由此可得

$$v(t) = -0.4t + 20\text{，}$$

$$s(t) = -0.2t^2 + 20t\text{。}$$

令 $v(t)=0$，得到列车从开始制动到完全停住所需的时间

$$t = \frac{20}{0.4} = 50(\text{s})\text{；}$$

把 $t=50$ 代入 $s(t)$，可得到列车在制动阶段行驶的路程为

$$s(50) = -0.2 \times 50^2 + 20 \times 50 = 500\,(\text{m})\text{。}$$

【例 37】(积分曲线) 求过点(1, 2)，且切线斜率为 $2x$ 的曲线方程。

解：设所求曲线方程为 $y=y(x)$，则 $y(x)$应满足

$$\begin{cases} \dfrac{\mathrm{d}y}{\mathrm{d}x} = 2x \\ y(1) = 2 \end{cases}\text{，}$$

对等式 $y'=2x$ 两边积分，得函数的一般形式为

$$y = x^2 + C\text{，(} C \text{ 为任意常数)，}$$

将已知条件 $y(1)=2$ 式代入上式，得 $C=1$。于是所求曲线为

$$y = x^2 + 1\text{。}$$

从上面两个例子得到的两个等式中都含有未知函数的导数，它们都是微分方程。

3.6.2 微分方程的基本概念

【定义 6】表示未知函数、未知函数的导数与自变量之间的等式称为**微分方程**。微分方程中所出现的未知函数的最高阶导数的阶数，称为**微分方程的阶**。

例如，【例 36】中的方程 $\frac{\mathrm{d}^2 s}{\mathrm{d}t^2} = -0.4$ 是二阶微分方程；【例 37】中方程 $\frac{\mathrm{d}y}{\mathrm{d}x} = 2x$ 是一阶微分方程。

【定义 7】将一个函数代入微分方程中，若能使微分方程成为恒等式，则称这个函数是该**微分方程的解**。

例如，【例 36】中的函数 $s(t) = -0.2t^2 + C_1 t + C_2$ 与 $s(t) = -0.2t^2 + 20t$ 都是微分方程 $\frac{\mathrm{d}^2 s}{\mathrm{d}t^2} = -0.4$ 的解，【例 37】中的函数 $y = x^2 + C$ 与 $y = x^2 + 1$ 都是微分方程 $\frac{\mathrm{d}y}{\mathrm{d}x} = 2x$ 的解。

【定义 8】如果微分方程的解中所含的独立的任意常数的个数与微分方程的阶数相等，则称此解为微分方程的通解。

例如，方程 $\frac{\mathrm{d}^2 s}{\mathrm{d}t^2} = -0.4$ 是二阶微分方程，它的通解 $s(t) = -0.2t^2 + C_1 t + C_2$ 中恰好含有两个独立的任意常数，而方程 $\frac{\mathrm{d}y}{\mathrm{d}x} = 2x$ 是一阶微分方程，它的通解 $y = x^2 + C$ 中含有一个任意常数。

一阶微分方程的初始条件是指：

$$y(x_0) = y_0 \quad \text{或} \quad \overline{y}\,|_{x=x_0} = y_0\text{；}$$

二阶微分方程的初始条件是指：

$$y(x_0)=y_0\text{，}\ y'(x_0)=y_0' \quad \text{或} \quad y|_{x=x_0}=y_0\text{，}\ y'|_{x=x_0}=y_0'\text{。}$$

【定义 9】满足初始条件的解称为微分方程的**特解**。

例如，【例 36】中的函数$s(t)=-0.2t^2+20t$就是微分方程$\dfrac{d^2s}{dt^2}=-0.4$满足初始条件$s(0)=0$，$s'(0)=20$的特解，【例 37】中的函数$y=x^2+1$就是微分方程$\dfrac{dy}{dx}=2x$满足初始条件$y(1)=2$的特解。

【例 38】验证函数$y=C_1e^x+C_2e^{-x}$是二阶微分方程 $y''-y=0$的通解（C_1、C_2为任意常数），并求满足初始条件$y|_{x=0}=1$，$y'|_{x=0}=1$的特解。

解：由$y=C_1e^x+C_2e^{-x}$得，

$$y'=C_1e^x-C_2e^{-x}\text{，}\quad y''=C_1e^x+C_2e^{-x}\text{，}$$

将y''及y代入方程$y''-y=0$，得

$$\text{左端}=(C_1e^x+C_2e^{-x})-(C_1e^x+C_2e^{-x})=0=\text{右端，}$$

所以函数$y=C_1e^x+C_2e^{-x}$是微分方程的解；又因为解中含有两个独立的任意常数，而微分方程为 2 阶，故是微分方程的通解。

将初始条件$y(0)=y'(0)=1$代入y与y'，即有

$$\begin{cases}1=C_1+C_2\\1=C_1-C_2\end{cases}\text{，}$$

解得$C_1=1$，$C_2=0$，所以特解为$y=e^x$。

一个微分方程的每一个解都是一个一元函数$y=y(x)$，在平面直角坐标系中把这个函数的图像做出来，得到一条平面曲线，称为该微分方程的一条积分曲线。已经知道：一个微分方程的解有无穷多个，它对应于平面上无穷多条积分曲线，称这无穷多条积分曲线为该微分方程的**积分曲线族**。如果我们求出某个微分方程的通解，那么，只要让其中的任意常数取确定的数值，就可以画出一条积分曲线。让任意常数取所有可能的值，就得到这个微分方程的积分曲线族。

3.6.3　一阶微分方程

一阶微分方程的一般形式是

$$F(x,y,y')=0 \quad \text{或} \quad y'=f(x,y)$$

下面介绍两种一阶微分方程，分别是可分离变量的微分方程和一阶线性微分方程。

1．可分离变量的微分方程

【定义 10】若微分方程具有形式

$$\frac{dy}{dx}=f(x)\cdot g(y)\text{，}$$

则称该方程为**可分离变量的微分方程**。

求解方法为：分离变量后化为

$$\frac{dy}{g(y)}=f(x)dx\text{，}$$

两边积分

$$\int\frac{\mathrm{d}y}{g(y)}=\int f(x)\mathrm{d}x\,,$$

然后就可求出通解。

【例 39】求微分方程$\frac{\mathrm{d}y}{\mathrm{d}x}=-2xy$的通解。

解：分离变量，得

$$\frac{\mathrm{d}y}{y}=-2x\mathrm{d}x\,,$$

两边积分

$$\int\frac{\mathrm{d}y}{y}=\int-2x\mathrm{d}x\,,$$

得

$$\ln y=-x^2+C_1\,,$$

于是

$$y=\mathrm{e}^{-x^2+C_1}=\mathrm{e}^{C_1}\mathrm{e}^{-x^2}\,,$$

记$C=\mathrm{e}^{C_1}$，则原方程的通解为$y=C\mathrm{e}^{-x^2}$。

【例 40】求微分方程$2(1+\mathrm{e}^x)y\mathrm{d}y-\mathrm{e}^x\mathrm{d}x=0$满足初始条件$y|_{x=0}=1$的特解。

解：分离变量

$$2y\mathrm{d}y=\frac{\mathrm{e}^x}{1+\mathrm{e}^x}\mathrm{d}x\,,$$

两边积分

$$2\int y\mathrm{d}y=\int\frac{\mathrm{e}^x}{1+\mathrm{e}^x}\mathrm{d}x\,,$$

得通解

$$y^2=\ln(1+\mathrm{e}^x)+C\text{（其中 }C\text{ 为任意常数）},$$

将初始条件$y|_{x=0}=1$代入通解中，得到$C=1-\ln 2$，所求特解为

$$y^2=\ln(1+\mathrm{e}^x)+1-\ln 2$$

2．一阶线性微分方程

【定义 11】形如

$$y'+P(x)y=Q(x)$$

的微分方程称为**一阶线性微分方程**，这里的“线性”是指未知函数y和它的导数y'最高次幂都是一次的。

若$Q(x)\equiv 0$，则称上式为**一阶线性齐次微分方程**。否则称为**一阶线性非齐次微分方程**。

一阶线性齐次微分方程$y'+P(x)y=0$是可分离变量的微分方程，分离变量，得

$$\frac{\mathrm{d}y}{y}=-P(x)\mathrm{d}x\,,$$

两边积分，得

$$\ln y = -\int P(x)\mathrm{d}x + C_1,$$

所以一阶线性齐次微分方程的通解为

$$y = C\mathrm{e}^{-\int P(x)\mathrm{d}x}\text{（其中 } C = \mathrm{e}^{C_1}\text{ 是任意常数）。}$$

如何求对应的非齐次方程的通解呢?

将 $y' + P(x)y = Q(x)$ 改写为

$$\frac{\mathrm{d}y}{y} = \left[\frac{Q(x)}{y} - P(x)\right]\mathrm{d}x,$$

两边积分，得

$$\ln y = \int\frac{Q(x)}{y}\mathrm{d}x - \int P(x)\mathrm{d}x,$$

因此

$$y = \mathrm{e}^{\int\frac{Q(x)}{y}\mathrm{d}x}\cdot\mathrm{e}^{-\int P(x)\mathrm{d}x},$$

因为 $\mathrm{e}^{\int\frac{Q(x)}{y}\mathrm{d}x}$ 是 x 的函数，令 $u(x) = \mathrm{e}^{\int\frac{Q(x)}{y}\mathrm{d}x}$，它也是待定的函数，这时上式变为

$$y = u(x)\mathrm{e}^{-\int P(x)\mathrm{d}x}。$$

虽然我们没有求出一阶线性非齐次方程的解，但已经知道解的形式是它相应的一阶线性齐次方程的解 $\mathrm{e}^{-\int P(x)\mathrm{d}x}$ 乘上一个待定函数 $u(x)$；或者，也可以这样看，将一阶线性齐次方程的通解 $y = C\mathrm{e}^{-\int P(x)\mathrm{d}x}$ 中的任意常数 C，换为待定函数 $u(x)$，便得到一阶线性非齐次方程的解的形式。所以，我们只要设法定出函数 $u(x)$ 即可。这种把齐次方程的通解中的常数变换为待定函数的方法叫做常数变易法。

下面来定这个函数 $u(x)$。将 $y = u(x)\mathrm{e}^{-\int P(x)\mathrm{d}x}$ 两边求导，得

$$y' = u'(x)\mathrm{e}^{-\int P(x)\mathrm{d}x} + u(x)\mathrm{e}^{-\int P(x)\mathrm{d}x}[-P(x)],$$

把 y, y' 代入非齐次方程，整理化简，得

$$u'(x) = Q(x)\mathrm{e}^{\int P(x)\mathrm{d}x},$$

两边积分，得

$$u(x) = \int Q(x)\mathrm{e}^{\int P(x)\mathrm{d}x}\mathrm{d}x + C,$$

所以，一阶线性非齐次方程的通解为

$$y = \left[\int Q(x)\mathrm{e}^{\int P(x)\mathrm{d}x}\mathrm{d}x + C\right]\mathrm{e}^{-\int P(x)\mathrm{d}x},$$

或

$$y = C\mathrm{e}^{-\int P(x)\mathrm{d}x} + \mathrm{e}^{-\int P(x)\mathrm{d}x}\int Q(x)\mathrm{e}^{\int P(x)\mathrm{d}x}\mathrm{d}x。$$

上式右端第一项是对应的一阶线性齐次微分方程的通解，第二项是一阶线性非齐次微分方程的一个特解。由此可知，一阶线性非齐次微分方程的通解等于对应齐次微分方程的通解与非齐次微分方程的一个特解之和。

上面我们用常数变易法导出了一阶线性非齐次方程的通解公式，因此求一阶线性非齐次方程的通解时，一是采用常数变易法求解；另外也可以直接利用上面的公式直接求解。

【例 41】求微分方程 $y' - y\cot x = 2x\sin x$ 的通解。

解：(方法 1) 利用常数变易法求解

① 先解对应的齐次微分方程 $y' - y\cot x = 0$ 的通解

$$y = C\mathrm{e}^{-\int(-\cot x)\mathrm{d}x} = C\mathrm{e}^{\ln\sin x} = C\sin x。$$

② 用常数变易法求非齐次方程的通解

设原方程的解为 $y = u(x)\sin x$，将 y 与 y' 代入原方程，得

$$u'(x)\sin x + u(x)\cos x - u(x)\sin x\cot x = 2x\sin x,$$

整理化简，得

$$u'(x) = 2x,$$

积分，得

$$u(x) = x^2 + C,$$

所以，非齐次方程的通解为

$$y = (x^2 + C)\sin x。$$

注意：在上例中，将 y 与 y' 代入原方程化简时，式子中的第二、三项必然消去。这也可以作为前面的计算过程是否正确的一种检查方法，若这里第二、三两项不能消去，那必定是其相应的齐次方程的通解求错了。

解：(方法 2) 直接利用公式求解

这里 $P(x) = -\cot x$，$Q(x) = 2x\sin x$，代入公式，得通解为

$$\begin{aligned}
y &= \mathrm{e}^{-\int[-\cot x]\mathrm{d}x}\left[\int 2x\sin x\mathrm{e}^{\int -\cot x\mathrm{d}x}\mathrm{d}x + C\right] \\
&= \mathrm{e}^{\ln\sin x}\left[\int 2x\sin x\mathrm{e}^{-\ln\sin x}\mathrm{d}x + C\right] \\
&= \sin x\left[\int\frac{2x\sin x}{\sin x}\mathrm{d}x + C\right] \\
&= \sin x\left[\int 2x\mathrm{d}x + C\right] \\
&= \sin x\left[x^2 + C\right]。
\end{aligned}$$

【例 42】求解方程 $x\dfrac{\mathrm{d}y}{\mathrm{d}x} - y = x$，$y|_{x=1} = 1$。

解：先将方程化成标准形式

$$\frac{\mathrm{d}y}{\mathrm{d}x} - \frac{y}{x} = 1。$$

这里 $P(x) = -\dfrac{1}{x}$，$Q(x) = 1$，代入公式，得通解为

$$y = \mathrm{e}^{-\int -\frac{1}{x}\mathrm{d}x}\left[\int\mathrm{e}^{\int -\frac{1}{x}\mathrm{d}x}\mathrm{d}x + C\right]$$

$$=e^{\ln x}\left[\int e^{-\ln x}dx+C\right]$$

$$=x\left[\int\frac{1}{x}dx+C\right]$$

$$=x[\ln x+C]。$$

将初始条件 $y|_{x=1}=1$ 代入通解，得 C=1，所以满足初始条件的特解为

$$y=(\ln x+1)x。$$

3.6.4　微分方程的应用

在实际生产和生活中，微分方程有着十分广泛的应用。下面仅就几个应用实例来说明如何建立微分方程，并熟悉建立微分方程的基本方法和步骤。

1．放射性元素的衰变问题

【例 43】已知某放射性材料在任何时刻 t 的衰变速度与该时刻的质量成正比，若最初有 50 克的材料，两小时后减少了 10%，求在任何时刻 t，该放射性材料质量的表达式。

解：设时刻 t 材料的质量为 $M(t)$，由于材料的衰变速度就是 $M(t)$ 对时间 t 的导数 $\frac{dM}{dt}$，由题意得

$$\frac{dM}{dt}=-kM，[其中 k(k>0) 是比例系数]$$

这是一个可分离变量的微分方程。

分离变量后积分，得

$$M=Ce^{-kt}。$$

当 $t=0$ 时，$M=50$，代入上式得 $C=50$，因此

$$M=50e^{-kt}。$$

由题意知当 $t=2$，$M=45$，把它们代入上式得 $45=50e^{-2k}$，即

$$k=-\frac{1}{2}\ln\frac{45}{50}=0.053。$$

所以该放射性材料在任何时刻 t 的质量为

$$M=50e^{-0.053t}。$$

2．减肥问题

【例 44】肥胖的人都想减轻体重，举重运动员也要控制体重。而许多饲养场却想在限定的时间内使牲畜增肥到一定重量出售，以取得最大利润。他们应该怎么办？

解：用热量平衡的方程来解此问题。

设每天的饮食可产生的热量为 A，用于正常的新陈代谢所消耗的热量为 B，运动消耗的热量为 $C\times$体重，并且理想假定增重、减重的热量主要由脂肪提供，每千克脂肪转化的热量为 D，记 $W(t)$ 为体重，考虑 t 到 $t+\Delta t$ 时间间隔内，体重增加所需要的热量等于这段时间饮食所摄入的热量减去正常新陈代谢所消耗的热量及运动所消耗的热量，于是有下述热量平衡方程：

$$[W(t+\Delta t)-W(t)]D=[A-B-CW(t)]\Delta t$$

变形然后取极限得

$$\lim_{\Delta t\to 0}\frac{W(t+\Delta t)-W(t)}{\Delta t}=\frac{A-B}{D}-\frac{C}{D}W(t)$$

即

$$\frac{\mathrm{d}W(t)}{\mathrm{d}t}=a-bW(t)$$

该方程为可分离变量的微分方程，其中常数 $a=\frac{A-B}{D}$ 与饮食、正常的新陈代谢有关，$b=\frac{C}{D}$ 与运动量有关。将变量分离得

$$\frac{\mathrm{d}W(t)}{a-bW(t)}=\mathrm{d}t,$$

两边积分

$$\int\frac{\mathrm{d}W(t)}{a-bW(t)}=\int\mathrm{d}t,$$

解得

$$-\frac{1}{b}\ln[a-bW(t)]=t+C_1,$$

即

$$W(t)=\frac{a}{b}-\frac{c}{b}\mathrm{e}^{-bt}\qquad (c=\pm\mathrm{e}^{-bC_1})$$

设 W_0 为初始体重，即 $W(0)=W_0$，代入上式得

$$c=a-bW_0,$$

即

$$W(t)=\frac{a}{b}+\left(W_0-\frac{a}{b}\right)\mathrm{e}^{-bt}$$

分析：① 理论上说，增重、减肥都是可能的，因为当 $t\to+\infty$ 时，$W(t)\to\frac{a}{b}$。调节 a 与 b 可得到你所期望的那个值。近代科技发展，新陈代谢也是可调节的，但如何调节要靠医生、营养师、生物学家等一齐来做。

② 所吃食物只够维持生命所需要的那部分正常的新陈代谢的热量是不行的，因为 $A=B$ 使得 $a=0$，$\lim\limits_{t\to+\infty}W(t)=0$，要导致死亡。

③ 只吃不活动也不行，因为这时 $b=0$，$W(t)=W_0+at$，所以 $\lim\limits_{t\to+\infty}W(t)=+\infty$，说明要得肥胖症，很危险，也要导致死亡（当然体重不会无限变大）。

④ 举重运动员要控制体重的数学问题是明确的：已知 W_0，要达到的值为 W_1，其期限为 t，求 a，b 的最佳组合，使 $W_1=\frac{a}{b}+\left(W_0-\frac{a}{b}\right)\mathrm{e}^{-bt}$ 成立。但解决这个问题还要靠医生、教练员和运动员共同完成。

试试看：用 Mathematica 数学软件计算积分与解微分方程

一、用 Mathematica 计算积分的基本语句（见表 3-1）

表 3-1

命令格式	功能说明
Integrate[f(x)，x]	计算不定积分 $\int f(x)\mathrm{d}x$。注意积分结果没给出积分常数 C，写答案时一定要加上
Integrate[f(x)，{x，a，b}]	计算定积分 $\int_a^b f(x)\mathrm{d}x$
NIntegrate[f(x)，{x，a，b}]	使用数值积分法，计算定积分 $\int_a^b f(x)\mathrm{d}x$ 的近似值

【例 45】计算下列不定积分。

① $\int x(\tan x)^2\mathrm{d}x$；　　② $\int \frac{1}{1+\sin x+\cos x}\mathrm{d}x$。

解： ① Simplift[Integrate[x*(tan[x])^2，x]

结果：$-\frac{x^2}{2}+\log[\cos[x]]+x\tan[x]+\mathrm{C}$。

② Integrate[1/(1+sin[x]+cos[x])，x]

结果：$-\log[\cos[\frac{\mathrm{x}}{2}]]+\log[\cos[\frac{\mathrm{x}}{2}]]+\sin[\frac{\mathrm{x}}{2}]+\mathrm{C}$。

【例 46】计算下列定积分。

① $\int_1^{\sqrt{3}}\frac{1}{x^2\sqrt{1+x^2}}\mathrm{d}x$；　　② $\int_0^{\pi}\mathrm{e}^{2x}\cos x\mathrm{d}x$。

解： ① Integrate[1/(x^2*Sqrt[1+x^2])，{x，1，Sqrt[3]}]

结果：$\mathrm{sqrt}\sqrt{2}-\frac{2}{\mathrm{sqrt}\sqrt{3}}$。

② Integrate[E^(2x)*Cos[x]，{x，0，Pi}]

结果：$-\frac{2}{5}-\frac{2\mathrm{E}^{2\mathrm{pi}}}{5}$。

【例 47】已知变上限函数 $f(x)=\int_0^x\sqrt{1-t^2}\mathrm{d}t$，求 $f'(x)$。

解： Simplify[D[Integrate[Sqrt[1-t^2]，{t，0，x}]，x]]

结果：Sqrt[1-x^2]。

【例 48】判断下列广义积分的收敛性。

① $\int_1^{+\infty}\frac{1}{x^5}\mathrm{d}x$；　　② $\int_0^2\frac{1}{(1-x)^2}\mathrm{d}x$。

解： ① Integrate[1/x^5,{x,1,+Infinity}]

结果：$\frac{1}{4}$（收敛）

② Integrate[1/(1-x)^2,{x,0,2}]

结果：Indeterminate（不收敛）

【例 49】使用数值积分法，计算下列积分的近似值。

① $\int_1^2 \frac{\sin x}{x} dx$；　　② $\int_{-\infty}^0 x^5 e^x dx$。

解：① NIntegrate[Sin[x]/x,{x,1,2}]

结果：0.65933

② NIntegrate[x^5*E^x,{x,-Infinity,0}]

结果：–120。

二、用 Mathematica 求解微分方程的基本语句（见表 3-2）

表 3–2

命令格式	功能说明
DSolve[方程, y, x]	求微分方程的通解
DSolve[方程与初始条件列表, y, x]	求微分方程的满足初始条件的特解

【例 50】求微分方程 $\frac{dy}{dx} + 2xy = xe^{-x^2}$ 的通解。

解：DSolve[D[y[x],x]+2x*y[x]==x*E^(-x^2),y,x]

结果：{{y -> Function[x, $\frac{x^2}{2E^{x^2}} + \frac{C[1]}{E^{x^2}}$]}}

【例 51】求微分方程 $y'' - 2y' + 5y = e^x \sin 2x$ 的通解。

解：DSolve[y''[x]-2y'[x]+5y[x]==E^x*Sin[2x],y,x]

结果：{y -> Function[x, $\frac{-(E^x x\cos[2x])}{4}$ + E^x C[2] cos[2 x] - E^x C[1] sin[2 x]]}

【例 52】求微分方程 $(x^2-1)\frac{dy}{dx} + 2xy - \cos x = 0$ 满足初始条件 $y|_{x=0} = 1$ 的特解，并画出解函数的图形。

解：sol=DSolve[{(x^2-1)y'[x]+2x*y[x]-cos[x]==0,y[0]==1},y,x]

结果　{{y -> Function[x, $\frac{1}{1-x^2} + \frac{\sin[x]}{-1+x^2}$]}}

ff=y/.sol[[1]];　　Plot[ff[x],{x,0,1}]

结果见图 3-18。

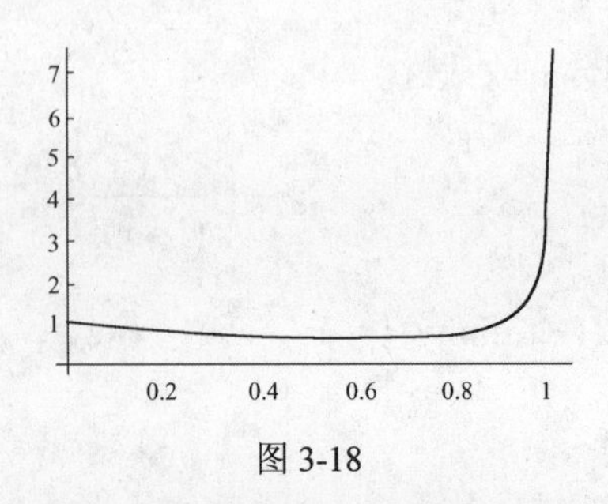

图 3-18

练习

1．利用命令 Integrate 或 NIntegrate 计算下列各积分。

（1）$\int\frac{\arcsin x}{\sqrt{1-x^2}}\mathrm{d}x$；　（2）$\int\ln(x+1)\mathrm{d}x$；

（3）$\int_0^2\left|x^2-1\right|\mathrm{d}x$；　（4）$\int_3^5\frac{1}{x\sqrt{1-\ln^2 x}}\mathrm{d}x$；

（5）$\int_{-\infty}^{+\infty}\frac{1}{x^2+2x+2}\mathrm{d}x$；　（6）$\int_0^2\frac{\mathrm{e}^x}{x}\mathrm{d}x$；

（7）$\int_0^1\sin\sin x\mathrm{d}x$；　（8）$\int_{\mathrm{e}}^3\ln(\ln x)\mathrm{d}x$；

（9）已知正态分布函数$\varphi(x)=\frac{1}{\sqrt{2\pi}}\int_0^x\mathrm{e}^{-\frac{t^2}{2}}\mathrm{d}t$，计算$\varphi(x)$在$x=0.5,0.6,0.9,\ 1,2,3,10,30$处的函数值。

2．求下列微分方程的通解。

（1）$(x^2-1)\frac{\mathrm{d}y}{\mathrm{d}x}+2xy-\sin x=0$；　（2）$y'+\frac{y}{x}=y^2\ln x$；

（3）$y''-y'-2y=x+\cos x$；　（4）$y''-y=\sin^2 x$。

3．求下列微分方程的特解，并画出解函数的图形。

（1）$y'+y\cot x=5\mathrm{e}^{\cos x}$，　$y\left(\frac{\pi}{2}\right)=-4$；

（2）$(1+x^2)y''=2xy'$，　$y|_{x=0}=1$，　$y'|_{x=0}=1$。

习题 3

1．利用定积分的几何意义，说明下列等式。

（1）$\int_{-3}^3\sqrt{9-x^2}\mathrm{d}x=2\int_0^3\sqrt{9-x^2}\mathrm{d}x=\frac{9}{2}\pi$；　（2）$\int_{-2}^2 x^3\mathrm{d}x=0$。

2．求下列函数的导数。

（1）$f(x)=\int_0^x\sqrt{t^2+3}\mathrm{d}t$；　（2）$f(x)=\int_x^1\cos(t^2)\mathrm{d}t$。

3．设$f(x)$的一个原函数是$x\cos x+2$，求$f(x)$。

4．给定下列不定积分，求$f(x)$。

（1）$\int f(x)\mathrm{d}x=2\mathrm{e}^{\frac{x}{2}}+C$；　（2）$\int f(x)\mathrm{d}x=x\ln x+C$。

5．设$f(x)$的一个原函数是$\sin x$，求$\int f'(x)\mathrm{d}x$。

6．设$\int f(x)\mathrm{d}x=\frac{1}{2}x^2+C$，求$\int xf(x)\mathrm{d}x$。

7．用直接积分法计算下列不定积分。

（1）$\int\frac{1-2\sqrt{x}+x\sin x}{x}\mathrm{d}x$；　（2）$\int(x+1)(x-2)\mathrm{d}x$；

（3）$\int\frac{x^2-9}{x-3}\mathrm{d}x$；（4）$\int\frac{\mathrm{e}^{2x}-1}{\mathrm{e}^x+1}\mathrm{d}x$；

（5）$\int 4^x\mathrm{e}^x\mathrm{d}x$；（6）$\int \mathrm{e}^x\left(2+\frac{\mathrm{e}^{-x}}{x^2}\right)\mathrm{d}x$；

（7）$\int\cot^2 x\mathrm{d}x$；（8）$\int\frac{\cos 2x}{\cos x-\sin x}\mathrm{d}x$；

（9）$\int\frac{1+2x^2}{x^2(1+x^2)}\mathrm{d}x$；（10）$\int\frac{x^2}{x^2+1}\mathrm{d}x$。

8. 用直接积分法计算下列定积分。

（1）$\int_0^4 x\sqrt{x}\mathrm{d}x$；（2）$\int_0^1(3x^2-x+1)\mathrm{d}x$；

（3）$\int_1^2\frac{x^3+x\sqrt{x}-1}{x^2}\mathrm{d}x$；（4）$\int_0^4\frac{x-1}{\sqrt{x}+1}\mathrm{d}x$；

（5）$\int_0^1\left(6^x+x^6\right)\mathrm{d}x$；（6）$\int_0^1\mathrm{e}^x\cdot 3^x\mathrm{d}x$；

（7）$\int_0^{\frac{\pi}{2}}\sin^2\frac{x}{2}\mathrm{d}x$；（8）$\int_0^{\frac{\pi}{4}}\frac{\cos 2x}{\cos x+\sin x}\mathrm{d}x$；

（9）$\int_1^2\mathrm{e}^x\left(1-\frac{\mathrm{e}^{-x}}{x}\right)\mathrm{d}x$；（10）$\int_0^1\frac{x^2}{x^2+1}\mathrm{d}x$。

9. 计算下列定积分。

（1）$\int_0^{2\pi}|\sin x|\mathrm{d}x$；（2）$\int_{-2}^2\sqrt{x^2}\mathrm{d}x$；

（3）设 $f(x)=\begin{cases}\mathrm{e}^x, & x\leqslant 1\\ \frac{1}{x}, & x>1\end{cases}$，计算 $\int_0^2 f(x)\mathrm{d}x$。

10. 用凑微分法计算下列不定积分。

（1）$\int\mathrm{e}^{-x}\mathrm{d}x$；（2）$\int(x+2)^{65}\mathrm{d}x$；

（3）$\int\sqrt{2+3x}\mathrm{d}x$；（4）$\int\frac{1}{1+2x}\mathrm{d}x$；

（5）$\int x\mathrm{e}^{-x^2}\mathrm{d}x$；（6）$\int\frac{x}{1+x^2}\mathrm{d}x$；

（7）$\int\mathrm{e}^x\sin(\mathrm{e}^x)\mathrm{d}x$；（8）$\int\frac{\ln^3 x}{x}\mathrm{d}x$；

（9）$\int\frac{1}{x^2}\cos\frac{1}{x}\mathrm{d}x$；（10）$\int\frac{\sin\sqrt{x}}{\sqrt{x}}\mathrm{d}x$；

（11）$\int\cot x\mathrm{d}x$；（12）$\int\frac{\sin x}{1+\cos x}\mathrm{d}x$；

（13）$\int\cos^2 x\mathrm{d}x$；（14）$\int\frac{\mathrm{e}^{2x}+1}{\mathrm{e}^x}\mathrm{d}x$；

（15）$\int\frac{x}{1+x}\mathrm{d}x$；（16）$\int\frac{1}{x(x-1)}\mathrm{d}x$。

11. 用凑微分法计算下列定积分。

（1）$\int_{-1}^{0} e^{-x+1} dx$；（2）$\int_{0}^{4} \sqrt{1+2x} dx$；

（3）$\int_{0}^{1} x e^{x^2} dx$；（4）$\int_{-3}^{3} \frac{x}{1+x^2} dx$；

（5）$\int_{-1}^{0} e^{\sin x} \cos x dx$；（6）$\int_{0}^{\frac{\pi}{2}} \frac{\sin x}{1+\cos x} dx$；

（7）$\int_{0}^{1} e^{x} \cos(e^{x}) dx$；（8）$\int_{1}^{e} \frac{\ln^2 x}{x} dx$；

（9）$\int_{0}^{e-2} \frac{x}{2+x} dx$；（10）$\int_{2}^{4} \frac{1}{x(x-1)} dx$。

12. 判别下列广义积分的敛散性。若收敛，则计算广义积分的值。

（1）$\int_{3}^{+\infty} \frac{dx}{\sqrt{x}}$；（2）$\int_{0}^{+\infty} e^{-2x} dx$；

（3）$\int_{0}^{+\infty} \frac{1}{1+x^2} dx$；（4）$\int_{-\infty}^{+\infty} \sin x dx$。

13. 求由曲线 $y=e^x$ 与直线 $x=0, y=0$ 及 $x=2$ 所围成图形的面积。

14. 求曲线 $y=x^2$ 与直线 $y=-2x+3$ 所围图形的面积。

15. 在人口统计模型中，若人口密度近似为 $P(r)=\frac{4}{r^2+20}$，其中 $P(r)$ 表示距市中心 r km 区域内的人口数，单位为 10 万人/千米 ^{2}，试求距市中心 2 km 区域内的人口数。

16. 已知某产品生产 x 个单位时，总收益 R 的变化率（边际收益）为

$$R'(x)=100-\frac{x}{50} \quad (x \geqslant 0),$$

（1）求生产了 50 个单位时的总收益；

（2）如果已经生产了 100 个单位，求再生产 100 个单位的总收益。

17. 当某产品的产量为 x 百台时，边际成本 $C'(x)=1$，边际收益 $R'(x)$ 为

$$R'(x)=5-x,$$

求产量为多少时，总利润 L（万元）最大?

18. 指出下列微分方程的阶数。

（1）$y''+2y'=x^3$；（2）$(y')^2+y'+2y=0$；

（3）$y'''-(y'')^2=3x^2$；（4）$\frac{d^2y}{dx^2}+\frac{dy}{dx}=2y$。

19. 指出下列各题中的函数是否为所给微分方程的解。

（1）$y=e^x$，$y''-2y'+y=0$；（2）$y=Cx^3$，$y-xy'=0$；

（3）$x=C_1\cos 2t+C_2\sin 2t$，$\frac{d^2x}{dt^2}+4x=0$。

20. 已知一曲线通过点 $(0,2)$，且该曲线上任意点 $M(x,y)$ 处切线的斜率为 x^2，写出该曲线所满足的微分方程，并求该曲线方程。

21. 求下列微分方程的通解或特解。

（1）$y'=e^{x-2y}$；（2）$\frac{dy}{dx}=-(\sin x)y$；

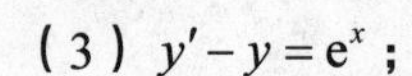

（3）$y'-y=\mathrm{e}^{x}$；　　（4）$y'+y\cos x=\mathrm{e}^{-\sin x}$；

（5）$y'+2xy=x\mathrm{e}^{-x^{2}}$；　　（6）$y'-\dfrac{2y}{x+1}=(x+1)^{\frac{3}{2}}$；

（7）$\dfrac{\mathrm{d}y}{\mathrm{d}x}=\dfrac{\cos x}{\cos y}$，$y\big|_{x=0}=\dfrac{\pi}{2}$；　　（8）$y'+y\sin x=\mathrm{e}^{\cos x}$，$y\Big|_{\frac{\pi}{2}}=0$。

22. 一块甘薯被放于200℃的炉子内，其温度上升的规律可用下面的微分方程表示：

$$\frac{\mathrm{d}y}{\mathrm{d}t}=-k(y-200)$$

其中，y表示温度（单位：℃），t表示时间（单位：min），k为正常数。

（1）如果甘薯被放到炉子内时的温度为10℃，试求解上面的微分方程；

（2）试根据30min后甘薯的温度达到120℃这一条件确定k的值。

第4章 矩阵及其应用

矩阵是线性代数的一个重要内容，也是一个重要的运算工具。在现代科学技术和日常生活中，许多问题的描述和计算都可用到矩阵，例如，经济问题中的投入产出分析、铁路运输的调度安排、计算机科学中的网络设计、图像处理等非常广泛的领域内。因此，掌握矩阵的概念和性质及应用不仅是学好线性代数的基础，而且也为今后的学习和科学实践奠定了基础。本章主要讨论矩阵的概念与运算、矩阵的初等变换、矩阵的应用。

4.1 矩阵的概念及运算

4.1.1 田忌赛马——认识矩阵

矩阵在日常生活和科学研究中经常会遇到。请看下面的例子。

【例1】（田忌赛马）战国时期，齐国的国王与大将田忌进行赛马。双方约定，各自出三匹马，分别为三个等级——即一等马（好的）、二等马（中等的）、三等马（差的）各一匹，已知齐王每个等级的马都比田忌同等级的马好。但田忌的一等马比齐王的二等马好，二等马比齐王的三等马好。比赛时，每次双方各自从自己的三匹马中任选一匹来比，输者得付给胜者一千两黄金，一回赛三次，每匹马都参加。大将田忌怎样布置马匹参赛才能赢得一千两黄金。

解：由于同一等级的赛马，齐王的马比田忌的马好，所以用1表示田忌赢得一千两黄金，用–1表示田忌输一千两黄金，这样齐王和田忌选择不同马匹参赛可排出表4-1。

表4–1

田忌的马 \ 齐王的马	一等马	二等马	三等马
一等马	–1	1	1
二等马	–1	–1	1
三等马	–1	–1	–1

表格中的数据可写成如下数表

$$\begin{pmatrix} -1 & 1 & 1 \\ -1 & -1 & 1 \\ -1 & -1 & -1 \end{pmatrix},$$

由数表中的数据可知，田忌输多赢少，且只有当田忌用一等马对齐王的二等马，二等马对齐王的三等马，三等马对齐王的一等马时，才能获胜，赢得一千两黄金。

【例2】某工厂生产三种产品需要两种原料，其中生产产品A需要原料甲0.5kg，生产产品B需要原料乙1kg，生产产品C需要原料甲3kg、原料乙1kg，试确定原料重量与产品之间所形成的相互关系。

解：依据题意列表如表 4-2 所示。

表 4–2

产品 原料	A	B	C
甲	0.5	0	3
乙	0	1	1

若以 y_k（k=1，2）表示制造 x_1 个产品 A，x_2 个产品 B，x_3 个产品 C，所需原料的重量，则由表中数据可得

$$\begin{cases} y_1 = 0.5x_1 + 0x_2 + 3x_3 \\ y_2 = 0\,x_1 + 1\,x_2 + 1\,x_3 \end{cases},$$

上式正是将原料和产品看成变量后所形成的相互关系。不难看出 x_i（i=1，2，3）前面的系数正是列表中的数表

$$\begin{pmatrix} 0.5 & 0 & 3 \\ 0 & 1 & 1 \end{pmatrix}。$$

上述例子虽然涉及的内容不同，但都提出了数表问题，类似问题还有，几何图形的变换，火车时刻表，生产计划表，资金分配表及网络通信，等等。这些数表正是我们要讲的矩阵。

4.1.2　矩阵的概念及其常见应用

1．矩阵的概念

【**定义 1**】由 $m \times n$ 个数 a_{ij} $(i = 1,2,\cdots,m\,;\, j = 1,2,\cdots,n)$ 排成的 m 行 n 列的矩形数表

$$\begin{pmatrix} a_{11} & a_{12} & \cdots & a_{1n} \\ a_{21} & a_{22} & \cdots & a_{2n} \\ \cdots & \cdots & \cdots & \cdots \\ a_{m1} & a_{m2} & \cdots & a_{mn} \end{pmatrix}$$

称为 m 行 n 列的矩阵，简称 $m \times n$ **矩阵**或**矩阵**，其中 a_{ij} 称为矩阵的第 i 行第 j 列的元素。矩阵一般用大写字母 A，B，$C\cdots$，或 (a_{ij}) 表示。为标明矩阵的行数 m 和列数 n，也用 $A_{m\times n}$ 或 $(a_{ij})_{m\times n}$ 表示。例如，例 2 的数表可表示为 $A_{2\times 3} = \begin{pmatrix} 0.5 & 0 & 3 \\ 0 & 1 & 1 \end{pmatrix}$，其中，$a_{13} = 3$。

如果一个矩阵 $A = (a_{ij})$ 的行数与列数都等于 n，则称 A 为 n **阶矩阵**，也叫 n **阶方阵**，简称**方阵**。例如，【例 1】的数表就是一个 3 阶方阵。

如果两个矩阵的行数相同，列数也相同，则称这两个矩阵为**同型矩阵**。

如果两个矩阵 A，B 是同型矩阵，并且对应位置上的元素均相等，则称矩阵 A 与矩阵 B **相等**，记作 A=B。

【**例 3**】已知 $A = \begin{pmatrix} 3 & 1 & 0 \\ 0 & b & c \end{pmatrix}$，$B = \begin{pmatrix} a & 1 & 0 \\ d & c-1 & 4 \end{pmatrix}$，且 $A = B$

求：矩阵 A，B。

解：由 A=B 得

$a=3,\ d=0,\ b=c-1,\ c=4$，即 $a=3,\ b=3,\ c=4,\ d=0$,

所以 $A=\begin{pmatrix}3&1&0\\0&3&4\end{pmatrix},\ B=\begin{pmatrix}3&1&0\\0&3&4\end{pmatrix}$。

2．几种特殊矩阵

（1）对角矩阵

形如

$$A=\begin{pmatrix}a_{11}&0&\cdots&0\\0&a_{22}&\cdots&0\\\cdots&\cdots&\cdots&\cdots\\0&0&\cdots&a_{nn}\end{pmatrix}$$

的 n 阶方阵称为**对角矩阵**。其中 $a_{ij}=0,\ \ i\neq j\ (i,j=1,2,\cdots,n)$。

特别地，当 $a_{ii}=1\,(i=1,2,\cdots,n)$ 时，称此对角矩阵为 n **阶单位矩阵**，用 E 表示，即

$$E=\begin{pmatrix}1&0&\cdots&0\\0&1&\cdots&0\\\cdots&\cdots&\cdots&\cdots\\0&0&\cdots&1\end{pmatrix}。$$

（2）零矩阵

元素全为零的矩阵称为**零矩阵**。在不易混淆时，常用 O 表示。

（3）行阶梯形矩阵

如果一个矩阵的零元素的排列形状像台阶，每个阶梯只有一行（邻近的多列可以在同一高度，或者说台阶的宽度可以不同），则称这一矩阵为**行阶梯形矩阵**。

例如，$\begin{pmatrix}1&2&3&4\\0&0&2&1\\0&0&0&1\end{pmatrix}$ 与 $\begin{pmatrix}1&2&3&4\\0&1&2&1\\0&0&0&1\end{pmatrix}$ 都是行阶梯形矩阵，而矩阵 $\begin{pmatrix}1&2&3&4\\0&0&2&1\\0&0&1&1\end{pmatrix}$ 则不是行阶梯形矩阵。

（4）行矩阵与列矩阵

m 行 1 列的矩阵 $A_{m\times 1}$ 称为**列矩阵**，1 行 n 列的矩阵 $B_{1\times n}$ 称为**行矩阵**。

例如，$A=\begin{pmatrix}2\\-1\\4\end{pmatrix}$ 为 3×1 的列矩阵，$B=\begin{pmatrix}1&2&3&4\end{pmatrix}$ 为 1×4 的行矩阵。

3．矩阵的一些简单应用

前面给出了矩阵的概念，那么，矩阵有哪些用处呢？下面给出一些例子。

【例 4】（团队分工）一个大型的软件开发通常需要一个团队采用分工合作的方式来完成。因此，需要将软件划分为多个模块，交给团队中不同的软件开发小组进行开发。假设一个大型软件可以分解为 m 个模块，一个软件公司共有 $n<m$ 个开发小组，根据模块的大小和复杂程度以及开发小组的力量，每个开发小组承担一个或多个模块的开发任务，为了清晰地描述任务分配情况并且将其存储在计算机里，可以采用如下的排成 m 行 n 列矩阵来表示

$$\begin{pmatrix} a_{11} & a_{12} & \cdots & a_{1n} \\ a_{21} & a_{22} & \cdots & a_{2n} \\ \vdots & \vdots & \vdots & \vdots \\ a_{m1} & a_{m2} & \cdots & a_{mn} \end{pmatrix}$$

其中 $a_{ij}=\begin{cases}1, & \text{如果第 } i \text{ 个模块分配给第 } j \text{ 个开发小组} \\ 0, & \text{否则}\end{cases}$。

利用这种表示方法，很容易知道哪个模块由哪个开发小组负责开发，也很清楚某个开发小组承担哪几个模块。例如，给定下面的矩阵

$$\begin{pmatrix} 1 & 0 & 0 \\ 0 & 1 & 0 \\ 1 & 0 & 0 \\ 0 & 0 & 1 \end{pmatrix},$$

由此可以清楚地看出，第 1 个开发小组承担模块 1 和模块 3 的开发，第 2 个开发小组承担模块 2 的开发，第 3 个开发小组承担模块 4 的开发。

在进一步学习了计算机专业的一些后续课程之后，就会发现用上述形式来表示数据，特别适合在计算机上进行查询和修改。

【例 5】（管线信息的查询）地理信息系统是现代化城市管理必不可少的一个计算机应用软件，其中城市地下管线的管理是一个重要的组成部分。地下管线包括电缆、光纤、煤气管道、自来水管等多种连通设备，因此，在设计和开发地理信息系统时，就要考虑如何在计算机中有效地表示和存储城市地下的管线信息，以便于有关信息的查询和计算。为了说明问题，下面来看一个非常简单的局部的情况，如图 4-1 所示。

其中，a_1、a_2 和 b_1、b_2、b_3 分别是某城市的两个工厂和三所中学，图中每条线上的数字表示工厂和中学之间的不同地下管线类型的总数（在实际应用中，还应该标明这些类型是什么。这里做了简化）。可以采用如下的 2×3 矩阵来表示该图提供的地下管线信息

$$C=\begin{pmatrix} 4 & 2 & 3 \\ 0 & 2 & 3 \end{pmatrix}\begin{matrix} a_1 \\ a_2 \end{matrix}$$
$$\quad b_1 \quad b_2 \quad b_3$$

其中，矩阵 C 的行代表工厂，列代表中学，而 C_{ij} 表示 a_i 与 b_j 间的地下管线类型总数。

【例 6】（城际航线）飞机是现代交通快捷便利的一个重要工具，飞行航线的开通标志着一个现代化城市的进程。图 4-2 标出了四个城市间的单向航线图。

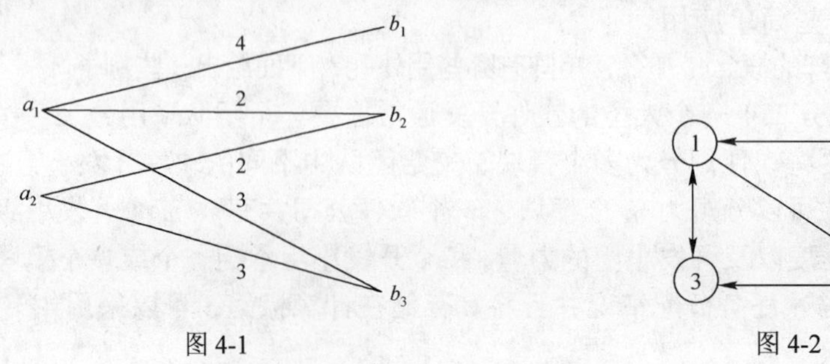

图 4-1　　　　图 4-2

若令

$$a_{ij}=\begin{cases}1, 从\ i\ 市到\ j\ 市有一条单向航线\\0, 从\ i\ 市到\ j\ 市没有单向航线\end{cases},$$

则图 4-2 所示的航线开通情况可用下面矩阵表示

$$A=\begin{pmatrix}0&1&1&1\\1&0&0&1\\1&0&0&1\\0&0&1&0\end{pmatrix}$$

一般地，若干个点之间的单向通道都可用这样的矩阵表示。

4.1.3 矩阵的运算

矩阵的意义不仅在于确定了一些数表，而且还在于对它定义了一些有理论意义和实际意义的运算，从而使它成为进行理论研究和解决实际问题的有力工具。

1．矩阵的加减与数乘矩阵

【例 7】设甲、乙两个煤矿分别给 A、B、C 三个城市供煤（数量以万吨计），一月份的供应情况是

$$\begin{matrix}A&B&C\end{matrix}$$
$$\begin{pmatrix}20&40&35\\30&60&50\end{pmatrix}\begin{matrix}甲\\乙\end{matrix}$$

二月份的供应情况是

$$\begin{matrix}A&B&C\end{matrix}$$
$$\begin{pmatrix}25&25&50\\40&20&55\end{pmatrix}\begin{matrix}甲\\乙\end{matrix}$$

则两个月供应的总量是

$$\begin{pmatrix}20&40&35\\30&60&50\end{pmatrix}+\begin{pmatrix}25&25&50\\40&20&55\end{pmatrix}=\begin{pmatrix}45&65&85\\70&80&105\end{pmatrix}$$

上述计算方法就是矩阵的加法。下面给出矩阵加法的定义。

【定义 2】把两个 m 行 n 列矩阵 $A=(a_{ij})$，$B=(b_{ij})$ 对应位置元素相加（减）得到的 m 行 n 列矩阵，称为矩阵 A 与矩阵 B 的和（差），记作 $A+B$ $(A-B)$，即

$$A\pm B=(a_{ij}\pm b_{ij})。$$

注意：同型矩阵才能进行加（减）法运算。

【例 8】设某物资（单位：t）从 3 个产地调往 4 个销地的调度矩阵为

$$A=\begin{pmatrix}40&7&16&10\\14&27&9&6\\12&3&60&17\end{pmatrix},$$

安排一次调运，已运走的物资以矩阵 B 表示为

$$B=\begin{pmatrix}15&5&16&8\\12&7&3&6\\10&0&0&7\end{pmatrix},$$

问从这 3 个产地还有多少物资没有运到 4 个销地?

解：显然尚未运出的物资可用 $A-B$ 来表示：

$$A-B=\begin{pmatrix}40&7&16&10\\14&27&9&6\\12&3&60&17\end{pmatrix}-\begin{pmatrix}15&5&16&8\\12&7&3&6\\10&0&0&7\end{pmatrix}=\begin{pmatrix}25&2&0&2\\2&20&6&0\\2&3&60&10\end{pmatrix}$$

【定义 3】用数 k 乘矩阵 A 的每一个元素所得到的矩阵，称为数乘矩阵，记作 kA，即

$$kA=(ka_{ij})_{m\times n}\text{。}$$

特别地，$(-1)A$ 简记为 $-A$。

由上述定义可知矩阵的加法与数乘矩阵满足下面的运算律：

① $A+B=B+A$；　② $(A+B)+C=A+(B+C)$；

③ $A+O=A$；　④ $A+(-A)=O$；

⑤ $k(A+B)=kA+kB$；　⑥ $(k+l)A=kA+lA$；

⑦ $k(lA)=(kl)A$。

运算律中的 A，B，C 为同型矩阵，k，l 为常数。

【例 9】设 $A=\begin{pmatrix}1&-1&0\\2&3&4\end{pmatrix}$，$B=\begin{pmatrix}1&3&5\\2&4&6\end{pmatrix}$，求 $B+2A$。

解：由矩阵数乘与加法的定义知

$$B+2A=\begin{pmatrix}1&3&5\\2&4&6\end{pmatrix}+2\begin{pmatrix}1&-1&0\\2&3&4\end{pmatrix}=\begin{pmatrix}1&3&5\\2&4&6\end{pmatrix}+\begin{pmatrix}2&-2&0\\4&6&8\end{pmatrix}$$

$$=\begin{pmatrix}3&1&5\\6&10&14\end{pmatrix}\text{。}$$

【例 10】已知 $A=\begin{pmatrix}-1&2&3&1\\0&3&-2&1\\4&0&3&2\end{pmatrix}$，$B=\begin{pmatrix}4&3&2&-1\\5&-3&0&1\\1&2&-5&0\end{pmatrix}$，且 $A+2X=B$，求 X。

解：将等式 $A+2X=B$ 变形可得

$$X=\frac{1}{2}(B-A)=\frac{1}{2}\begin{pmatrix}5&1&-1&-2\\5&-6&2&0\\-3&2&-8&-2\end{pmatrix}=\begin{pmatrix}\frac{5}{2}&\frac{1}{2}&-\frac{1}{2}&-1\\\frac{5}{2}&-3&1&0\\-\frac{3}{2}&1&-4&-1\end{pmatrix}\text{。}$$

2．矩阵的乘法

【例 11】假设一所学校要购买 4 种软件产品，其中第 i 种软件要购买 x_i（$i=1,2,3,4$）套，现有 3 家软件企业销售这 4 种产品，其售价分别是第一家 12，5，8，9；第二家 11，6，7，10；第三家 13，5，6，8。试用矩阵的方式表示分别在这 3 家软件企业购买所需 4 种软件的总价格。

解：需要购买的 4 种软件的数量可以用矩阵

$$X=\begin{pmatrix}x_1\\x_2\\x_3\\x_4\end{pmatrix}\text{表示；}$$

各家企业的单位销售价格可以用 1 个 3×4 的矩阵

$$A=\begin{pmatrix}12 & 5 & 8 & 9\\11 & 6 & 7 & 10\\13 & 5 & 6 & 8\end{pmatrix}\text{表示；}$$

在 3 家企业购买 4 种软件所需的总价格可以用矩阵

$$B=\begin{pmatrix}12x_1+5x_2+8x_3+9x_4\\11x_1+6x_2+7x_3+10x_4\\13x_1+5x_2+6x_3+8x_4\end{pmatrix}\text{表示。}$$

因为总价格是各个单价与购买数量的乘积，因此，总价格矩阵 B 就可以看做单价矩阵 A 与需购买量 X 的"乘积"，即可用下列形式表示：

$$\begin{pmatrix}12 & 5 & 8 & 9\\11 & 6 & 7 & 10\\13 & 5 & 6 & 8\end{pmatrix}\begin{pmatrix}x_1\\x_2\\x_3\\x_4\end{pmatrix}=\begin{pmatrix}12x_1+5x_2+8x_3+9x_4\\11x_1+6x_2+7x_3+10x_4\\13x_1+5x_2+6x_3+8x_4\end{pmatrix}\text{。}$$

上述计算方法就是矩阵的乘法。下面给出矩阵乘法的定义。

【定义 4】设矩阵 $A=(a_{ij})_{m\times l}$，$B=(b_{ij})_{l\times n}$，则矩阵 $C=(c_{ij})_{m\times n}$ 称为矩阵 A 与矩阵 B 的乘积，记做 $C=AB$。其中

$$c_{ij}=a_{i1}b_{1j}+a_{i2}b_{2j}+\cdots+a_{il}b_{lj}\qquad(i=1,2,\cdots,m;\ j=1,2,\cdots,n)\text{。}$$

【例 12】表 4-3 给出了一个空调商店五、六月份出售空调器的数量。

表 4-3

档次 / 月	高档	中档	低档
五月	9	18	20
六月	17	30	22

试求：① 两个月共出售多少台空调；

② 若空调商店希望来年空调的销售量能提高 7%，问来年五月份应售出多少台空调？

解：设 A、B 为五、六月份的空调数量，X 为两个月共出售空调数量，Y 为来年五月空调出售数量。

① 因为 $A=\begin{pmatrix}9 & 18 & 20\end{pmatrix}$，$B=\begin{pmatrix}17 & 30 & 22\end{pmatrix}$，

所以 $X=(A+B)\begin{pmatrix}1\\1\\1\end{pmatrix}=\begin{pmatrix}26 & 48 & 42\end{pmatrix}\begin{pmatrix}1\\1\\1\end{pmatrix}=116$。

② $Y=(1+7\%)A=(1+7\%)\begin{pmatrix}9 & 18 & 20\end{pmatrix}=\begin{pmatrix}9.63 & 19.26 & 21.4\end{pmatrix}$，

所以来年五月份出售 49 台空调器。

【例 13】已知① $A=\begin{pmatrix}0 & 0\\0 & 1\end{pmatrix}$，$B=\begin{pmatrix}0 & 1\\0 & 0\end{pmatrix}$，求 AB 与 BA。

② $A=\begin{pmatrix}a\\b\\c\end{pmatrix}$，$B=\begin{pmatrix}0&1&0\\1&0&1\end{pmatrix}$，求 AB 与 BA。

解：① 由矩阵乘积的定义

$$AB=\begin{pmatrix}0&0\\0&1\end{pmatrix}\begin{pmatrix}0&1\\0&0\end{pmatrix}=\begin{pmatrix}0&0\\0&0\end{pmatrix}，BA=\begin{pmatrix}0&1\\0&0\end{pmatrix}\begin{pmatrix}0&0\\0&1\end{pmatrix}=\begin{pmatrix}0&1\\0&0\end{pmatrix}。$$

注意　两个非零矩阵的乘积可以是零矩阵。

② $BA=\begin{pmatrix}0&1&0\\1&0&1\end{pmatrix}\begin{pmatrix}a\\b\\c\end{pmatrix}=\begin{pmatrix}b\\a+c\end{pmatrix}$，

因为 $A=A_{3\times1}$，$B=B_{2\times3}$，所以 A 的列数与 B 的行数不等，因此 A 与 B 不能相乘，即 AB 无意义。

【例 14】设 $A=\begin{pmatrix}2&3&0\\1&2&0\end{pmatrix}$，$B=\begin{pmatrix}1&0\\0&2\\3&0\end{pmatrix}$，$C=\begin{pmatrix}1&0\\0&2\\4&5\end{pmatrix}$，求 AB 及 AC。

解：由乘积的定义可知

$$AB=\begin{pmatrix}2&3&0\\1&2&0\end{pmatrix}\begin{pmatrix}1&0\\0&2\\3&0\end{pmatrix}=\begin{pmatrix}2\times1+3\times0+0\times3&2\times0+3\times2+0\times0\\1\times1+2\times0+0\times3&1\times0+2\times2+0\times0\end{pmatrix}=\begin{pmatrix}2&6\\1&4\end{pmatrix}$$

$$AC=\begin{pmatrix}2&3&0\\1&2&0\end{pmatrix}\begin{pmatrix}1&0\\0&2\\4&5\end{pmatrix}=\begin{pmatrix}2\times1+3\times0+0\times4&2\times0+3\times2+0\times5\\1\times1+2\times0+0\times4&1\times0+2\times2+0\times5\end{pmatrix}=\begin{pmatrix}2&6\\1&4\end{pmatrix}$$

可见 $AB=AC$，但 $B\neq C$

由上述例子不难发现：

① 两个矩阵相乘，只有当左边矩阵的列数等于右边矩阵的行数时，相乘才有意义。

② 矩阵乘法一般不满足交换律，即 $AB\neq BA$（见【例 13】)。所以在做矩阵相乘时，一定要分清是 A（左边）乘 B，还是 A（右边）乘 B；

③ 矩阵乘法一般不满足消去律（见【例 14】)。

④ $A_{m\times n}E_{n\times n}=E_{m\times m}A_{m\times n}=A_{m\times n}$。

⑤ 矩阵相乘满足运算律：

a. 结合律 $(AB)C=A(BC)$；

b. 分配律 $(A+B)C=AC+BC$，$C(A+B)=CA+CB$；

c. $k(AB)=(kA)B=A(kB)$。

3．矩阵的转置

【定义 5】将 $m\times n$ 矩阵 A 的行与同序数的列互换，得到的 $n\times m$ 矩阵叫作矩阵 A 的转置矩阵，记为 A^T。

例如，$A=\begin{pmatrix}1&2&8\\-1&1&2\\0&3&-2\end{pmatrix}$，则 $A^T=\begin{pmatrix}1&-1&0\\2&1&3\\8&2&-2\end{pmatrix}$。

【例 15】设 $A=\begin{pmatrix}0&1&3\\1&-1&2\\1&2&1\end{pmatrix}$，$B=\begin{pmatrix}1&-1\\3&1\\2&2\end{pmatrix}$，求 B^TA^T 与 $(AB)^T$。

解：因为 $A^T=\begin{pmatrix}0&1&1\\1&-1&2\\3&2&1\end{pmatrix}$，$B^T=\begin{pmatrix}1&3&2\\-1&1&2\end{pmatrix}$，

所以 $$B^TA^T=\begin{pmatrix}1&3&2\\-1&1&2\end{pmatrix}\begin{pmatrix}0&1&1\\1&-1&2\\3&2&1\end{pmatrix}=\begin{pmatrix}9&2&9\\7&2&3\end{pmatrix};$$

又因为 $$AB=\begin{pmatrix}0&1&3\\1&-1&2\\1&2&1\end{pmatrix}\begin{pmatrix}1&-1\\3&1\\2&2\end{pmatrix}=\begin{pmatrix}9&7\\2&2\\9&3\end{pmatrix},$$

所以 $$(AB)^T=\begin{pmatrix}9&2&9\\7&2&3\end{pmatrix}。$$

可以证明，矩阵的转置有如下性质：

① $(A^T)^T=A$；　　② $(A+B)^T=A^T+B^T$；

③ $(kA)^T=kA^T$；　　④ $(AB)^T=B^TA^T$。

【例 16】某文具商店在一周内所售出的文具发票见表 4-4，周日盘点结账，计算该店每天的售货账目及一周的售货总账。

表 4-4

文具 \ 日	一	二	三	四	五	六	单价（元）
橡皮（个）	15	8	5	1	12	20	0.3
直尺（把）	15	20	18	16	8	25	0.5
胶水（瓶）	20	0	12	15	4	3	1

解：由表中数据得矩阵

$$A=\begin{pmatrix}15&8&5&1&12&20\\15&20&18&16&8&25\\20&0&12&15&4&3\end{pmatrix},\quad B=\begin{pmatrix}0.3\\0.5\\1\end{pmatrix},$$

则售货总价可由如下方法算出

$$A^TB=\begin{pmatrix}15&15&20\\8&20&0\\5&18&12\\1&16&15\\12&8&4\\20&25&3\end{pmatrix}\begin{pmatrix}0.3\\0.5\\1\end{pmatrix}=\begin{pmatrix}32\\12.4\\22.5\\23.3\\11.6\\21.5\end{pmatrix}\begin{matrix}\text{星期一}\\\text{星期二}\\\text{星期三}\\\text{星期四}\\\text{星期五}\\\text{星期六}\end{matrix},$$

所以，每天的售货收入加在一起可得一周的售货总账，即

32+12.4+22.5+23.3+11.6+21.5=123.3（元）。

4.1.4 矩阵运算的综合应用

【例 17】已知【例 6】中矩阵 A 中的数字代表城际间航线开通的情况，那么矩阵 A^2 中的数字又代表什么呢?

解：因为 $A=\begin{pmatrix}0&1&1&1\\1&0&0&1\\1&0&0&1\\0&0&1&0\end{pmatrix}$，所以 $A^2=\begin{pmatrix}2&0&1&2\\0&1&2&1\\0&1&2&1\\1&0&0&1\end{pmatrix}$

记 $A^2=\left(b_{ij}\right)$，则 b_{ij} 为从 i 市经一次中转到 j 市的单向航线条数。例如，

$b_{23}=2$，表示从②市经过一次中转到③市的单向航线有两条（参看图 4-2）;

$b_{44}=1$，表示④市有一条双向航线;

$b_{31}=0$，表示从③市到①市没有中转航线。

【例 18】改变线性方程组 $\begin{cases}x_1+x_2-x_3=0\\2x_1-5x_2+3x_3=2\\7x_1-7x_2-6x_3=5\end{cases}$ 的表达形式。

解：设 $A=\begin{pmatrix}1&1&-1\\2&-5&3\\7&-7&-6\end{pmatrix}$，$B=\begin{pmatrix}0\\2\\5\end{pmatrix}$，$X=\begin{pmatrix}x_1\\x_2\\x_3\end{pmatrix}$，则

$$AX=B$$

就是原线性方程组的另一种表达方式，可以看到此种表达形式比原来线性方程组的表达形式要简便些。

4.2 矩阵的初等变换

4.2.1 矩阵的初等行变换

先看下面一个例子。

【例 19】求解线性方程组 $\begin{cases}x_1-2x_2+4x_3=2\\-x_1+2x_2-x_3=1\\2x_1-3x_2+7x_3=2\end{cases}$。

解：用消元法解线性方程组，即

$$\begin{cases}x_1-2x_2+4x_3=2\\-x_1+2x_2-x_3=1\\2x_1-3x_2+7x_3=2\end{cases}\to\begin{cases}x_1-2x_2+4x_3=2\\3x_3=3\\x_2-x_3=-2\end{cases}\to\begin{cases}x_1-2x_2+4x_3=2\\x_2-x_3=-2\\3x_3=3\end{cases}$$

$$\to\begin{cases}x_1-2x_2+4x_3=2\\x_2-x_3=-2\\x_3=1\end{cases}\to\begin{cases}x_1-2x_2=2\\x_2=-1\\x_3=1\end{cases}\to\begin{cases}x_1=-4\\x_2=-1\\x_3=1\end{cases}。$$

从求解过程中可以看到，消元法的主要思想就是，将方程组看成一个整体，利用等量代换将一个方程组化为另一个方程组，直至求出方程组的解，而等量代换主要采用了以下三种

形式：

① 两个方程互换位置；

② 某方程两端同时乘以某一非零数（即用一非零数 k 乘某一个方程）；

③ 用一非零数乘某一方程后加到另一个方程上去。

这样就可将原方程组转化成一个同解的线性方程组，类似同样的做法，把它运用到矩阵上有【定义 6】。

【定义 6】下面三种变换称为矩阵的初等行变换：

① 交换矩阵的两行（常用 $(i)\leftrightarrow(j)$ 表示第 i 行与第 j 行互换）。

② 用一非零数乘矩阵的某一行（常用 $\mathrm{k}\times(i)$ 表示用常数 k 乘以第 i 行）。

③ 将矩阵的某一行乘以数 k 以后，加到另一行（常用 $k\times(i)+(j)$ 表示第 i 行的 k 倍加到第 j 行）。

再说【例 19】，因为方程组的每一次消元只是三个未知变量的系数在变化，未知变量本身并没改变，如果将线性方程组中的所有变量及等号、加号（减号看成负号）去掉，则每一个方程组对应一个矩阵，而方程组的演变过程就对应为矩阵的变化过程，即

$$\begin{pmatrix}1&-2&4&2\\-1&2&-1&1\\2&-3&7&2\end{pmatrix}\xrightarrow[-2\times(1)+(3)]{(1)+(2)}\begin{pmatrix}1&-2&4&2\\0&0&3&3\\0&1&-1&-2\end{pmatrix}\xrightarrow{(2)\leftrightarrow(3)}\begin{pmatrix}1&-2&4&2\\0&1&-1&-2\\0&0&3&3\end{pmatrix}$$

$$\xrightarrow{\frac{1}{3}\times(3)}\begin{pmatrix}1&-2&4&2\\0&1&-1&-2\\0&0&1&1\end{pmatrix}\xrightarrow[-4\times(3)+(1)]{(3)+(2)}\begin{pmatrix}1&-2&0&-2\\0&1&0&-1\\0&0&1&1\end{pmatrix}\xrightarrow{2\times(2)+(1)}\begin{pmatrix}1&0&0&-4\\0&1&0&-1\\0&0&1&1\end{pmatrix},$$

最后一个矩阵对应得方程组正是

$$\begin{cases}x_1=-4\\x_2=-1\\x_3=1\end{cases}。$$

可见得到了与刚才完全相同的结果。显然方程组的每一次消元对应着矩阵的一种变换。因此对矩阵施以初等行变换就成为了矩阵演变的一种重要手段。

当然，将对矩阵的行进行的三种变化实施到矩阵的列上，同样可以得到三种变换，称之为矩阵的初等列变换。矩阵的初等行变换和矩阵的初等列变换统称为矩阵的初等变换。

【例 20】用初等行变换将矩阵 $A=\begin{pmatrix}2&0&-1&3\\1&2&-2&4\\0&1&3&-1\end{pmatrix}$ 化为行阶梯形矩阵。

解：我们可以有以下演变过程

$$A=\begin{pmatrix}2&0&-1&3\\1&2&-2&4\\0&1&3&-1\end{pmatrix}\xrightarrow{(1)\leftrightarrow(2)}\begin{pmatrix}1&2&-2&4\\2&0&-1&3\\0&1&3&-1\end{pmatrix}\xrightarrow{-2\times(1)+(2)}\begin{pmatrix}1&2&-2&4\\0&-4&3&-5\\0&1&3&-1\end{pmatrix}$$

$$\xrightarrow{(2)\leftrightarrow(3)}\begin{pmatrix}1&2&-2&4\\0&1&3&-1\\0&-4&3&-5\end{pmatrix}\xrightarrow{4\times(2)+(3)}\begin{pmatrix}1&2&-2&4\\0&1&3&-1\\0&0&15&-9\end{pmatrix}=B,$$

$$\xrightarrow[\frac{1}{15}\times(3)]{-2\times(2)+(1)}\begin{pmatrix}1&0&-8&6\\0&1&3&-1\\0&0&1&-\frac{3}{5}\end{pmatrix}\xrightarrow[8\times(3)+(1)]{-3\times(3)+(2)}\begin{pmatrix}1&0&0&\frac{6}{5}\\0&1&0&\frac{4}{5}\\0&0&1&-\frac{3}{5}\end{pmatrix}=C。$$

最后得到的矩阵 B 与矩阵 C 都是行阶梯形矩阵。

由上例可以看到，对矩阵做初等行变换可以得到多个行阶梯形矩阵。通常称一个矩阵与对这个矩阵进行初等行变换后所得矩阵是等价的。若 A 等价于 B，则记为 $A\sim B$。如例 20 中有 $A\sim B\sim C$。因此可知，任何一个矩阵都等价于一个行阶梯形矩阵。尽管这种行阶梯形矩阵可以有很多，但可以证明，形如 C 的行阶梯形矩阵是唯一的。

【定义 7】在行阶梯形矩阵中，若非零行中首非零元素为 1，且首非零元素所在列除这一元素外全为零，则称这样的行阶梯形矩阵为**行最简阶梯形矩阵**。

任何一个矩阵都等价于唯一的一个行最简阶梯形矩阵。从而，任何矩阵也都可以通过初等行变换转化为行最简阶梯形矩阵。

4.2.2 矩阵的秩

在对矩阵进行初等行变换时，我们知道任何一个矩阵都等价于一个行最简阶梯形矩阵，且行最简阶梯形矩阵是唯一的。可见与矩阵等价的行最简阶梯形矩阵的非零行个数（或与其等价的阶梯形矩阵的非零行个数）也是唯一的。这是矩阵所固有的一个特征。

【定义 8】设 A 为 $m\times n$ 矩阵，则与 A 等价的行阶梯形矩阵中非零行的个数 r 称为矩阵 A 的秩，记作 $r=r(A)$。

规定：当 $A=O$ 时，$r(A)=0$。

由矩阵秩的定义易知等价矩阵必有相同的秩。

【例 21】求矩阵 $B=\begin{pmatrix}1&-1&1&2\\2&3&3&2\\1&1&2&1\end{pmatrix}$ 的秩。

解：对矩阵施行初等行变换有

$$\begin{pmatrix}1&-1&1&2\\2&3&3&2\\1&1&2&1\end{pmatrix}\xrightarrow[-1\times(1)+(3)]{-2\times(1)+(2)}\begin{pmatrix}1&-1&1&2\\0&5&1&-2\\0&2&1&-1\end{pmatrix}\xrightarrow{-2\times(3)+(2)}\begin{pmatrix}1&-1&1&2\\0&1&-1&0\\0&2&1&-1\end{pmatrix}\xrightarrow{-2\times(2)+(3)}\begin{pmatrix}1&-1&1&2\\0&1&-1&0\\0&0&3&-1\end{pmatrix},$$

所得行阶梯形矩阵中非零行的个数为 3，所以 $r(B)=3$。

因为任何一个矩阵，总可以用初等行变换将其化为行阶梯形矩阵，从而容易由行阶梯形矩阵的非零行个数求得矩阵的秩，这也正是用矩阵的初等行变换求矩阵秩的一个方法。

【例 22】求矩阵 $A=\begin{pmatrix}-1&1&0&5&3\\0&1&4&-2&3\\0&0&1&-1&6\\0&0&0&0&0\end{pmatrix}$ 的转置矩阵的秩。

解：求出 A 的转置矩阵并施行初等行变换有

$$A^T=\begin{pmatrix}-1&0&0&0\\1&1&0&0\\0&4&1&0\\5&-2&-1&0\\3&3&6&0\end{pmatrix}\xrightarrow[3\times(1)+(5)]{\substack{1\times(1)+(2)\\5\times(1)+(4)}}\begin{pmatrix}-1&0&0&0\\0&1&0&0\\0&4&1&0\\0&-2&-1&0\\0&3&6&0\end{pmatrix}$$

$$\xrightarrow[-3\times(2)+(5)]{\substack{-4\times(2)+(3)\\2\times(2)+(4)}}\begin{pmatrix}-1&0&0&0\\0&1&0&0\\0&0&1&0\\0&0&-1&0\\0&0&6&0\end{pmatrix}\xrightarrow[-6\times(3)+(5)]{1\times(3)+(4)}\begin{pmatrix}-1&0&0&0\\0&1&0&0\\0&0&1&0\\0&0&0&0\\0&0&0&0\end{pmatrix},$$

所以$r(A^T)=3$。

注意到 A 本身就是一个行阶梯形矩阵，其非零行的个数为 3，所以$r(A)=3$，正好与其转置矩阵的秩相等，这是否为一巧合呢？事实上，可以证明，**矩阵的转置不改变矩阵的秩**。即任何矩阵的秩都与其转置矩阵的秩相同。

4.3 矩阵的应用

4.3.1 解线性方程组

设有线性方程组

$$\begin{cases}a_{11}x_1+a_{12}x_2+\cdots+a_{1n}x_n=b_1\\a_{21}x_1+a_{22}x_2+\cdots+a_{2n}x_n=b_2\\\qquad\cdots\\a_{m1}x_1+a_{m2}x_2+\cdots+a_{mn}x_n=b_m\end{cases},$$

当$b_i\,(i=1,\ 2,\ \cdots,\ m)$全为零时，称该方程组为**齐次线性方程组**，否则称为**非齐次线性方程组**。

该方程组可写成下面矩阵方程的形式

$$AX=B,$$

其中，$A=\begin{pmatrix}a_{11}&a_{12}&\cdots&a_{1n}\\a_{21}&a_{22}&\cdots&a_{2n}\\\cdots&\cdots&\cdots&\cdots\\a_{m1}&a_{m2}&\cdots&a_{mn}\end{pmatrix}$，$X=\begin{pmatrix}x_1\\x_2\\\vdots\\x_n\end{pmatrix}$，$B=\begin{pmatrix}b_1\\b_2\\\vdots\\b_m\end{pmatrix}$。

这里称矩阵 A 为方程组的**系数矩阵**，称矩阵$\overline{A}=(A,\ B)$为方程组的**增广矩阵**。即

$$\overline{A}=\begin{pmatrix}a_{11}&a_{12}&\cdots&a_{1n}&b_1\\a_{21}&a_{22}&\cdots&a_{2n}&b_2\\\cdots&\cdots&\cdots&\cdots&\cdots\\a_{m1}&a_{m2}&\cdots&a_{mn}&b_m\end{pmatrix}。$$

前边我们已经知道，初等行变换法可以用来求解方程组，它也正是计算机中容易实现的过程。

【例 23】解线性方程组

$$\begin{cases} x_1+5x_2-x_3-x_4=-1 \\ x_1-2x_2+x_3+3x_4=3 \\ 3x_1+8x_2-x_3+x_4=1 \\ x_1-9x_2+3x_3+7x_4=7 \\ -2x_1+4x_2-2x_3-6x_4=-6 \end{cases}$$ 。

解：对方程组的增广矩阵做初等变换：

$$\overline{A}=\begin{pmatrix} 1 & 5 & -1 & -1 & -1 \\ 1 & -2 & 1 & 3 & 3 \\ 3 & 8 & -1 & 1 & 1 \\ 1 & -9 & 3 & 7 & 7 \\ -2 & 4 & -2 & -6 & -6 \end{pmatrix} \xrightarrow[2\times(1)+(5)]{\substack{-1\times(1)+(2) \\ -3\times(1)+(3) \\ -1\times(1)+(4)}} \begin{pmatrix} 1 & 5 & -1 & -1 & -1 \\ 0 & -7 & 2 & 4 & 4 \\ 0 & -7 & 2 & 4 & 4 \\ 0 & -14 & 4 & 8 & 8 \\ 0 & 14 & -4 & -8 & -8 \end{pmatrix}$$

$$\xrightarrow[2\times(2)+(5)]{\substack{-1\times(2)+(3) \\ -2\times(2)+(4)}} \begin{pmatrix} 1 & 5 & -1 & -1 & -1 \\ 0 & -7 & 2 & 4 & 4 \\ 0 & 0 & 0 & 0 & 0 \\ 0 & 0 & 0 & 0 & 0 \\ 0 & 0 & 0 & 0 & 0 \end{pmatrix} \xrightarrow{-\frac{1}{7}\times(2)} \begin{pmatrix} 1 & 5 & -1 & -1 & -1 \\ 0 & 1 & -\frac{2}{7} & -\frac{4}{7} & -\frac{4}{7} \\ 0 & 0 & 0 & 0 & 0 \\ 0 & 0 & 0 & 0 & 0 \\ 0 & 0 & 0 & 0 & 0 \end{pmatrix}$$

$$\xrightarrow{-5\times(2)+(1)} \begin{pmatrix} 1 & 0 & \frac{3}{7} & \frac{13}{7} & \frac{13}{7} \\ 0 & 1 & -\frac{2}{7} & -\frac{4}{7} & -\frac{4}{7} \\ 0 & 0 & 0 & 0 & 0 \\ 0 & 0 & 0 & 0 & 0 \\ 0 & 0 & 0 & 0 & 0 \end{pmatrix},$$

所以对应的同解方程组为：

$$\begin{cases} x_1=-\frac{3}{7}x_3-\frac{13}{7}x_4+\frac{13}{7} \\ x_2=\frac{2}{7}x_3+\frac{4}{7}x_4-\frac{4}{7} \end{cases},$$

令 $x_3=c_1$，$x_4=c_2$，则方程组的全部解为：

$$\begin{cases} x_1=-\frac{3}{7}c_1-\frac{13}{7}c_2+\frac{13}{7} \\ x_2=\frac{2}{7}c_1+\frac{4}{7}c_2-\frac{4}{7} \\ x_3=c_1 \\ x_4=c_2 \end{cases}$$ （其中 c_1，c_2 为任意常数）。

【例 24】解方程组 $\begin{cases} x_1+x_2+2x_3+3x_4=1 \\ x_2+x_3-4x_4=1 \\ x_1+2x_2+3x_3-x_4=4 \end{cases}$ 。

解：因为

$$\overline{A}=\begin{pmatrix}1&1&2&3&1\\0&1&1&-4&1\\1&2&3&-1&4\end{pmatrix}\xrightarrow{-1\times(1)+(3)}\begin{pmatrix}1&1&2&3&1\\0&1&1&-4&1\\0&1&1&-4&3\end{pmatrix}\xrightarrow{-1\times(2)+(3)}\begin{pmatrix}1&1&2&3&1\\0&1&1&-4&1\\0&0&0&0&2\end{pmatrix},$$

对应的同解方程组为

$$\begin{cases}x_1+x_2+2x_3+3x_4=1\\ \quad x_2+\ x_3-4x_4=1\\ \qquad\qquad 0=2\end{cases},$$

显然最后一个方程出现了矛盾，所以原方程组无解。

注意到$r(\overline{A})$与$r(A)$的变化，总结方程组的求解过程，可得如下结论：

【结论】非齐次线性方程组有解的充分必要条件是$r(\overline{A})=r(A)$。

当$r(\overline{A})=r(A)=n$时，方程组有唯一解；

当$r(\overline{A})=r(A)<n$时，方程组有无穷多解。

这里n为非齐次线性方程组中未知量的个数。

由这一结论容易得知，齐次线性方程组有非零解的充分必要条件是$r(A)<n$。

【例 25】a取何值时，线性方程组$\begin{cases}x_1+x_2+x_3=a\\ax_1+x_2+x_3=1\\x_1+x_2+ax_3=1\end{cases}$有解，并求其解。

解：对方程组的增广矩阵进行初等行变换

$$\overline{A}=\begin{pmatrix}1&1&1&a\\a&1&1&1\\1&1&a&1\end{pmatrix}\xrightarrow[-1\times(1)+(3)]{-a\times(1)+(2)}\begin{pmatrix}1&1&1&a\\0&1-a&1-a&1-a^2\\0&0&a-1&1-a\end{pmatrix},$$

当$a\neq1$时，$r(A)=r(\overline{A})=3$，方程组有唯一解。且解为

$$\begin{cases}x_1=-1\\x_2=a+2\\x_3=-1\end{cases},$$

当$a=1$时，$r(A)=r(\overline{A})=1<3$，方程组有无穷多解。

令$x_2=c_1$，$x_3=c_2$。故全部解为：

$$\begin{cases}x_1=1-c_1-c_2\\x_2=c_1\\x_3=c_2\end{cases}\quad（其中\ c_1，c_2\ 为任意常数）。$$

【例 26】解齐次线性方程组$\begin{cases}x_1-x_2+5x_3-x_4=0\\x_1+x_2-2x_3+3x_4=0\\3x_1-x_2+8x_3+x_4=0\end{cases}$。

解：因为

$$A=\begin{pmatrix}1&-1&5&-1\\1&1&-2&3\\3&-1&8&1\end{pmatrix}\xrightarrow[-3\times(1)+(3)]{-1\times(1)+(2)}\begin{pmatrix}1&-1&5&-1\\0&2&-7&4\\0&2&-7&4\end{pmatrix}\xrightarrow{-1\times(2)+(3)}\begin{pmatrix}1&-1&5&-1\\0&2&-7&4\\0&0&0&0\end{pmatrix},$$

显然，$r(A)=2<4$，所以方程组有无穷多解。

$$\text{又 } A \xrightarrow{\frac{1}{2}(2)} \begin{pmatrix} 1 & -1 & 5 & -1 \\ 0 & 1 & -\frac{7}{2} & 2 \\ 0 & 0 & 0 & 0 \end{pmatrix} \xrightarrow{(2)+(1)} \begin{pmatrix} 1 & 0 & \frac{3}{2} & 1 \\ 0 & 1 & -\frac{7}{2} & 2 \\ 0 & 0 & 0 & 0 \end{pmatrix},$$

对应的同解方程组为：

$$\begin{cases} x_1+\frac{3}{2}x_3+x_4=0 \\ x_2-\frac{7}{2}x_3+2x_4=0 \end{cases},$$

令 $x_3=c_1$，$x_4=c_2$，所以齐次方程组的全部解为

$$\begin{cases} x_1=-\frac{3}{2}c_1-c_2 \\ x_2=\ \frac{7}{2}c_1-2c_2 \\ x_3=c_1 \\ x_4=c_2 \end{cases} \quad (\text{其中 } c_1, c_2 \text{ 为任意常数})。$$

4.3.2 工资问题

【例 27】现有一个木工、一个电工和一个油漆工，三个人相互同意彼此装修他们自己的房子。在装修之前，他们达成了如下协议：① 每人总共工作 10 天(包括给自己家干活在内)；② 每人的日工资根据一般的市价在 60~80 元；③ 每人的日工资数应使得每人的总收入与总支出相等。表 4-5 是他们协商后制定出的工作天数的分配方案，如何计算出他们每人应得的工资?

表 4-5

工种 / 天数	木工	电工	油漆工
在木工家的工作天数	2	1	6
在电工家的工作天数	4	5	1
在油漆工家的工作天数	4	4	3

解：以 x_1 表示木工的日工资，以 x_2 表示电工的日工资，以 x_3 表示油漆工的日工资。木工的 10 个工作日总收入为 $10x_1$，木工、电工、油漆工三人在木工家工作的天数分别为：2 天，1 天，6 天，则木工的总支出为 $2x_1+x_2+6x_3$。由于木工总支出与总收入要相等，于是木工的收支平衡关系可描述为：

$$2x_1+x_2+6x_3=10x_1。$$

同理，可以分别建立描述电工，油漆工各自的收支平衡关系的两个等式：

$$4x_1+5x_2+x_3=10x_2;$$

$$4x_1+4x_2+3x_3=10x_3。$$

联立三个方程得方程组：

$$\begin{cases}2x_1+x_2+6x_3=10x_1\\4x_1+5x_2+x_3=10x_2\\4x_1+4x_2+3x_3=10x_3\end{cases},$$

整理得三个人的日工资数应满足的齐次线性方程组为：

$$\begin{cases}-8x_1+x_2+6x_3=0\\4x_1-5x_2+x_3=0\\4x_1+4x_2-7x_3=0\end{cases}$$

利用初等行变换可以求出该线性方程组的通解为

$$X=\begin{pmatrix}x_1\\x_2\\x_3\end{pmatrix}=k\begin{pmatrix}\frac{31}{36}\\\frac{8}{9}\\1\end{pmatrix}$$

其中，k 为任意实数。最后，由于每个人的日工资在 60~80 元，故选择 k=72，以确定木工、电工及油漆工每人每天的日工资为：x_1=62，x_2=64，x_3=72。

4.3.3　交通流量问题

【例 28】图 4-3 给出了某城市部分单行街道的交通流量（每小时过车数）。假设

① 全部流入网络的流量等于全部流出网络的流量；

② 全部流入一个节点的流量等于全部流出此节点的流量。

试建立数学模型确定该交通网络未知部分的具体流量。

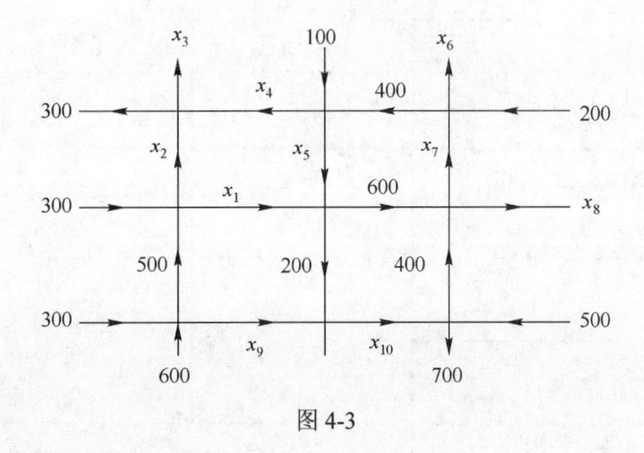

图 4-3

解：由网络流量假设，所给问题满足如下线性方程组：

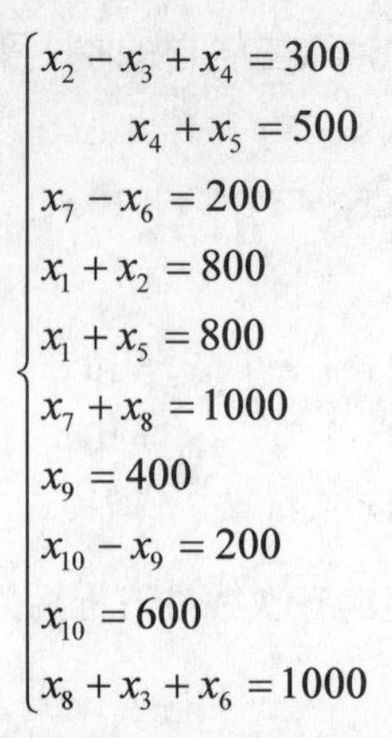

$$\begin{cases} x_2 - x_3 + x_4 = 300 \\ x_4 + x_5 = 500 \\ x_7 - x_6 = 200 \\ x_1 + x_2 = 800 \\ x_1 + x_5 = 800 \\ x_7 + x_8 = 1000 \\ x_9 = 400 \\ x_{10} - x_9 = 200 \\ x_{10} = 600 \\ x_8 + x_3 + x_6 = 1000 \end{cases}$$

可求得该方程组的通解为

$$X = k_1\eta_1 + k_2\eta_2 + x^*$$

其中，k_1，k_2为常数，且

$$\eta_1 = (-1,1,0,-1,1,0,0,0,0,0)^T,$$

$$\eta_2 = (0,0,0,0,0,-1,-1,1,0,0)^T,$$

$$x^* = (800,0,200,500,0,800,1000,0,400,600)^T,$$

X的每一个分量即为交通网络未知部分的具体流量，它有无穷多解。

4.3.4 矩阵在投入产出问题中的应用

投入产出问题是研究经济问题的一个著名数学模型，是由美国经济学家列昂捷夫首先创建的，它适用于任一经济系统。

我们知道每一经济系统都是由兼有投入（消耗）和产出（生产）的双重身份的各部门构成，如果将各部门的生产消耗总和看成转移价值总和；将各部门最终产品总和看成新创造价值总值，且产品量均以货币为单位，则根据各部门在一定时期内的投入产出情况，按一定顺序可建成一个投入产出表（见表4-6）。

表4–6　　投入产出表

部门		消耗部门				最终产品		总产出
		1	2	…	n	消费积累	合计	
生产部门	1	x_{11}	x_{12}	…	x_{1n}		y_1	x_1
	2	x_{21}	x_{22}	…	x_{2n}		y_2	x_2
	…	…	…	…	…		…	…
	n	x_{n1}	x_{n2}	…	x_{nn}		y_n	x_n
新创造的价值	工资 利润							
	合计	z_1	z_2	…	z_n			
总投入		x_1	x_2	…	x_n			

其中：

表的产出部分的横行表示每一个部门的产品流向各部门的情况，即产出。x_{ij}（$i,j=1,2,\cdots,n$）表示第 i 个部门对第 j 个部门的投入量，当 $i=j$ 时 x_{ij} 表示留做本部门生产消耗用的产品；y_i 表示第 i 个部门的最终产品；x_i 表示第 i 个部门的总产出。

表的投入部分的纵列表示每一个部门消耗各部门产品的情况，即投入。z_j 表示第 j 个部门新创造的价值，x_j 表示第 j 个部门的总投入。

当然，为了保持一个经济系统的正常运转，就必须要保持投入与产出之间的平衡。

从投入产出表的横向看，就是要使 x_i，x_{ij}，y_i 满足下面的方程组：

$$\begin{cases} x_{11}+x_{12}+\cdots+x_{1n}+y_1=x_1 \\ x_{21}+x_{22}+\cdots+x_{2n}+y_2=x_2 \\ \cdots \\ x_{n1}+x_{n2}+\cdots+x_{nn}+y_n=x_n \end{cases} \tag{1}$$

或
$$X=X_{nn}+Y \tag{2}$$

这里
$$X=\begin{pmatrix}x_1 & x_2 & \cdots & x_n\end{pmatrix}^T,\ Y=\begin{pmatrix}y_1 & y_2 & \cdots & y_n\end{pmatrix}^T$$

$$X_{nn}=\begin{pmatrix} x_{11} & x_{12} & \cdots & x_{1n} \\ x_{21} & x_{22} & \cdots & x_{2n} \\ \cdots & \cdots & \cdots & \cdots \\ x_{n1} & x_{n2} & \cdots & x_{nn} \end{pmatrix},$$

称（1）式为产品分配平衡方程组；

从投入产出表的纵向看，还要使 x_i，x_{ij}，z_j 满足下面的方程组：

$$\begin{cases} x_{11}+x_{21}+\cdots+x_{n1}+z_1=x_1 \\ x_{12}+x_{22}+\cdots+x_{n2}+z_2=x_2 \\ \cdots \\ x_{1n}+x_{2n}+\cdots+x_{nn}+z_n=x_n \end{cases} \tag{3}$$

或
$$X=X_{nn}^T+Z \tag{4}$$

这里 $Z=\begin{pmatrix}z_1 & z_2 & \cdots & z_n\end{pmatrix}^T$，而称（3）式为价值构成平衡方程组。

我们把第 j 个部门生产单位产品直接消耗第 i 个部门的产品量，称为第 j 个部门对第 i 个部门的直接消耗系数，记作 a_{ij}，即

$$a_{ij}=\frac{x_{ij}}{x_j},\ (i,j=1,2,\cdots,n) \tag{5}$$

那么以 a_{ij} 为元素构成的矩阵：

$$A=\begin{pmatrix} a_{11} & a_{12} & \cdots & a_{1n} \\ a_{21} & a_{22} & \cdots & a_{2n} \\ \cdots & \cdots & \cdots & \cdots \\ a_{n1} & a_{n2} & \cdots & a_{nn} \end{pmatrix} \tag{6}$$

称为直接消耗矩阵。

【例 29】表 4-7 给出了某经济系统在一个生产周期内产品的生产与分配数据，

表 4–7

	1	2	3	最终产品	总产出
1	100	25	30	y_1	400
2	80	50	30	y_2	250
3	40	25	60	y_3	300
新创造的价值	z_1	z_2	z_3		
总投入	400	250	300		

求：① 各部门最终产品；② 各部门新创造的价值；③ 直接消耗系数矩阵。

解

因为 $X=\begin{pmatrix}400 & 250 & 300\end{pmatrix}^T$， $X_{33}=\begin{pmatrix}100 & 25 & 30\\ 80 & 50 & 30\\ 40 & 25 & 60\end{pmatrix}$，

所以 $Y=X-X_{33}=\begin{pmatrix}245 & 90 & 175\end{pmatrix}^T$，

即 $y_1=245,\ y_2=90,\ y_3=175$，

所以 $Z=X-X_{33}^T=\begin{pmatrix}180 & 150 & 180\end{pmatrix}^T$，

即 $z_1=180,\ \ z_2=150,\ \ z_3=180$，

又因，利用（5）式求得

$$a_{11}=0.25,\ a_{12}=0.1,\ a_{13}=0.1,\ a_{21}=0.2,\ a_{22}=0.2,\ a_{23}=0.1，$$
$$a_{31}=0.1,\ a_{32}=0.1,\ a_{33}=0.2,$$

所以消耗系数矩阵为 $A=\begin{pmatrix}0.25 & 0.1 & 0.1\\ 0.2 & 0.2 & 0.1\\ 0.1 & 0.1 & 0.2\end{pmatrix}$。

试试看：用 Mathematica 数学软件计算矩阵问题

用 Mathematica 计算积分的基本语句见表 4-8。

表 4–8

命 令 格 式	功 能 说 明
Transpose[a]	将矩阵进行转置，结果为一二层数表
RowReduce[a]	给出用初等行变换将矩阵化成的最简阶梯形矩阵；求矩阵的秩
Solve[方程，x]	求解以 x 为自变量的代数方程，也可用于求解方程组
NSolve[方程，x]	求以 x 为自变量的代数方程解的近似值，也可用于求解方程组
Reduce[方程，x]	求解以 x 为自变量的代数方程，也可用于求解方程组

注意：Solve、NSolve 和 Reduce 命令对解代数方程是很有用的，对于解超越方程确是无能为力的。Solve 命令能求线性方程组的精确解及通解；NSolve 命令求出的是线性方程组的

近似解，而不能求出通解；Reduce 命令可求解含有参变量的线性方程组。

【例 30】计算下列各题。

（1）计算 $\begin{pmatrix}1 & -3\\2 & 0\end{pmatrix}-2\begin{pmatrix}-2 & 5\\0 & 1\end{pmatrix}$；（2）$\begin{pmatrix}0 & -3\\4 & 8\\2 & -2\end{pmatrix}^T\begin{pmatrix}1 & 0\\0 & 1\\1 & 0\end{pmatrix}$。

解：（1）{{1，–3}，{2，0}}–2{{–2，5}，{0，1}}

结果：{{5，–13}，{2，–2}}。

（2）a={{0，–3}，{4，8}，{2，–2}}；b={{1，0}，{0，1}，{1，0}}；

Transpose[a].b

结果：{{2，4}，{–5，8}}。

【例 31】求矩阵 $A=\begin{pmatrix}1 & 2 & -1 & -2 & 0\\2 & -1 & -1 & 1 & 1\\3 & 1 & -2 & -1 & 1\end{pmatrix}$ 的秩。

解：A={{1，2，–1，–2，0}，{2，–1，–1，1，1}，{3，1，–2，–1，1}}；

RowReduce[A]

执行后所得最简阶梯形矩阵非零行的个数为 2，所以 R(A)=2。

【例 32】求解线性方程组 $\begin{cases}x_1+2x_2 \qquad\quad + x_4=1\\2x_1 \qquad +x_3+2x_4=2\\ \qquad 2x_2-x_3+2x_4=2\\x_1-2x_2+x_3+x_4=1\end{cases}$。

解：Solve[{x1+2x2+x4==1，2x1+x3+2x4==2，2x2-x3+2x4==2，x1-2x2+x3+x4==1}，{x1，x2，x3，x4}]

结果：{{x1 -> 3 - 3 x4， x2 -> -1 + x4， x3 -> -4 + 4 x4}}。

【例 33】讨论 t 取何值时，方程组 $\begin{cases}x_1+2x_2-x_3-2x_4=0\\2x_1-x_2-x_3+x_4=1\\3x_1+x_2-2x_3-x_4=t\end{cases}$ 无解？有解？有解时求其解。

解：Reduce[{x1+2x2-x3-2x4==0，2x1-x2-x3+x4==1，3x1+x2-2x3-x4==t}，{x1，x2，x3，x4}]

结果：当 $t\neq 1$ 时，方程组无解。当 $t=1$ 时，方程组有解，且

$\begin{cases}x_1=3x_2-3x_4+1\\x_3=5x_2-5x_4+1\end{cases}$，令 $x_2=c_1$，$x_4=c_2$，

这时通解为 $X=\begin{pmatrix}3\\1\\5\\0\end{pmatrix}c_1+\begin{pmatrix}-3\\0\\-5\\1\end{pmatrix}c_2+\begin{pmatrix}1\\0\\1\\0\end{pmatrix}$。

练习

1. 计算。

（1）$\begin{pmatrix}1&2&3&4\\0&2&-1&1\\1&-1&2&5\end{pmatrix}+\frac{1}{2}\begin{pmatrix}2&1&4&10\\0&-1&2&0\\0&2&3&-2\end{pmatrix}$；（2）$\begin{pmatrix}2&1&-2\\1&0&4\\-3&1&0\\0&1&1\end{pmatrix}\begin{pmatrix}3&1&0\\0&0&1\\-1&2&0\end{pmatrix}^T$。

2. 求下列矩阵的秩。

（1）$A=\begin{pmatrix}3&1&0\\0&-1&1\\2&3&2\end{pmatrix}$；　　（2）$B=\begin{pmatrix}1&5&-1&-1&-1\\1&-2&1&3&3\\3&8&-1&1&2\\1&-9&3&7&7\end{pmatrix}$。

3. 解线性方程组$\begin{cases}x_1+2x_2+\ \ x_4=1\\2x_1\ +x_3\ +2x_4=2\\2x_2-x_3\ +2x_4=2\\x_1-2x_2+x_3+\ \ x_4=1\end{cases}$。

4. 给定带有参数的线性方程组$\begin{cases}\lambda x_1+x_2+x_3=1\\x_1+\lambda x_2+x_3=\lambda\\x_1+x_2+\lambda x_3=\lambda^2\end{cases}$，试问$\lambda$为何值时，方程组无解？有解？有解时求其解。

习题 4

1. 设$A=\begin{pmatrix}2&2\\x&-4\end{pmatrix}$，$B=\begin{pmatrix}x+y&1\\-1&z\end{pmatrix}$，若$A=2B$，求：$A$、$B$。

2. 计算下列各题。

（1）$\begin{pmatrix}1&2&3&4\\0&2&-1&1\\1&-1&2&5\end{pmatrix}+\frac{1}{2}\begin{pmatrix}2&1&4&10\\0&-1&2&0\\0&2&3&-2\end{pmatrix}$；　　（2）$\begin{pmatrix}1&3\\-2&0\end{pmatrix}+\sqrt{2}\begin{pmatrix}0&0\\1&0\end{pmatrix}$；

（3）$\begin{pmatrix}1&2&0\\1&-1&1\end{pmatrix}\begin{pmatrix}1&3\\0&1\\1&-1\end{pmatrix}$；　　（4）$\begin{pmatrix}2&1&-2\\1&0&4\\-3&1&0\\0&1&1\end{pmatrix}\begin{pmatrix}3&1&0\\0&0&1\\-1&2&0\end{pmatrix}^T$；

（5）$\begin{pmatrix}3&1&2&-1\\0&3&1&0\end{pmatrix}\begin{pmatrix}1&0&5\\0&2&0\\1&0&1\\0&3&0\end{pmatrix}\begin{pmatrix}-1&0\\1&5\\0&2\end{pmatrix}$。

3. 已知$A=\begin{pmatrix}a\\b\\c\end{pmatrix}$，$B=\begin{pmatrix}0&1&0\end{pmatrix}$，求$AB$，$BA$。

4. 设$A=\begin{pmatrix}1&2&1&2\\2&1&2&1\\1&2&3&4\end{pmatrix}$，$B=\begin{pmatrix}4&3&2&1\\-2&1&-2&1\\0&-1&0&-1\end{pmatrix}$，

（1）若X满足$A+X=2B$，求X；

（2）若 Y 满足 $(2A-Y)+2(B-Y)=0$，求 Y。

5. 一个空调商店有两个分店，一个在城里，一个在城外。4 月份，城里的分店售出了 31 台低档的空调、42 台中档的空调、18 台高档的空调；同样在 4 月份，城外的分店售出了 22 台低档的空调、25 台中档的空调、18 台高档的空调。

（1）用一个销售矩阵 A 表示这一信息。

（2）假定在 5 月份，城里店售出了 28 台低档的空调、29 台中档的空调、20 台高档的空调；城外店售出了 20 台低档的空调、18 台中档的空调、9 台高档的空调，用和 A 相同的矩阵类型表示这一信息 M。

（3）求 $A+M$，并说明这一和矩阵能告诉你什么?

（4）若空调商店经理希望来年的空调售量提高 8%，相对于这一要求，来年 4 月份，城里的分店应售出多少台高档的空调?

（5）若经理估计来年 4、5 两月的总销量将由 $1.09A+1.15M$ 给出，来年 4 月份的销量增加多少? 5 月份呢?

6. 矩阵 S 给出了某两个汽车销售部的三种汽车销量，矩阵 P 给出了三种车的销售利润，其中

$$\begin{array}{c} \quad\ \text{店1}\ \ \text{店2} \\ S=\begin{pmatrix} 18 & 15 \\ 24 & 17 \\ 16 & 20 \end{pmatrix}\begin{matrix}\text{小}\\ \text{中}\\ \text{大}\end{matrix} \end{array}, \qquad \begin{array}{c} \quad\ \ \text{小}\quad\ \text{中}\quad\ \text{大} \\ P=\begin{pmatrix} 400 & 650 & 900 \end{pmatrix}\text{利润} \end{array},$$

试问 SP 与 PS 哪个有定义? 求出有定义的矩阵。

7. 回答下列问题，并说明理由。

（1）如果 $AB=O$，是否有 $A=O$ 或 $B=O$?

（2）如果矩阵 A 与 B_1，B_2 可交换，那么 A 与 B_1B_2 也可交换吗?

（3）设 A，B 为 n 阶方阵，试问 $(A+B)^2=A^2+2AB+B^2$ 是否成立?

8. 设 $P=\begin{pmatrix} 0 \\ 2 \\ 5 \\ -4 \end{pmatrix}\begin{pmatrix} 1 & 2 & 3 & 4 \end{pmatrix}$，求 P^{100}。

9. 用初等变换法求矩阵的秩。

（1）$\begin{pmatrix} 1 & 2 & 0 \\ 0 & 1 & 1 \\ -1 & 2 & 3 \end{pmatrix}$；　（2）$\begin{pmatrix} 1 & -1 & 0 \\ 2 & 2 & 1 \\ 3 & 0 & 0 \\ 4 & 1 & 2 \end{pmatrix}$；　（3）$\begin{pmatrix} -1 & 2 & 1 & 0 \\ 1 & -2 & -1 & 0 \\ -1 & 0 & 1 & 1 \\ -2 & 0 & 2 & 2 \end{pmatrix}$。

10. 求解下列线性方程组。

（1）$\begin{cases} 2x_1-x_2+3x_3=3 \\ 3x_1+x_2-5x_3=0 \\ 4x_1-x_2+x_3=3 \\ x_1+3x_2-13x_3=-6 \end{cases}$；　（2）$\begin{cases} x_1+x_2+x_3+x_4+x_5=7 \\ 3x_1+2x_2+x_3+x_4-3x_5=-2 \\ x_2+2x_3+2x_4+6x_5=23 \\ 5x_1+4x_2+3x_3+3x_4-x_5=12 \end{cases}$；

（3）$\begin{cases} x_1-2x_2+x_3+x_4=1 \\ x_1-2x_2+x_3-x_4=-1 \\ x_1-2x_2+x_3-5x_4=5 \end{cases}$。

11. 设线性方程组$\begin{cases} x_1-2x_2-x_3+4x_4=2 \\ 2x_1-x_2+x_3+2x_4=1 \\ x_1-5x_2-4x_3+10x_4=a \end{cases}$，当$a$为何值时，该线性方程组有解？有解时，求出其全部解。

12. 判别下列齐次线性方程组是否有非零解，若有非零解，求出其非零解。

（1）$\begin{cases} x_1+2x_2+2x_3=0 \\ -5x_2-x_3=0 \\ 3x_1+x_2+5x_3=0 \\ -2x_1+x_2-3x_3=0 \end{cases}$；（2）$\begin{cases} x_1-2x_2+4x_3-7x_4=0 \\ 2x_1+x_2-2x_3+3x_4=0 \\ 3x_1-x_2+2x_3-4x_4=0 \end{cases}$；

（3）$\begin{cases} 2x_1-x_2+3x_3=0 \\ 3x_1-2x_2-3x_3=0 \end{cases}$。

13. 给定齐次线性方程组$\begin{cases} kx+y+z=0 \\ x+ky-z=0 \\ 2x-y+z=0 \end{cases}$，$k$取什么值时，方程组有非零解？$k$取什么值时，仅有零解？

14. 试求经过点(1，−3)，(2，5)，(3，35)，(−1，5)的多项式$f(x)=a_3x^3+a_2x^2+a_1x+a_0$，并求$f(x)$在$x=4$时的值。

15. 某工厂生产甲、乙、丙三种钢制品，已知甲种产品的钢材利用率为60%，乙种产品的钢材利用率为70%，丙种产品钢材利用率为80%，年进货钢材总吨位为100吨，年产品总吨位为67t。此外甲、乙两种产品必须配套生产，乙产品成品总重量是甲产品成品总重量的70%。此外还已知生产甲、乙、丙三种产品每吨可获得利润分别是1万元、1.5万元、2万元。问该工厂本年度可获利润多少万元。

第5章 线性规划初步及其应用

5.1 线性规划的基本概念与图解法

5.1.1 生产计划问题——认识线性规划

1．线性规划问题的提出

在生产生活中，根据实际问题的要求，常常可以建立线性规划问题数学模型。

【例 1】某工厂计划在下一生产周期生产两种产品 A_1，A_2，这些产品都要在甲、乙、丙 3 种设备上加工，根据设备性能和以往的生产情况知道单位产品的加工工时、各种设备的最大加工工时限制，以及每种产品的单位利润，见表 5-1。问如何安排生产计划，才能使工厂得到最大利润?

表 5–1　设备加工工时以及每种产品的利润

	产品 A_1	产品 A_2	总工时限制/h
设备甲	3	2	65
设备乙	2	1	40
设备丙	0	3	75
利润（元/件）	1500	2500	

【问题分析】

这是一个优化问题，其目标是使得工厂的获利最大，要做的决策是生产计划，即生产多少件产品 A_1，生产多少件产品 A_2。决策受到 3 个条件的限制：设备甲的加工能力，设备乙的加工能力，设备丙的加工能力。按照题目所给，将决策变量、目标函数和约束条件用数学符号及式子表示出来，就可得到这个优化问题的模型。

【优化模型】

决策变量：设生产 x_1 件产品 A_1，生产 x_2 件产品 A_2。

目标函数：相应的生产计划可以获得得总利润：$z=1500x_1+2500x_2$。

【约束条件】

对于设备甲：两种产品生产所占用机时数不超过 65：$3x_1+2x_2\leqslant 65$；

对于设备乙：两种产品生产所占用机时数不超过 40：$2x_1+x_2\leqslant 40$；

对于设备丙：两种产品生产所占用机时数不超过 75：$3x_2\leqslant 75$；

非负约束：产品数不能为负值，即 $x_1,x_2\geqslant 0$。

综上可得线性规划模型：

$$\max z=1500x_1+2500x_2$$
$$\text{s.t.}\ \ 3x_1+2x_2\leqslant 65$$
$$2x_1+x_2\leqslant 40$$

$$3x_2 \leqslant 75$$
$$x_1,\quad x_2 \geqslant 0$$

这是一个典型的利润最大化的生产计划问题。由于上述模型中目标函数和约束条件对于决策变量而言都是线性的，所以此模型称之为线性规划。其中“max”是英文单词“maximize”的缩写，含义为最大化；“s.t.”是“subject to”的缩写，含义为“满足于……”。因此上述模型的含义为：在给定条件限制下，求使得目标函数 z 达到最大时的 x_1，x_2 取值。

如果目标函数是变量的非线性函数，或是约束条件中含有变量的非线性等式或不等式，则这样的数学模型称为非线性规划。

2．线性规划的一般形式

从例 1 可以归纳出线性规划问题的一般形式：

$$\max(\min)\ z = c_1x_1 + c_2x_2 + \cdots + c_nx_n \tag{5-1}$$

$$\text{s.t.}\quad \left.\begin{aligned} a_{11}x_1 + a_{12}x_2 + \cdots + a_{1n}x_n &\leqslant (=,\geqslant) b_1 \\ a_{21}x_1 + a_{22}x_2 + \cdots + a_{2n}x_n &\leqslant (=,\geqslant) b_2 \\ &\vdots \\ a_{m1}x_1 + a_{m2}x_2 + \cdots + a_{mn}x_n &\leqslant (=,\geqslant) b_m \end{aligned}\right\} \tag{5-2}$$

$$x_1, x_2, \cdots, x_n \geqslant 0 \tag{5-3}$$

这是线性规划数学模型的一般形式。其中（5-1）式称为目标函数，它只有两种形式：max 或 min，（5-2）式称为约束条件，它们表示问题所受到的各种限制，一般有三种形式：“大于等于”、“小于等于”或“等于”；（5-3）式称为非负约束条件，很多情况下决策变量都蕴含这个假设。

在线性规划中，称 $x_i, i = 1,2,\cdots,n$ 为决策变量；称 $c_i, i = 1,2,\cdots,n$ 为目标函数系数或价值系数或费用系数；称 $b_j, j = 1,2,\cdots,m$ 为约束右端常数或简称右端项，也称为资源常数；称 $a_{ji}, j = 1,2,\cdots,m; i = 1,2,\cdots,n$ 为约束系数或技术系数。这儿，c_i，b_j，a_{ji} 均为常数。

可以看出，建立线性规划模型有如下特点：（1）理解要解决的问题。一定有一个追求目标，要么希望最大要么希望最小；（2）决策变量表示要寻求的方案。每一个问题都用一组决策变量（$x_1, x_2, \cdots, x_n$）表示某一个方案，当这组决策变量取具体的数值的时候就代表一个具体的方案，一般这些变量取值非负；（3）约束条件是用一组决策变量的等式或不等式来表述的在解决问题过程中必须遵循的限制条件；（4）所有函数都是线性的。

把满足所有约束条件的解（$x_1, x_2, \cdots, x_n$）称为该线性规划模型的可行解，所有这些可行解的集合称为可行集或可行域；把使得目标函数 z 的值最大（或最小）的可行解（$x_1^*, x^*_2, \cdots, x^*_n$）称为该线性规划的最优解，此目标函数 z^* 称为最优目标函数值，简称最优值。

3．线性规划问题的标准形式

在所有右端项 $b_j \geqslant 0; j = 1,2,\cdots,m$ 的前提下，我们称以下形式的线性规划问题为线性规划的标准形式：

$$\max\ z = c_1x_1 + c_2x_2 + \cdots + c_nx_n$$

$$\text{s.t.}\quad \left.\begin{array}{c} a_{11}x_1+a_{12}x_2+\cdots+a_{1n}x_n=b_1 \\ a_{21}x_1+a_{22}x_2+\cdots+a_{2n}x_n=b_2 \\ \vdots \\ a_{m1}x_1+a_{m2}x_2+\cdots+a_{mn}x_n=b_m \end{array}\right\}$$

$$x_1,x_2,\cdots,x_n\geqslant 0\text{。}$$

从上述模型可以看出，线性规划的标准形式有如下四个特点：目标最大化、约束为等式、决策变量均非负、右端项非负。

任何非标准形式的线性规划问题，都可以通过一定的变换将其转化为标准形式。

（1）目标函数是最小化的问题，如，$\min f=c_1x_1+c_2x_2+\cdots+c_nx_n$，则令$z=-f$，从而将目标函数变为最大化：$\max z=-c_1x_1-c_2x_2-\cdots-c_nx_n$。这两个线性规划问题有相同的最优解，但是要注意，它们的目标函数最优值相差一个符号。

（2）约束条件不是等式的规划问题，我们引入松弛或剩余（slack or surplus）变量。如，设约束条件为$a_{i1}x_1+a_{i2}x_2+\cdots+a_{in}x_n\leqslant b_i$，则可以引入新变量$s\geqslant 0$，使得约束条件变为：$a_{i1}x_1+a_{i2}x_2+\cdots+a_{in}x_n+s=b_i$，在此引入的变量$s$为松弛变量；如，设约束条件为$a_{i1}x_1+a_{i2}x_2+\cdots+a_{in}x_n\geqslant b_i$，则可以引入新变量$s'\geqslant 0$，使得约束条件变为：$a_{i1}x_1+a_{i2}x_2+\cdots+a_{in}x_n-s'=b_i$，在此引入的变量$s'$为剩余变量；在下一节中，有关于松弛及剩余变量进一步的说明。

（3）变量没有符号限制的问题，如，一个变量x_i是自由变量，则可以令$x_i=x_i'-x_i''$，其中$x_i'\geqslant 0$，$x_i''\geqslant 0$。即用两个非负变量之差来表示一个无符号约束的变量。

（4）右端项有负值的问题，当某一个右端项系数为负时，则在该等式约束两端同时乘以-1即可。如，$b_i<0$，则$-a_{i1}x_1-a_{i2}x_2-\cdots-a_{in}x_n=-b_i$。

5.1.2 图解法

1．线性规划问题的图解法

对于只包含两个决策变量的线性规划问题，可以在二维直角坐标平面上作图表示线性规划问题的有关概念，并求解。用图解法既简单又便于直观地把握线性规划的基本性质。在以x_1，x_2为坐标轴的直角坐标系里，图内任意一点的坐标就代表了一组决策变量x_1，x_2的值，也就是一个具体的决策方案。

以求目标函数最大值为例，说明图解法求解线性规划问题的步骤。

（1）以决策变量x_1，x_2为坐标向量建立直接坐标系。

（2）对每个约束条件（包括非负约束条件），先取其等式，并在坐标系内作直线，再通过判断确定不等式所决定的半平面。各约束半平面交汇出来的区域，若存在即为可行域，则区域中各点表示的解即为此线性规划的可行解。转入步骤（3）。若各约束半平面交汇出来的区域不存在，即可行域为空集，则该线性规划问题无可行解。

（3）任意给定目标函数一个值，作一条目标函数的等值线，并确定该等值线平移时，值增值减的方向。平移此目标函数的等值线，使其达到既与可行域有交点又不可能使值再增加的位置（有时交于无穷远处，此时称无有限最优解）。若有交点时，此目标函数等值线与可行域的交点即为最优解（一个或多个），此时的目标函数的值即为最优值。

下面考虑【例 1】，用图解法求解。【例 1】中得到的线性规划模型为：

$$\max z = 1500x_1 + 2500x_2$$

$$\text{s.t.} \quad \begin{aligned} 3x_1 + 2x_2 &\leqslant 65 \qquad (\text{a}) \\ 2x_1 + x_2 &\leqslant 40 \qquad (\text{b}) \\ 3x_2 &\leqslant 75 \qquad (\text{c}) \\ x_1,\ x_2 &\geqslant 0 \qquad (\text{d, e}) \end{aligned}$$

按照图解法的步骤，在以决策变量 x_1, x_2 为坐标向量的平面直角坐标系上对每一个约束（包括非负约束）条件作直线，并通过判断确定不等式所决定的半平面。各约束半平面交汇出来的区域就是可行域。

约束条件（a）$3x_1 + 2x_2 \leqslant 65$ 代表以直线 $3x_1 + 2x_2 = 65$ 为边界的左下方的半平面，显然这个平面上的任一点（x_1, x_2）都满足约束条件 $3x_1 + 2x_2 \leqslant 65$，而其余的点都要不满足这个约束条件。同样满足约束条件（b）$2x_1 + x_2 \leqslant 40$ 的点应落在以直线 $2x_1 + x_2 = 40$ 为边界的左下方的半平面，满足约束条件（c）$3x_2 \leqslant 75$ 的点则落在以直线 $3x_2 = 75$ 为边界的下方的半平面，满足约束条件（d）$x_1 \geqslant 0$ 的点均落在以直线 $x_1 = 0$ 为边界右方的半平面，满足约束条件（e）$x_2 \geqslant 0$ 的点都落在以直线 $x_2 = 0$ 为边界上方的半平面，如图 5-1 所示。

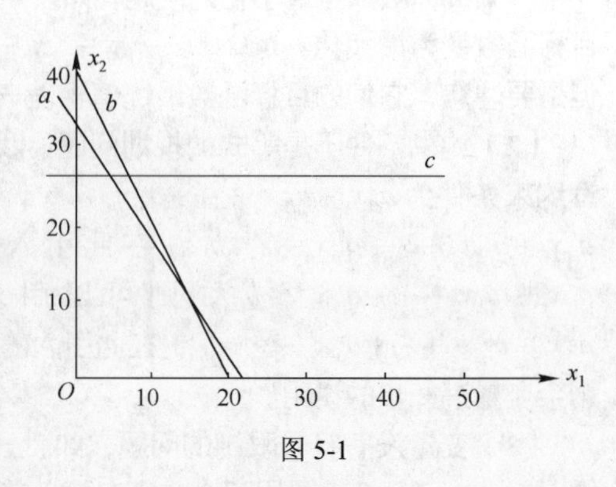

图 5-1

目标函数 $z = 1500x_1 + 2500x_2$，当 z 取一个数值时，也可以用直线在图上表示。z 取不同的值的时候就可以得到不同的直线，但不管 z 怎样取值，所得直线的斜率是不变的，故对应不同的 z 值所得的不同直线都是互相平行的。显然，对于 z 的某一取值所得到的直线上的每一点都具有相同的目标函数值，因此称这样的直线为“等值线”。如图 5-2 所示。

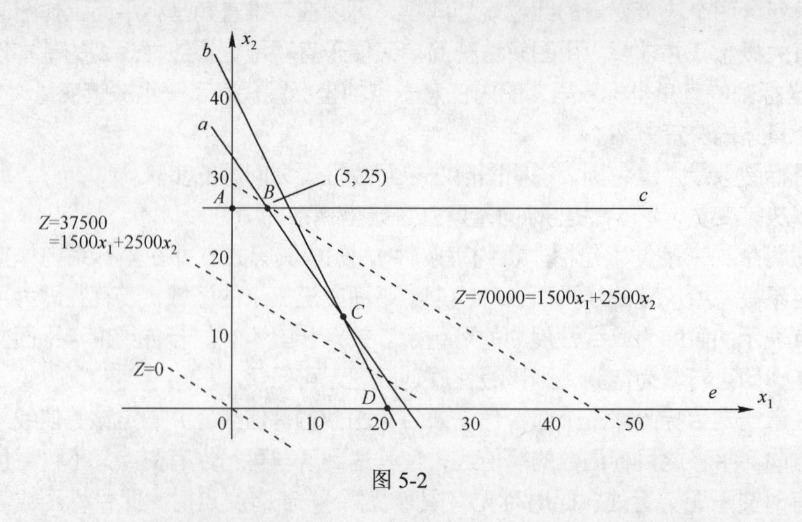

图 5-2

确定该等值线平移时值增加的方向。不难看出，当 z 的取值逐渐增加的时候，直线 $z = 1500x_1 + 2500x_2$ 沿其法线方向向右上方移动。当等值线达到既与可行域有交点又不可能使值再增加的位置，得到【例 1】的最优解（5，25），此时目标函数的值为 70 000

元。于是我们得到这个线性规划的最优解 $x_1 = 5$ 件，$x_2 = 25$ 件，最优值 $z = 70000$ 元。这说明该工厂的最优生产计划方案是生产产品 A_1 5 件，生产产品 A_2 25 件，可得最大利润 70 000 元。

我们发现其可行域是一个封闭的多边形，对于有限个约束条件其可行域的顶点时有限的，如果某个线性规划问题有最优解，则一定有一个可行域的顶点对应最优解。

在对【例 1】的求解过程中，若我们改变线性规划模型的个别系数，可能会得到不一样的结论。

【例 2】在【例 1】的线性规划模型中，如果把目标函数变为：$z = 1500x_1 + 1000x_2$，则目标函数的等值线斜率改变，将其平移到最优位置，与直线 $3x_1 + 2x_2 = 65$ 重合。此时不仅顶点（5，25）和（15，10）都是最优解，这两点之间的线段上的点都是最优解。此时，线性规划模型有无穷多个最优解，最优值为 32 500 元。

【例 3】在【例 1】的线性规划模型中，如果约束条件（a），（c）变为：

$$3x_1 + 2x_2 \geqslant 65 \qquad (a')$$

$$3x_2 \geqslant 75 \qquad (c')$$

并去掉非负约束。那么，可行域为一个无上界的区域。这时没有有限最优解。

【例 4】在【例 1】的线性规划模型中，如果增加约束条件（f）为：$x_1 + x_2 \geqslant 35$。那么，可行域为空的区域。这时没有可行解，当然线性规划问题也是无解的。

2．线性规划问题的松弛变量与剩余变量

下面看一下【例 1】的线性规划模型，在最优生产方案 $x_1 = 5$ 件，$x_2 = 25$ 件下资源消耗的情况：将 $x_1 = 5$，$x_2 = 25$ 带入约束条件得到：

对于设备甲：$3 \times 5 + 2 \times 25 = 65$；

对于设备乙：$2 \times 5 + 25 = 35$；

对于设备丙：$3 \times 25 = 75$。

可见，在最优生产方案中，生产产品 A_1 5 件，生产产品 A_2 25 件将消耗完所有的可使用设备甲和设备丙的机时（即约束为紧约束），但对设备乙而言，只利用了 35h，还有（40−35）=5h 没有使用（不是紧约束）。在线性规划中，一个“≤”约束条件中没有使用的资源或能力称之为松弛量。所以在【例 1】中，对于设备甲和设备丙的台时资源来说，其松弛量为 0，对于设备乙来说其松弛量为 5h。

为了把一个线性规划标准化，需要有代表没使用的资源或能力的变量，称之为松弛变量，记为 s_i。加入这些松弛变量，对目标函数是没有影响的，因为可以在目标函数中把这些松弛变量的系数看成零，模型变为：

$$\max z = 1500x_1 + 2500x_2 + 0s_1 + 0s_2 + 0s_3$$

$$\text{s.t.} \quad 3x_1 + 2x_2 + s_1 = 65$$

$$2x_1 + x_2 + s_2 = 40$$

$$3x_2 + s_3 = 75$$

$$x_1, x_2, s_1, s_2, s_3 \geqslant 0$$

对于【例 1】的最优解 $x_1 = 5$，$x_2 = 25$ 来说，松弛变量的值见表 5-2。

表 5-2

约束条件	松弛变量的值
设备甲台时数	$s_1 = 0$
设备乙台时数	$s_2 = 5$
设备丙台时数	$s_3 = 0$

下面给出一个求目标函数最小化的线性规划问题。

【例 5】某公司由于生产需要，共需要 A，B 两种原料至少 350t（A，B 两种原料有一定替代性），其中原料 A 至少购进 125t。但是由于 A，B 两种原料的价格不同，各自所需的加工时间也是不同的，加工每吨原料 A 需要 2h，加工每吨原料 B 需要 1h，而公司总共有 600 个加工时数。又知道每吨原料 A 的价格为 2 万元，每吨原料 B 的价格为 3 万元，试问在满足生产需要的前提下，在公司加工能力的范围内，如何购买 A，B 两种原料，使得购进成本最低？

解：设变量 x_i 为购进第 i 种（A，B）原料的数量。根据题意，我们知道两种原料的加工时数是受限制的：$2x_1 + x_2 \leqslant 600$。原料 A，B 的需求量有下限：$x_1 + x_2 \geqslant 350$；原料 A 购进量有下限要求：$x_1 \geqslant 125$；另外原料数不可能为负，即 x_1，$x_2 \geqslant 0$。最后我们追求的目标是成本最小，于是可以写出目标函数：$\min z = 2x_1 + 3x_2$。综合上述讨论，可以如下建立线性规划模型：

$$\min z = 2x_1 + 3x_2$$
$$\text{s.t.} \quad 2x_1 + x_2 \leqslant 600$$
$$x_1 + x_2 \geqslant 350$$
$$x_1 \geqslant 125$$
$$x_1, \quad x_2 \geqslant 0$$

用图解法解此线性规划模型：以 x_1，x_2 为坐标轴建立平面直角坐标系，将约束条件中的不等式改为等式，可知它们是平面上的 5 条直线，图上它们所谓公共区域即为可行域。如图 5-3 所示。

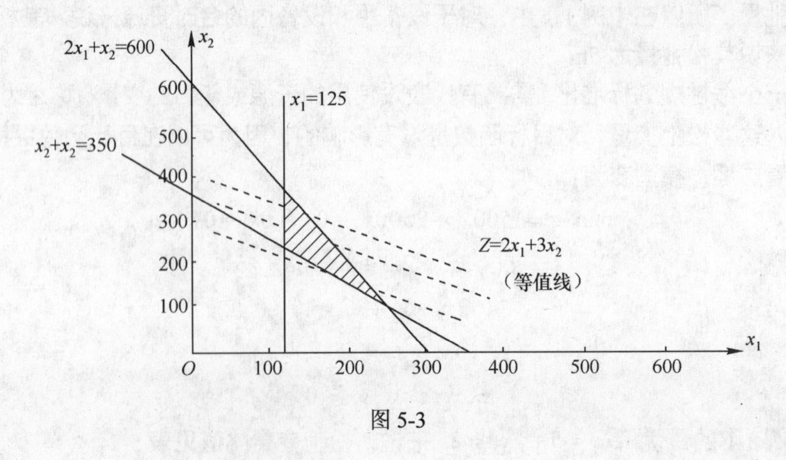

图 5-3

图示代表目标函数的直线，即等值线 $2x_1 + 3x_2 = k$，是以 $-\dfrac{2}{3}$ 为斜率的一族平行线。目标函数减少的方向为向左下方平移。当平移到可行域的顶点 Q 时，目标函数达到最小值。Q 点即为直线 $2x_1+x_2=600$ 与 $x_1+x_2=350$ 的交点（250，100）；所以此线性规划问题的最优方案是购进 $x_1=250$ t 的原料 A，购进 $x_2=100$ t 的原料 B，可使得成本最小，最小成本为 800 万元。

在最优购买方案 $x_1=250$ t，$x_2=100$ t 时资源消耗的情况如下：

对于两种原料的加工时数：$2\times250+100=600$；

对于原料 A，B 的需求量：$250+100=350$；

对于原料 A 购进量：250。

可见，在最优生产方案中，关于购买原料的总量和加工时间的两约束均为紧约束，而原料 A 的购进量则比原料 A 的购进量的最低限多购进了 $250-125=125$（t），这个超出的量在线性规划中成为剩余量。

在线性规划中，一个“≥”约束条件中超过最低限的资源或能力称之为剩余量。将刚才的线性规划模型加入松弛变量和剩余变量，使得约束条件变为等式约束。得数学模型：

$$\min z=2x_1+3x_2+0s_1+0s_2+0s_3$$

$$\text{s.t.}\quad 2x_1+x_2+s_1=600$$

$$x_1+x_2-s_2=350$$

$$x_1-s_3=125$$

$$x_1,x_2,s_1,s_2,s_3\geqslant 0$$

该模型中松弛变量及剩余变量的值见表 5-3。

表 5–3

约束条件	松弛变量及剩余变量的值
加工时间	$s_1=0$
原料 A 与原料 B 的总量	$s_2=0$
原料 A 的数量	$s_3=125$

5.1.3　图解法的灵敏度分析

在前面的讨论中，线性规划模型中的各个系数 a_{ji}，b_j，c_i 都是确定的常数。但实际上由于种种原因，这些系数有时候很难确定，一般是估计量或预测量。所以对问题求解之后，需要对这些估计（预测）量进行进一步的分析，以决定是否需要调整。

另外，即便这些系数在某一时刻是精确值，但周围环境的变化也会使得系数发生变化，例如，原材料的价格、商品的售价、设备的加工能力、劳动力的价格等的变化，而这些系数的变化很可能会影响到已经求得的最优值。因此在解决实际问题时，只求最优解是不够的，一般还需要研究最优解对数据变化的反应程度，以使得决策者全面地考虑问题，以适应各种偶然的变化。这就是灵敏度分析所要研究内容的一部分。

我们在这儿讨论的灵敏度分析就是在建立数学模型和求得最优解之后，用图解法研究目标函数中的系数 c_i 以及约束条件中右端项 b_j 的变化对最优解产生什么影响。

1．目标函数系数的变化

我们将以例 1 为例研究 c_i 的变化时如何影响最优解的。从【例 1】的已知条件，我们知生产一个单位产品 A_1 可以获利 1 500 元（$c_1=1500$），而生产一个单位的产品 A_2 可以获利 2 500

元（$c_1 = 2500$）。在目前的生产条件下，最优生产方案为生产 $x_1 = 5$ 件产品 A_1，$x_2 = 25$ 件产品 A_2 可获得最大利润。

当市场环境发生变化，如产品 A_1（或产品 A_2）的单位利润增加或减少（即目标函数系数 c_i 发生变化）时，生产者直觉上往往都能意识到为了追求最大的利润，就应该改变当前的生产方案，相应地增加或是减少这一产品的产量，也就是改变最优解。但是应不应该改变当前的生产方案，如需改变，生产量 x_1，x_2 改为多少个单位合适，都是需要探讨的问题。

下面我们讨论只有一个系数 c_i 改变，而另一个保持不变的情况。用图解法定出单位利润变化上限与下限，即单位利润 c_i 在此范围内变化时，当前的生产方案不改变，最优解不变。就【例 1】而言，即为单位利润 c_i 在什么范围内变化，生产者仍然生产 5 件产品 A_1 和 25 件产品 A_2 可获得最大利润。

从图 5-2 中可以看出，只要目标函数的等值线的斜率在直线 a（设备甲加工能力的约束条件）与直线 c（设备丙加工能力的约束条件）的斜率之间变化时，顶点 B（5，25）仍然是最优解。如果目标函数的等值线顺时针方向旋转，当目标函数的斜率等于直线 a 的斜率时，可知线段 BC 上的任一点都是最优解。如果继续顺时针方向旋转，当目标函数的等值线的斜率在直线 a 的斜率与直线 b 的斜率之间时，顶点 C 为最优解。当目标函数的斜率等于直线 b 的斜率时，可知线段 CD 上的任一点都是最优解。如果继续顺时针方向旋转，顶点 D 为其最优解。如果目标函数的等值线逆时针方向旋转，当目标函数等值线的斜率等于直线 c 的斜率的时候，可知线段 AB 上的任一点均为最优解。如果继续逆时针方向旋转，可知顶点 A 为其最优解。

下面计算各个直线的斜率。目标函数 $z = c_1x_1 + c_2x_2$ 的等值线为一族斜率为 $-\dfrac{c_1}{c_2}$ 的平行线。直线 a 的方程为 $3x_1 + 2x_2 = 65$，显然其斜率为 $-\dfrac{3}{2}$。直线 c 的方程为 $3x_2 = 75$，即 $x_2 = 0 \cdot x_1 + 25$ 为直线 c 的斜截式方程，显然直线 c 的斜率为 0。

从之前的分析，我们知道，当 $-\dfrac{3}{2} \leqslant -\dfrac{c_1}{c_2} \leqslant 0$ 时，顶点 B 仍然是该线性规划问题的最优解。所以就例 1 而言，在单位产品 A_2 的利润为即为 $c_2 = 2500$ 元不变，而单位产品 A_1 的利润 c_1 在 $-\dfrac{3}{2} \leqslant -\dfrac{c_1}{2500} \leqslant 0$，即 $0 \leqslant c_1 \leqslant 3750$ 范围内变化，生产者仍然生产 5 件产品 A_1 和 25 件产品 A_2 可获得最大利润。

同样，我们讨论系数 c_2 改变，而单位产品 A_1 的利润为 $c_1 = 1500$ 元保持不变时，顶点 B 仍然是该线性规划问题的最优解的情况。易知 c_2 的变化范围为：$-\dfrac{3}{2} \leqslant -\dfrac{1500}{c_2} \leqslant 0$，即 $1000 \leqslant c_2 \leqslant +\infty$。也就是说当单位产品 A_1 的利润为 1 500 元，而单位产品 A_2 的利润只要大于等于 1000 元时，生产者仍然实行原最优方案即可获得最大利润。

同理，我们可以求出在 c_1 和 c_2 中一个值确定不变时，另一个值的改变范围，使其最优解在 C 点（或在 D 点，或在 A 点）。

如果系数 c_1 和 c_2 都在变化时，则我们只能通过不等式 $-\dfrac{3}{2} \leqslant -\dfrac{c_1}{c_2} \leqslant 0$ 来判断 B 点是否仍

为当前最优解。例如，当市场环境发生变化，产品 A_1 及 A_2 的单位利润发生变化：$c_1' = 1350$，$c_2' = 750$，此时 $-\dfrac{c_1'}{c_2'} = -\dfrac{1350}{750} = -1.8 < -\dfrac{3}{2}$，可知此时 B 点不是最优解。考察图 5-2 中直线 b 的方程为 $2x_1 + x_2 = 40$，其斜率为 -2。由于 $-2 \leqslant -\dfrac{c_1'}{c_2'} \leqslant -\dfrac{3}{2}$，所以此时 C 点（坐标为 $x_1 = 15, x_2 = 10$）为最优解。

2．右端项常数变化

假设线性规划只有一个右端项常数 b_i 变化，其他数据不变。

当某个约束条件中的右端常数项变化时，线性规划模型的可行域也将发生改变，这样就可能引起最优解的变化。为了说明右端项常数 b_i 的灵敏度分析，仍以【例 1】为例进行说明，假设设备甲可占用的机时数增加了 1h，共有 66h。这样模型中的第一条约束就变为 $3x_1 + 2x_2 \leqslant 66$。从图形上来看，可行域扩大了。如图 5-4 所示。

由于目标函数和约束条件的直线的斜率都没有改变，所以易见，最优解由直线 $3x_2 = 75$ 与直线 $3x_1 + 2x_2 = 65$ 的交点 B 变成了直线 $3x_2 = 75$ 与直线 $3x_1 + 2x_2 = 66$ 的交点 B'。算得 B' 点的坐标为 $x_1 = \dfrac{16}{3}$，$x_2 = 25$，从而此时获得的最大利润为 70 500 元，比原来获得的最大利润 70 000 元增加了 500 元。

这种由右端项常数 b_i 增加一个单位而使得最优目标函数值得到改进的数量称之为这个约束条件的影子价格（或对偶价格）。影子价格表明资源增加对总效益产生的影响。在上面的讨论中，我们知设备甲的影子价格为 500 元。所以也就是说，如果增加或减少设备甲若干台时数，那么总利润也将增加或减少若干个 500 元。

接下来，我们计算一下在【例 1】中如果假设设备乙可占用的机时数增加了 1h，将会对模型最优解和最优值产生什么影响。

这时，原模型中的第二条约束（也就是关于设备乙台时数的约束）变为 $2x_1 + x_2 \leqslant 41$，此时线性规划的可行域也扩大了，如图 5-5 所示。

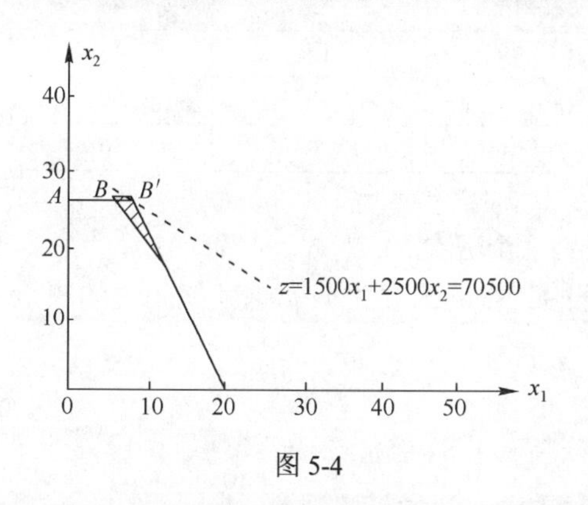

图 5-4

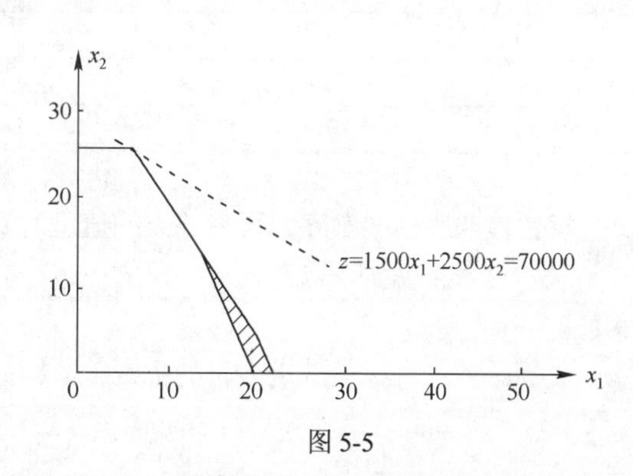

图 5-5

但是很显然，可行域的扩大并不影响它的最优解和最优值。最优解仍然为 $x_1 = 5$，$x_2 = 25$，最优值仍然是 70 000 元。这说明增加 1h 设备乙的机时数，对厂商的最大效益（利润）没有任何的改进。设备乙机时数的影子价格为零。

其实这个问题从松弛与剩余变量的角度就能很容易理解。见表 5-2，在最优方案生产 5 件产品 A_1，25 件产品 A_2 时，设备甲和设备丙的松弛变量为零，即约束为紧约束。而设备乙

的松弛变量 $s_2=5$，即还有 5 个小时没有使用，所以在这个基础上，我们继续增加设备乙的机时数，对利润的增加是没有贡献的。可见，当某个约束条件中的松弛变量（或剩余变量）不为零时，这个约束条件的影子价格就为零。

综上，我们得到如下结论。

当某一约束条件的右端常数项 b_r 增加一个单位的时，有以下 3 个结论。

（1）若该约束对应的影子价格大于零，则其最优目标函数值得到改进。即对于求“max”的模型，目标函数值增加；对于求“min”的模型，目标函数值减小。

（2）若该约束对应的影子价格小于零，则其最优目标函数值变坏。即对于求“max”的模型，目标函数值减小；对于求“min”的模型，目标函数值增加。

（3）若该约束对应的影子价格等于零，则其最优目标函数值得到不变。

另外，要说明一点，影子价格不是固定不变的，它仅仅在某一范围内有效。比如，当某一约束条件的资源可以源源不断获得的时候，此约束右端常数项随之不断增大，由于实际情况的约束，最终使得这种约束条件的资源用不完，即其松弛变量变为非零，从而导致其影子价格为零。

5.2 线性规划在工商管理中的应用

5.2.1 人力资源的分配问题

【例 6】某寻呼台每天需要话务员人数、值班时间以及工资情况见表 5-4。每班话务员在轮班开始时报到，并连续工作 9h。问如何安排，使得既满足需求又使总支付工资最低，试建立数学模型。

表 5-4

时间（h）	所需人数	每人工资（元）	时间（h）	所需人数	每人工资（元）
0～3	6	60	12～15	13	48
3～6	4	60	15～18	15	45
6～9	8	55	18～21	13	50
9～12	10	50	21～0	8	56

解：按照表格中顺序，可将一天的值班时间分为 8 个班次。

决策变量：设从第 i 班（$i=1,2,3,\cdots,8$）才开始工作的人数为 x_i，这就是问题的决策变量。

目标函数：目标函数是支付的工资数，即

$$z=60(x_7+x_8+x_1)+60(x_8+x_1+x_2)+55(x_1+x_2+x_3)+50(x_2+x_3+x_4)+$$
$$48(x_3+x_4+x_5)+45(x_4+x_5+x_6)+50(x_5+x_6+x_7)+56(x_6+x_7+x_8)$$

约束条件：约束条件由每班需要的人数确定。由于每个人连续工作 9 个小时，所以第一班即 0～3 时间段工作的人数应该包括第七班次时开始上班的人数和第八班次时开始上班的人数，以及第一班次时开始上班的人数。按照需要至少 6 人，于是 $x_7+x_8+x_1\geqslant 6$。类似可以得出其他约束条件。

建立如下线性规划模型：

$$\min z = 60(x_7 + x_8 + x_1) + 60(x_8 + x_1 + x_2) + 55(x_1 + x_2 + x_3) + 50(x_2 + x_3 + x_4) + 48(x_3 + x_4 + x_5) + 45(x_4 + x_5 + x_6) + 50(x_5 + x_6 + x_7) + 56(x_6 + x_7 + x_8)$$

s.t.

$$x_7 + x_8 + x_1 \geqslant 6$$
$$x_8 + x_1 + x_2 \geqslant 4$$
$$x_1 + x_2 + x_3 \geqslant 8$$
$$x_2 + x_3 + x_4 \geqslant 10$$
$$x_3 + x_4 + x_5 \geqslant 13$$
$$x_4 + x_5 + x_6 \geqslant 15$$
$$x_5 + x_6 + x_7 \geqslant 13$$
$$x_6 + x_7 + x_8 \geqslant 8$$
$$x_i \geqslant 0, (i = 1, 2, \cdots, 8)$$

求解过程从略，读者也利用相关的软件（如 lindo 软件，或是“管理运筹学”软件）进行求解。有兴趣的读者可以参考有关书籍。

【例 7】福安商场是一个中型的百货商场，它对售货人员的需求经过统计分析如表 5-5 所示。

表 5–5

时间	所需售货员人数	时间	所需售货员人数
周日	28	周四	19
周一	15	周五	31
周二	24	周六	28
周三	25		

为了保证售货人员充分休息，售货人员每周工作 5 天，休息 2 天，并要求休息的两天是连续的，问应该如何安排售货人员的作息，既满足了工作需求，又使配备的售货人员的人数最少?

解：

决策变量：记周一到周日每天开始休息的人数分别为 $x_1, x_2, \cdots, x_7$。这就是问题的决策变量。

目标函数：我们的目标是要求售货员的总数最少。每个售货员都工作五天，休息两天，所以计算出连续休息两天的售货员的总数，也就是售货员的总数。故目标函数即

$$z = x_1 + x_2 + x_3 + x_4 + x_5 + x_6 + x_7 ,$$

约束条件：约束条件由每天需要的人数确定。由于每人都是连续休息 2 天，所以周日工作的售货员应该是全部售货员除去周六开始休息和周日开始休息的售货员，按照要求至少需要有 28 人，于是 $x_1 + x_2 + x_3 + x_4 + x_5 \geqslant 28$

类似地，有

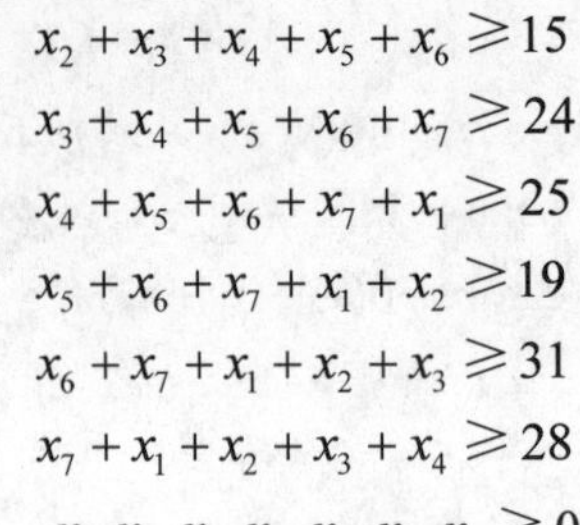

$$x_2+x_3+x_4+x_5+x_6 \geqslant 15$$
$$x_3+x_4+x_5+x_6+x_7 \geqslant 24$$
$$x_4+x_5+x_6+x_7+x_1 \geqslant 25$$
$$x_5+x_6+x_7+x_1+x_2 \geqslant 19$$
$$x_6+x_7+x_1+x_2+x_3 \geqslant 31$$
$$x_7+x_1+x_2+x_3+x_4 \geqslant 28$$

还有非负约束： $x_1,x_2,x_3,x_4,x_5,x_6,x_7 \geqslant 0$

问题归结为在上述约束条件下求解 $\min z$ 的线性规划。

5.2.2 合理下料问题

下料问题是加工业中常见的一种问题。它的一般做法是：某种原材料有已知的固定规格，要切割成给定尺寸的若干种零件毛坯，在各种零件数量要求给定的前提下，考虑设计切割方案使得用料最少（浪费最小）。

合理下料问题有一维下料问题（线材下料）、二维下料问题（面材下料）和三维下料问题（积材下料）等，其中线材下料问题最简单。

【例 8】某工厂要做 100 套钢架，每套钢架需要长度分别为 2.9m，2.1m 和 1.5m 的圆钢各一根。已知原料每根长 7.4m，现在考虑如何下料可以使所有原料最省?

解：

问题分析如下。

利用 7.4m 长的圆钢裁成 2.9m、2.1m、1.5m 的圆钢共有表 5-6 中的 8 种下料方案。

表 5–6

	方案 1	方案 2	方案 3	方案 4	方案 5	方案 6	方案 7	方案 8
2.9	2	1	1	1	0	0	0	0
2.1	0	2	1	0	3	2	1	0
1.5	1	0	1	3	0	2	3	4
合计	7.3	7.1	6.5	7.4	6.3	7.2	6.6	6.0
剩余料头	0.1	0.3	0.9	0.0	1.1	0.2	0.8	1.4

【优化模型】

决策变量：设 x_1，x_2，x_3，x_4，x_5，x_6，x_7，x_8 分别为上面八种方案下料的原材料根数。

目标函数：目标函数是材料根数最小，即

$$\min z = x_1+x_2+x_3+x_4+x_5+x_6+x_7+x_8,$$

【约束条件】每个方案中剪裁得到的 2.9m、2.1m、1.5m 三种圆钢均不少于 100 个，即

对于 2.9m 圆钢：$2x_1+x_2+x_3+x_4 \geqslant 100$

对于 2.1m 圆钢：$2x_2+x_3+3x_5+2x_6+x_7 \geqslant 100$

对于 1.5m 圆钢：$x_1+x_3+3x_4+2x_6+3x_7+4x_8 \geqslant 100$

非负约束：$x_1,x_2,x_3,x_4,x_5,x_6,x_7,x_8 \geqslant 0$

综上可以得到线性规划模型：

$$\min z = x_1 + x_2 + x_3 + x_4 + x_5 + x_6 + x_7 + x_8$$
$$\text{s.t.} \quad 2x_1 + x_2 + x_3 + x_4 \geqslant 100$$
$$2x_2 + x_3 + 3x_5 + 2x_6 + x_7 \geqslant 100$$
$$x_1 + x_3 + 3x_4 + 2x_6 + 3x_7 + 4x_8 \geqslant 100$$
$$x_1, x_2, x_3, x_4, x_5, x_6, x_7, x_8 \geqslant 0 \text{。}$$

5.2.3 配料问题

这类问题的提法一般是：由多种原料制成含有 m 种成分的产品，已知产品中所含各种成分的比例要求、各种原料的单位价格以及各原料所含成分的数量。考虑的问题是，应如何配料，可使产品的成本最低。

【例 9】某化工厂用原料 A、B、C 加工成三种不同的化工产品甲、乙、丙。已知各种产品中 A、B、C 的含量，原料成本，各种原料的每月限制用量，以及三种产品的单位加工费和售价（见表 5-7）。问该厂每月应生产这三种产品各多少千克，才能使该厂的获利为最大？试建立这个问题的线性规划数学模型。

表 5–7

	甲	乙	丙	原料成本（元/kg）	每月限制用量（kg）
A	≥60%	≥15%	≥10%	2.00	2000
B				1.50	2500
C	≤20%	≤60%	≤50%	1.00	1300
加工费（元/kg）	0.50	0.40	0.30		
售价（元/kg）	3.40	2.85	2.25		

解：本例的难点在于给出的数据非确定数值，而且各种产品与原料的关系比较复杂。为了方便，将甲、乙、丙编号为 $i = 1,2,3$，原料 A, B, C 编号为 $j = 1,2,3$。引入决策变量：设 x_{ij} 表示第 i 种产品中原料 j 的含量。

目标函数：求利润最大，利润=收入–原料支出

考虑收入：$\sum\limits_{i=1}^{3}$ [（单位售价–单位加工费）×该产品的数量]

考虑支出：$\sum\limits_{i=1}^{3}$ （单位成本×使用原料的数量）

于是得到目标函数：

$$\max z = (3.4 - 0.5)(x_{11} + x_{12} + x_{13}) + (2.85 - 0.4)(x_{21} + x_{22} + x_{23}) +$$
$$(2.25 - 0.3)(x_{31} + x_{32} + x_{33}) - 2(x_{11} + x_{21} + x_{31}) -$$
$$1.5(x_{12} + x_{22} + x_{32}) - (x_{13} + x_{23} + x_{33})$$

约束条件：含量要求条件 6 个，原料供应限制 3 个和决策变量的非负条件。

含量要求条件：

产品甲对原料 A 的含量要求：$x_{11} \geqslant 0.6(x_{11} + x_{12} + x_{13})$

产品乙对原料 A 的含量要求：$x_{21} \geqslant 0.15(x_{21} + x_{22} + x_{23})$

产品丙对原料 A 的含量要求：$x_{31} \geqslant 0.1(x_{31}+x_{32}+x_{33})$

产品甲对原料 C 的含量要求：$x_{13} \leqslant 0.2(x_{11}+x_{12}+x_{13})$

产品乙对原料 C 的含量要求：$x_{23} \leqslant 0.6(x_{21}+x_{22}+x_{23})$

产品丙对原料 C 的含量要求：$x_{33} \leqslant 0.5(x_{31}+x_{32}+x_{33})$

原料供应限制：

原料 A：$x_{11}+x_{21}+x_{31} \leqslant 2000$

原料 B：$x_{12}+x_{22}+x_{32} \leqslant 2500$

原料 C：$x_{13}+x_{23}+x_{33} \leqslant 1300$

决策变量的非负条件：

$$x_{ij} \geqslant 0, i=1,2,3; j=1,2,3$$

于是，通过整理，可以得到下列线性规划模型：

$$\max z = 0.9x_{11}+1.4x_{12}+1.9x_{13}+0.45x_{21}+0.95x_{22}+1.45x_{23}-0.05x_{31}+0.45x_{32}+0.95x_{33}$$

$$\text{s.t.} \begin{cases} 0.4x_{11}-0.6x_{12}-0.6x_{13} \geqslant 0 \\ 0.85x_{21}-0.15x_{22}-0.15x_{23} \geqslant 0 \\ 0.9x_{31}-0.1x_{32}-0.1x_{33} \geqslant 0 \\ 0.2x_{11}+0.2x_{12}-0.8x_{13} \geqslant 0 \\ 0.6x_{21}+0.6x_{22}-0.4x_{23} \geqslant 0 \\ 0.5x_{31}+0.5x_{32}-0.5x_{33} \geqslant 0 \\ x_{11}+x_{21}+x_{31} \leqslant 2000 \\ x_{12}+x_{22}+x_{32} \leqslant 2500 \\ x_{13}+x_{23}+x_{33} \leqslant 1300 \\ x_{ij} \geqslant 0, i=1,2,3; j=1,2,3 \end{cases}$$

5.2.4 投资问题

【例 10】某部门现有资金 200 万元，今后五年内考虑给以下的项目投资：

项目 A：从第一年到第五年每年年初都可投资，当年年末能收回本利 110%。

项目 B：从第一年到第四年每年年初都可以投资，次年年末收回本利 125%，但规定每年最大投资额不能超过 30 万元。

项目 C：第三年年初需要投资，到第五年年末能收回本利 140%，但规定最大投资额不能超过 80 万元。

项目 D：第二年年初需要投资，到第五年年末能收回本利 155%，但规定最大投资额不能超过 100 万元。

根据测定每次投资 1 万元的风险指数为：项目 A 为 1，项目 B 为 3，项目 C 为 4，项目 D 为 5.5。

问题：

① 应如何确定这些项目的每年投资额，使得第五年年末拥有资金的本利金额为最大?

② 应如何确定这些项目的每年投资额，使得第五年年末拥有资金的本利在 330 万元的基础上保证其投资的总风险系数为最小?

解：① 这是一个连续投资的问题。

a. 确定决策变量：

设 x_{ij} 为第 i 年初投资于项目 A（ $j=1$ ）、项目 B（ $j=2$ ）、项目 C（ $j=3$ ）、项目 D（ $j=4$ ）的金额（单位：万元），根据题意，我们建立如下决策变量。

对于项目 A：x_{11}，x_{21}，x_{31}，x_{41}，x_{51}

对于项目 B：x_{12}，x_{22}，x_{32}，x_{42}

对于项目 C：x_{33}

对于项目 D：x_{24}。

b. 约束条件如下。

由于项目 A 每年都可以投资，且当年年末就可以收回本息，所以在每一年的年初必然把所有资金都投入到各个项目中，手中不应有剩余的呆滞资金，下面我们分年来考虑：

第一年年初：该部门年初有资金 200 万元，只有项目 A 和项目 B 可以投资，故有

$$x_{11}+x_{12}=200\text{。}$$

第二年年初：由于第一年给项目 B 的投资要到第二年才能收回，所以该部门在第二年年初的资金仅仅为项目 A 在第一年投资额所回收的本息 $110\%\,x_{11}$，而投资项目为 A、B、D，于是有：$x_{21}+x_{22}+x_{24}=1.1x_{11}$。

第三年年初：年初的资金为项目 A 第二年年初投资和项目 B 第一年年初投资所回收的本息总和 $1.1x_{21}+1.25x_{12}$，而投资项目为 A、B、C，故有：$x_{31}+x_{32}+x_{33}=1.1x_{11}+1.25x_{12}$。

第四年年初：年初的资金为项目 A 投资第三年年初投资和项目 B 第二年年初投资所收回的本息总和 $1.1x_{31}+1.25x_{22}$，而投资项目只有 A、B，所以有

$$x_{41}+x_{42}=1.1x_{31}+1.25x_{22}\text{。}$$

第五年年初：年初的资金为项目 A 投资第四年年初投资和项目 B 第三年年初投资所收回的本息总和 $1.1x_{41}+1.25x_{32}$，可投资项目只有项目 A，于是

$$x_{51}=1.1x_{41}+1.25x_{32}\text{。}$$

另外，对项目 B、C、D 的投资额的限制及非负约束有

$$x_{i2}\leqslant 30\text{，}\ i=1,2,3,4$$

$$x_{33}\leqslant 80$$

$$x_{24}\leqslant 100$$

$$x_{11}\text{，}x_{21}\text{，}x_{31}\text{，}x_{41}\text{，}x_{51}\text{，}x_{12}\text{，}x_{22}\text{，}x_{32}\text{，}x_{42}\text{，}x_{33}\text{，}x_{24}\geqslant 0\text{。}$$

c. 建立目标函数。

第五年年末的本利获得来源有四项：第五年年初项目 A 的投资，第四年年初项目 B 的投资，第三年年初项目 C 的投资，第二年年初项目 D 的投资，总和为

$$z=1.1x_{51}+1.25x_{42}+1.4x_{33}+1.55x_{24}\text{，}$$

这样就得到如下数学模型：

$$\max z=1.1x_{51}+1.25x_{42}+1.4x_{33}+1.55x_{24}$$

$$\text{s.t.}\quad x_{11}+x_{12}=200$$

$$x_{21}+x_{22}+x_{24}=1.1x_{11}$$

$$x_{31}+x_{32}+x_{33}=1.1x_{11}+1.25x_{12}$$

$$x_{41}+x_{42}=1.1x_{31}+1.25x_{22}$$

$$x_{51}=1.1x_{41}+1.25x_{32}$$
$$x_{i2}\leqslant 30\text{，}i=1,2,3,4$$
$$x_{33}\leqslant 80$$
$$x_{24}\leqslant 100$$
$$x_{11}\text{，}x_{21}\text{，}x_{31}\text{，}x_{41}\text{，}x_{51}\text{，}x_{12}\text{，}x_{22}\text{，}x_{32}\text{，}x_{42}\text{，}x_{33}\text{，}x_{24}\geqslant 0\text{。}$$

考虑问题②：

决策变量：由题意，我们知问题②的决策变量与问题①相同。

约束条件：在问题①的约束上增加一条，即要求第五年年末拥有资金本利在 330 万元之上：$1.1x_{51}+1.25x_{42}+1.4x_{33}+1.55x_{24}\geqslant 330$，

目标函数：目标为风险最小，即

$$\min f=(x_{11}+x_{21}+x_{31}+x_{41}+x_{51})+3(x_{12}+x_{22}+x_{32}+x_{42})+4x_{33}+5.5x_{24}\text{，}$$

综上，问题②的线性规划模型为：

$$\min f=(x_{11}+x_{21}+x_{31}+x_{41}+x_{51})+3(x_{12}+x_{22}+x_{32}+x_{42})+4x_{33}+5.5x_{24}$$
$$\text{s.t.}\quad x_{11}+x_{12}=200$$
$$x_{21}+x_{22}+x_{24}=1.1x_{11}$$
$$x_{31}+x_{32}+x_{33}=1.1x_{11}+1.25x_{12}$$
$$x_{41}+x_{42}=1.1x_{31}+1.25x_{22}$$
$$x_{51}=1.1x_{41}+1.25x_{32}$$
$$x_{i2}\leqslant 30\text{，}i=1,2,3,4$$
$$x_{33}\leqslant 80$$
$$x_{24}\leqslant 100$$
$$1.1x_{51}+1.25x_{42}+1.4x_{33}+1.55x_{24}\geqslant 330$$
$$x_{11}\text{，}x_{21}\text{，}x_{31}\text{，}x_{41}\text{，}x_{51}\text{，}x_{12}\text{，}x_{22}\text{，}x_{32}\text{，}x_{42}\text{，}x_{33}\text{，}x_{24}\geqslant 0$$

求解从略。

5.3 运输问题

5.3.1 运输模型

1．问题的提出

一般的运输问题就是要解决把某种产品从若干个产地调运到若干个销地，在每个产地的供应量与每个销地的需求量已知，并知道各地之间的运输单价的前提下，如何确定一个使得总的运输费用最小的方案的问题。

【例 11】两个自来水厂 A_1, A_2 将自来水供应给三个小区 B_1, B_2, B_3，每天各自来水厂的供应量与各小区的需求量以及各自来水厂调运到各小区的供水单价见表 5-8。应如何安排供水方案，使总运输费最小?

表 5-8

产地＼销地	B_1	B_2	B_3	供应量/t
A_1	10	6	4	170
A_2	7	5	6	200
需求量/t	160	90	120	

解：首先，两个产地（自来水厂）A_1，A_2 的总产量为：$170+200=370$；3 个销地（小区）B_1，B_2，B_3 的总销量为：$160+90+120=370$，总产量等于总销量，我们称这是一个产销平衡的运输问题，把两个产地 A_1，A_2 的产量全部分配给 3 个销地 B_1, B_2, B_3，正好满足这三个销地的需求。

设 x_{ij} 为从产量 A_i 运往销地 B_j 的运输量（$i=1,2$; $j=1,2,3$），得到下列运输变量表（见表 5-9）：

表 5-9

产地＼销地	B_1	B_2	B_3	供应量/t
A_1	x_{11}	x_{12}	x_{13}	170
A_2	x_{21}	x_{22}	x_{23}	200
需求量/t	160	90	120	

由表 5-9 可写出此问题的数学模型：

（1）满足产地产量的约束条件为：

产地 A_1　　$x_{11}+x_{12}+x_{13}=170$

产地 A_2　　$x_{21}+x_{22}+x_{23}=200$

（2）满足销地销量的约束条件为：

销地 B_1　　$x_{11}+x_{21}=160$

销地 B_2　　$x_{12}+x_{22}=90$

销地 B_3　　$x_{13}+x_{23}=120$

（3）使运输费用最小的目标函数为

$$f=10x_{11}+6x_{12}+4x_{13}+7x_{21}+5x_{22}+6x_{23}$$

所以此运输的线性规划的模型为：

$$\min f=10x_{11}+6x_{12}+4x_{13}+7x_{21}+5x_{22}+6x_{23}$$

$$\begin{aligned}\text{s.t.}\quad & x_{11}+x_{12}+x_{13}=170\\ & x_{21}+x_{22}+x_{23}=200\\ & x_{11}+x_{21}=160\\ & x_{12}+x_{22}=90\\ & x_{13}+x_{23}=120\\ & x_{ij}\geqslant 0, i=1,2;\ j=1,2,3\end{aligned}$$ 。

显然，运输问题是一种特殊的线性规划问题。

2．一般运输问题的线性规划模型

一般运输问题的提法：

假设 $A_1, A_2, \cdots, A_m$ 表示某物资的 m 个产地；$B_1, B_2, \cdots, B_n$ 表示某物质的 n 个销地；s_i 表示产地 A_i 的产量；d_j 表示销地 B_j 的销量；c_{ij} 表示把物资从产地 A_i 运往销地 B_j 的单位运价。如果 $s_1 + s_2 + \cdots + s_m = d_1 + d_2 + \cdots + d_n$，则称该运输问题为产销平衡问题；否则，称产销不平衡。

设 x_{ij} 为从产地 A_i 运往销地 B_j 的运输量，则产销平衡的运输问题的线性规划模型如下：

$$\min f = \sum_{i=1}^{m}\sum_{j=1}^{n} c_{ij} x_{ij}$$

$$\text{s.t.} \quad \sum_{j=1}^{n} x_{ij} \leqslant s_i \quad (i = 1, 2, \cdots, m)$$

$$\sum_{i=1}^{m} x_{ij} \leqslant d_j \quad (j = 1, 2, \cdots, n)$$

$$x_{ij} \geqslant 0 \quad (i = 1, 2, \cdots, m; j = 1, 2, \cdots, n)$$

在实际问题建模时，会出现如下一些变化：

（1）求目标函数的最大值而不是最小值，例如，求利润最大或营业额最大等。

（2）当某些运输路线上的能力有限制的时候，模型中可直接加入（等式或不等式）约束。

（3）产销不平衡的情况。当销量大于产量时可加入一个虚设的产地去生产不足的物资，这相当于在约束：$\sum_{j=1}^{n} x_{ij} \leqslant s_i \quad (i = 1, 2, \cdots, m)$ 中每一个式子上加 1 个松弛变量，共 m 个；当产量大于销量时可加上一个虚设的销地去消化多余的物资，这相当于在约束 $\sum_{i=1}^{m} x_{ij} \leqslant d_j \quad (j = 1, 2, \cdots, n)$ 的每一个式子中加上 1 个松弛变量，共 n 个。

5.3.2　运输问题的应用

1．产销不平衡的运输问题

【例 12】有 A_1、A_2、A_3 三个生产某种物资的产地，五个地区 B_1、B_2、B_3、B_4、B_5 对这种物资有需求。现在要将这种物资从三个产地运往五个需求地区，各产地的产量、各需求地区的需求量和各产地运往各地区每单位物资的运费见表 5-10，其中 B_2 地区的 115 个单位必须满足。问如何调运可使总运输费用最小？

表 5-10

需求地 \ 生产地	B_1	B_2	B_3	B_4	B_5	产量 a_i
A_1	10	15	20	20	40	50
A_2	20	40	15	30	30	100
A_3	30	35	40	55	25	130
需求量 b_j	25	115	60	30	70	产销不平衡

解：由于产量小于需求量，因此设一虚设产地 A_4，它的产量为：

$$(25 + 115 + 60 + 30 + 70) - (50 + 100 + 130) = 20,$$

与这项有关的运输费用一般为零。

又因为其中 B_2 地区的 115 个单位必须满足，即不能有物资从 A_4 运往 B_2 地区，于是取相应的费用为 M（M 为一个充分大的正数），以保证在求最小运输费用的前提下，该变量的值为零。

从而，建立起产销平衡的运输费用表（见表 5-11）。

表 5-11

需求地 / 生产地	B_1	B_2	B_3	B_4	B_5	产量 a_i
A_1	10	15	20	20	40	50
A_2	20	40	15	30	30	100
A_3	30	35	40	55	25	130
A_4	0	M	0	0	0	20
需求量 b_j	25	115	60	30	70	产销平衡

【例 13】某工厂有 B_1、B_2、B_3 三个分厂，在生产中需要用的热水分别由 A_1，A_2 两个锅炉房供应。每月各分厂的需求量、锅炉房的供应量及输送热水的单位费用见表 5-12，由于需求量大于供应量，工厂正在建设新的锅炉房。但是在新锅炉房投入使用之前，经总厂协调后决定：保证 B_1 分厂的需求量，B_2 分厂的供应量最多可以减少 90t，B_3 分厂的供应量不能少于 180t。应如何安排给三个分厂的供热方案，在保证各分厂基本需求的情况下，使输送总费用最低。

表 5-12

销地 / 产地	B_1	B_2	B_3	供应量（t）
A_1	7	6	8	280
A_2	8	5	9	270
需求量（t）	100	320	260	

解：由于产量小于销量，因此设一虚设锅炉房（产地）A_3，它的供应量为：

$$(100+320+260)-(280+270)=130,$$

与这项有关的运输费用一般为零。

在虚拟一个产地 A_3 后，要在表中增加一行。该行对应的调运量实际上不能够满足各分厂（销地）需求的那部分热水数量。一般情况下，该行的单位费用取为 0。

此题有特殊性，各分厂对热水的总需求量与其基本需求量有差距，其中需求量大于总供应量，故无法满足；而 B_1，B_2，B_3 的基本需求根据题意可知，分别是 100t、230t 和 180t，总和为 510t，小于总供应量。因此并不需要由虚拟产地 A_3 提供，就可以满足各分厂的基本需求。将 B_1 和 B_2 的需求量分别拆为两部分：一部分是必须保证的基本需求，另一部分是可以调整的需求量。于是就有 B_1，B_2'，B_2''，B_3'，B_3'' 五个销地，其中，B_1，B_2'，B_3' 的需求量就是 B_1，B_2，B_3 的基本需求，必须保证，不能由 A_3 提供。所以，在 A_3 行对应的单位费用方面，

取 $c_{31}=c_{32}=c_{33}=M$ ， M 为一个足够大的正数。由于 M 值非常大，表明产地和销地之间不存在供应关系；而 c_{33} 和 c_{35} 的取值仍为 0，就可以实现上述目的。保证基本需求的产销平衡数据见表 5-13。

表 5-13

销地 产地	B_1	B_2'	B_2''	B_3'	B_3''	供应量（t）
A_1	7	6	6	8	8	280
A_2	8	5	5	9	9	270
A_3	M	M	0	M	0	130
需求量（t）	100	230	90	180	80	680

计算过程从略。

2．生产与存储问题

【例 14】某工厂按照合同规定须于当年每个季度末分别提供 10，15，25，20 台同一规格的柴油机，已知该厂各季度的生产能力及生产每台柴油机的成本（见表 5-14）。又如果生产出来的柴油机当季不交货，每台每积压一个季度需储存、维护等费用 0.15 万元。要求在完成合同的情况下，做出使该厂全年生产（包括储存、维护）费用最小的决策。

表 5-14

季度	生产能力/台	单位成本/万元
Ⅰ	25	10.8
Ⅱ	35	11.1
Ⅲ	30	11.0
Ⅳ	10	11.3

解：

决策变量：x_{ij} 为第 i 季度生产的第 j 季度交货的柴油机的数目，

约束条件：

各季度交货数量的限制：
$$x_{11}=10$$
$$x_{12}+x_{22}=15$$
$$x_{13}+x_{23}+x_{33}=25$$
$$x_{14}+x_{24}+x_{34}+x_{44}=20,$$

各季度的生产能力限制：
$$x_{11}+x_{12}+x_{13}+x_{14}\leqslant 25$$
$$x_{22}+x_{23}+x_{24}\leqslant 35$$
$$x_{33}+x_{34}\leqslant 30$$
$$x_{44}\leqslant 10,$$

目标函数：设 c_{ij} 是第 i 季度生产的第 j 季度交货的每台柴油机的实际成本，c_{ij} 是该季度单位成本加上储存、维护等费用，由于不存在诸如二季度生产、一季度交货这类的情况，则取当 $i>j$ 时，取 $c_{ij}=M$ 。c_{ij} 见表 5-15。

表 5-15

i \ j	I	II	III	IV
I	10.8	10.95	11.10	11.25
II	M	11.10	11.25	11.4
III	M	M	11.00	11.15
IV	M	M	M	11.30

于是，该问题的目标函数可以写成

$$\begin{aligned} f = & 10.8x_{11} + 10.95x_{12} + 11.10x_{13} + 12.25x_{14} + \\ & Mx_{12} + 11.10x_{22} + 11.25x_{23} + 11.40x_{24} + \\ & Mx_{31} + Mx_{32} + 11.00x_{33} + 11.15x_{34} + \\ & Mx_{41} + Mx_{42} + Mx_{43} + 11.30x_{44} \end{aligned}$$

综上，从而建立起此问题的线性规划的模型。

此问题，从表面上跟运输问题没有关系，但是经过分析，可以发现其数学模型属于产销不平衡的运输问题（产>销）。我们可以加上一个假想的需求，形成产销平衡运输问题。根据产销平衡运输问题的求解方法和步骤，进行求解。

【例 15】某饮料厂生产一种水果汁饮料，由于产品与季节关系密切，其生产能力与成本在每个季度都有区别；同时，已知饮料厂每年每季度的订货数量，见表 5-16。如果生产出的饮料本季度不交货，每保存一个季度，每罐饮料的存储费为 0.1 元。要求在完成订货供应的情况下，制定饮料厂全年生产总费用最低的生产方案。

表 5-16

	一季度	二季度	三季度	四季度
生产能力/万罐	50	64	56	20
生产成本/（元/罐）	8.8	9.1	9.0	9.4
订货数量/万罐	20	28	45	35

解：该生产存储问题可以转化为运输问题来解决。

决策变量：x_{ij} 为第 i 季度生产的第 j 季度交货的饮料数目，

约束条件：

各季度订货要求：

$$\begin{aligned} & x_{11} = 20 \\ & x_{12} + x_{22} = 28 \\ & x_{13} + x_{23} + x_{33} = 45 \\ & x_{14} + x_{24} + x_{34} + x_{44} = 35 \text{，} \end{aligned}$$

每季度生产能力的限制：

$$\begin{aligned} & x_{11} + x_{12} + x_{13} + x_{14} \leqslant 50 \\ & x_{22} + x_{23} + x_{24} \leqslant 64 \\ & x_{33} + x_{34} \leqslant 56 \\ & x_{44} \leqslant 20 \text{，} \end{aligned}$$

目标函数：

第 i 季度生产的饮料用于第 j 季度交货的饮料，其实际成本 c_{ij} 应该为该季度生产成本加上存储费。类似【例 15】，c_{ij} 的取值见表 5-17。

表 5-17

i \ j	一	二	三	四
一	8.8	8.9	9.0	9.1
二	M	9.1	9.2	9.3
三	M	M	9.0	9.1
四	M	M	M	9.4

于是目标函数为

$$
\begin{aligned}
z = {} & 8.8x_{11} + 8.9x_{12} + 9.0x_{13} + 9.1x_{14} + \\
& Mx_{12} + 9.1x_{22} + 9.2x_{23} + 9.3x_{24} + \\
& Mx_{31} + Mx_{32} + 9.3x_{33} + 9.1x_{34} + \\
& Mx_{41} + Mx_{42} + Mx_{43} + 9.4x_{44},
\end{aligned}
$$

从而得到该问题的模型。

3．转运问题

所谓转运问题是运输问题的一个扩充，在原来的运输问题中的产地（也称发点）、销地（也称收点）之外还增加了中转点。在运输问题中我们只允许物品从发点运往收点，而在转运问题中我们还允许把物品从一个发点运往另一个发点或中转点或收点，也允许把物品从一个中转点运往另一个中转点或发点或收点，也允许把物品从一个收点运往另一个收点或中转点或发点。

在每一个发点的供应量限定，每一个收点的需求一定，每两个点之间的运输单价已知的条件下，如何进行调运使得总的运输费用最小。

【例 16】某公司有 A_1，A_2 两个分厂生产某种产品，分别供应 B_1，B_2，B_3 三个地区的销售公司销售。假设两个分厂的产品质量相同。假设有两个中转站 T_1，T_2，并且物资的运输允许在各产地、各销售及各转运站之间，即可以在 A_1，A_2，B_1，B_2，B_3，T_1，T_2 之间相互转运。有关数据见表 5-18。

表 5-18

		产地		中转站		销地			产量/t
		A_1	A_2	T_1	T_2	B_1	B_2	B_3	A_i
产地	A_1		1	2	1	3	11	1	7
	A_2	1		3	5	1	9	5	9
中转站	T_1	2	3		1	2	8	4	
	T_2	1	5	1		4	5	2	
销地	B_1	3	1	2	4		1	4	
	B_2	11	9	8	5	1		2	
	B_3	3	2	4	2	4	2		
销量/吨	b_j					4	7	5	

试求总费用为最少的调运方案。

解：由表 5-18 可以看出来，从 A_1 到 B_2 直接运费单价为 11 百元/吨；但从 A_1 经 A_2 到 B_2，运价为（1+9）百元/吨；而从 A_1 经 T_2 到 B_2，运价只需（1+5）百元/吨；而从 A_1 到 A_2 经 B_1 到 B_2，运价仅仅需（1+1+1）百元/吨。可见，转运问题比一般运输问题都复杂。现在我们将此转运问题转化为一般运输问题。

做如下处理：

① 由于问题中的所有产地、中转站、销地都可以看成产地，也可以看成销地，因此整个问题可以看成一个有 7 个产地、7 个销地的扩大的运输问题。

② 对扩大了的运输问题建立运价表，将表中不可能的运输方案用任意大的正数 M 代替。

③ 所有中转站的产量等于销量，即流入量等于流出量。由于运费最少时不可能出现一批物资来回倒运的现象，所以每个中转站的转运量不会超过 16 吨，可以规定 T_1, T_2 的产量和销量均为 16 吨，由于实际的转运量：

$$\sum_{j=1}^{n} x_{ij} \leqslant s_i, \quad i=1,2,\cdots,m$$

$$\sum_{i=1}^{m} x_{ij} \leqslant d_j, \quad j=1,2,\cdots,n$$

这里 s_i 表示 i 点的流出量，d_j 表示 j 点的流入量，对中转点来说，按上面规定 $s_i = d_j = 16$。

这样可以在每个约束条件中增加一个松弛变量 x_{ii}，其相当于一个虚构的中转站，其意义就是自己运给自己。（$16 - x_{ii}$）就是每个中转站的实际转运量，x_{ii} 的对应运价 $c_{ii} = 0$。

④ 扩大了的运输问题中，原来的产地与销地由于也具有转运作用，所以同样在原来的产量与销量的数字上加上一个 16t，即两个分厂的产量改为 23t、25t，销量均为 16t；三个销地的每天销量改为 20t、23t、21t，产量均为 16t，同时引进 x_{ii} 为松弛变量。于是可以得到带有中转站的产销平衡运输表（见表 5-19）。

表 5-19

		产地		中转站		销地			产量/t
		A_1	A_2	T_1	T_2	B_1	B_2	B_3	A_i
产地	A_1	0	1	2	1	3	11	1	23
	A_2	1	0	3	5	1	9	5	25
中转站	T_1	2	3	0	1	2	8	4	16
	T_2	1	5	1	0	4	5	2	16
销地	B_1	3	1	2	4	0	1	4	16
	B_2	11	9	8	5	1	0	2	16
	B_3	3	2	4	2	4	2	0	16
销量（t）	b_j	16	16	16	16	20	23	21	128（平衡）

计算从略。

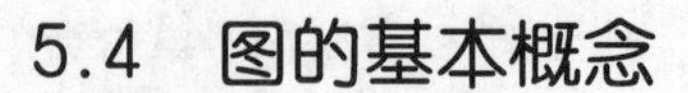

5.4 图的基本概念

5.4.1 七桥问题——认识图

七桥问题，又名哥尼斯堡七桥问题，是18世纪著名古典数学问题之一。18世纪时，欧洲有一个风景秀丽的小城哥尼斯堡，那里有七座桥。如图5-6（a）所示：河中的小岛 A 与河的左岸 B、右岸 C 各有两座桥相连结，河中两支流间的陆地 D 与 A、B、C 各有一座桥相连接。当时哥尼斯堡的居民中流传着一道难题：一个人怎样才能一次走遍七座桥，每座桥只走过一次，最后回到出发点。

尽管试验者很多，但是都没有成功。

为了寻求答案，1736年欧拉将这个问题抽象：用点表示岛和陆地，两点之间的连线表示连接它们的桥，将河流、小岛和桥简化为一个图，把七桥问题化成判断图5-6（b）所示的图形的一笔画问题，即能否从某一点开始不重复地一笔画出这个图形，最终回到原点。

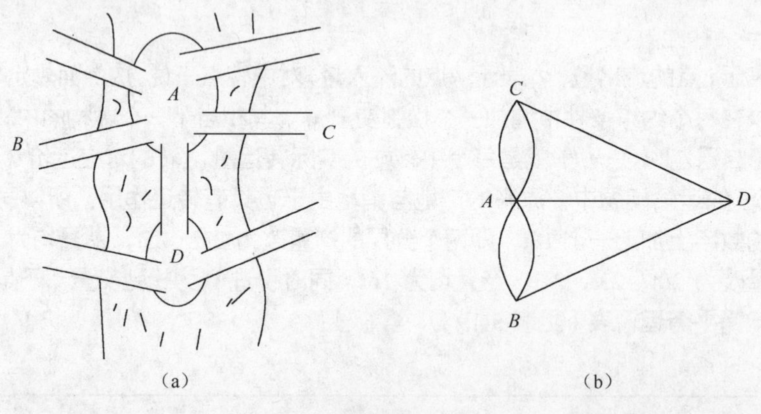

图5-6

欧拉很快证明出这是不可能的，因为图形中每一个顶点都与奇数条边相连接，不可能将它一笔画出，这就是古典图论中的第一个著名问题。

欧拉对七桥问题的成功解答，给人们提供了一个解决问题的方案和思考方法，同时使得人们对事物的规律有了更多的认识。

5.4.2 图的基本概念

在实际生产生活中，人们为了反映事物之间的关系，常常在纸上用点和线来画出各式各样的示意图。

例如，在几支足球队中，相互比赛这个关系我们可以用图来表示，图5-7所示就是一个表示这种关系的图。

如图5-7所示，我们分别用6个点 $v_1, v_2, \cdots, v_6$ 表示6支球队，用这6个点之间连线来反映它们之间的比赛情况。例如，图5-7中球队 v_1 与球队 v_2 有连线，而球队 v_1 与球队 v_5 没有连线，这说明球队 v_1 与球队 v_2 进行了比赛，而球队 v_1 与球队 v_5 没有打比赛。

从上面这个例子可以看出用图可以很好地描述和刻划反映对象之间的特定关系，如果我们用语言文字来描述这 6 个足球队的比赛关系，将会费很多的口舌、花很多的笔墨，却不见得能达到图 5-7 的简单明了的效果。图论不仅仅是要描述对象之间的关系，还要研究特定关系之间的内在规律。在一般的情况下，图中点的相对位置如何和点与点之间连线的长短曲直，对反映的事物之间的关系并不重要。

如果我们把上面例题中“相互比赛”的关系改成“比赛战况”的关系，那么只用两点连线就很难刻划它们之间的关系。这时，我们引进带箭头的连线来描述。如，v_1 队战胜 v_2 队我们可以用一条箭头对着 v_2 点的连线来表示。如图 5-8 所示，就是反映这 6 个球队“比赛战况”关系的图。

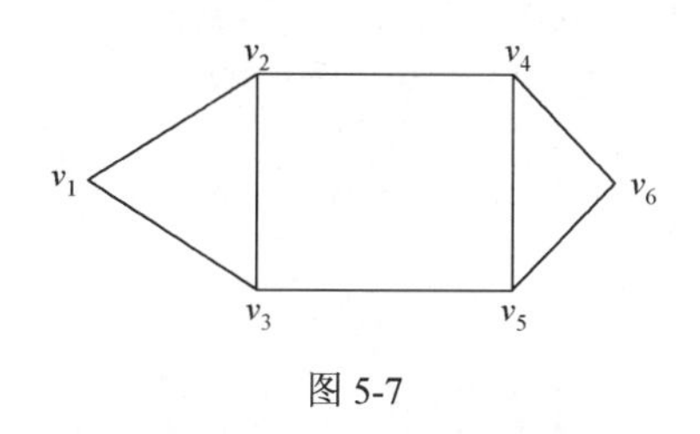

图 5-7

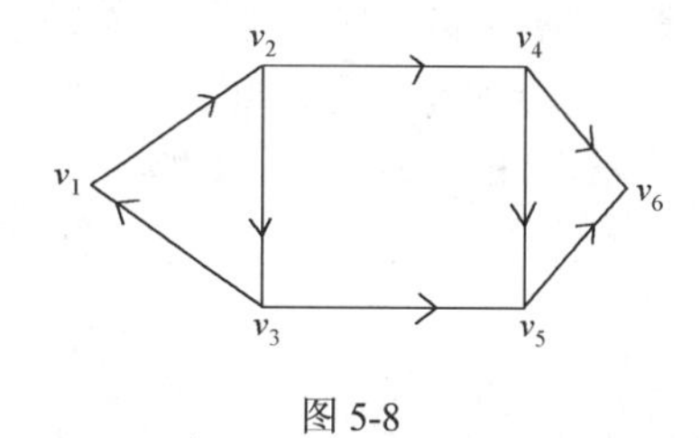

图 5-8

综上所述，图论中的图是由点和点与点之间的线所组成的。点用来表示研究对象，点与点之间的连线表示研究对象之间的特定关系。通常，我们把点与点之间不带箭头的线叫做边，带箭头的线叫做弧。

如果一个图是由点和边所构成的，那么称它为无向图，记作 $G=(V,E)$，其中 V 表示图 G 的点集合，E 表示图 G 的边集合。连接点 $v_i,v_j\in V$ 的边记作 $[v_i,v_j]$，或者 $[v_j,v_i]$。

如果一个图是由点和弧所构成的，那么称它为有向图，记作 $D=(V,A)$，其中 V 表示有向图 D 的点集合，A 表示有向图 D 的弧集合。一条方向从 v_i 指向 v_j 的弧，记作 (v_i,v_j)。

下面介绍一些常用名词：

（1）一个无向图 G 或是有向图 D 中的点数记作 $p(G)$ 或者 $p(D)$，简记为 p；边数或者弧数记作 $q(G)$ 或者 $q(D)$，简记为 q。

（2）如果边 $[v_i,v_j]\in E$，那么称 v_i,v_j 是边的端点。如果一个无向图 G 中一条边的两个端点是相同的，那么称这条边是环。如果两个端点之间有两条以上的边，那么称它们为多重边。一个无环、无多重边的图称为简单图；一个无环、有多重边的图称为多重图。

（3）以点 v 为端点的边的个数称为点 v 的度，记作 $d(v)$。度为零的点称为孤立点，度为 1 的点称为悬挂点。悬挂点的边称为悬挂边。度为奇数的点称为奇点，度为偶数的点称为偶点。

（4）在一个无向图 G 中，如果存在一个点、边的交错序列 $(v_{i1},e_{i1},v_{i2},\cdots,v_{ik-1},e_{ik-1},v_{ik})$，其中 $v_{it},(t=1,2,\cdots,k)$ 都是图 G 的点，$e_{it}=[v_{it},v_{it+1}],t=1,2,\cdots,k-1$，称这条点、边的交错序列为连接 v_{i1} 和 v_{ik} 的一条链，记为 $(v_{i1},v_{i2},\cdots,v_{ik})$。对于一个无向图 G，若任何两个不同的点之间，至少存在一条链，则称 G 是连通图。

（5）若链 $(v_{i1},v_{i2},\cdots,v_{ik})$ 中，$v_{i1}=v_{ik}$，那么称之为圈。

（6）设有向图 $D=(V,A)$，在 D 中去掉所有弧的箭头所得到的无向图，称为 D 的基础图。任给有向图 $D=(V,A)$ 的一条弧 $a=(v_i,v_j)$，称 v_i 为起点，v_j 为终点，弧的方向是从 v_i 到 v_j 的。如果存在一个点弧的交错序列 $(v_{i1},a_{i1},v_{i2},\cdots,v_{ik-1},a_{ik-1},v_{ik})$，它在 D 的基础图中对应的点边序列是一条链，那么称这个点弧序列是有向图 D 的一条链。

（7）如果 $(v_{i1},v_{i2},\cdots,v_{ik-1},v_{ik})$ 是有向图 D 中的一条链，并且满足条件 (v_{it},v_{it+1})，其中

$t=1,\cdots,k-1$，那么称它为从 v_{i1} 到 v_{ik} 的一条路。如果路的第一个点和最后一个点相同，则称之为回路。

（8）对一个无向图 G 的每一条边 $[v_i,v_j]$，如果对应地有一个数 w_{ij}，则称这样的图 G 为赋权图，w_{ij} 称为边 $[v_i,v_j]$ 上的权。

（9）对有向图 D 的每一条弧 (v_i,v_j)，如果对应地有一个数 c_{ij}，也称这样的图 D 为赋权图，c_{ij} 称为弧 (v_i,v_j) 上的权。

5.4.3 最小生成树问题

在各种各样的图中，有一类图是十分简单又非常具有应用价值的图，这就是树。所谓树就是一个无圈的连通图。如图 5-9 所示，（a）是树；（b）由于图中含有圈，所以不是树；（c）由于不是连通的，故其也不是树。

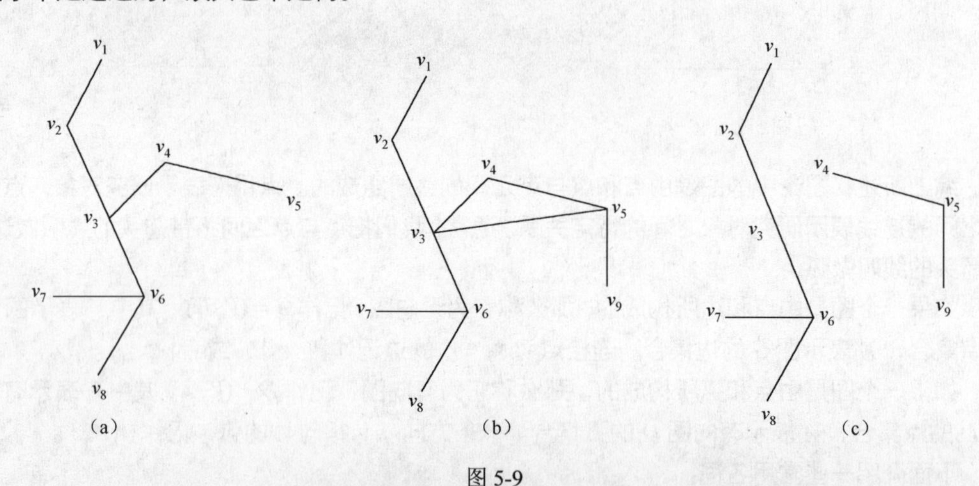

图 5-9

在给定的一个图 $G=(V,E)$，我们保留 G 的所有点，删掉 G 的部分边（也可说成是保留 G 的部分边），所得到的图 G'，称为 G 的生成子图。如图 5-9（c）是图 5-9（b）的一个生成子图。

如果图 G 的一个生成子图还是一个树，则称这个生成子图为生成树，如图 5-10 所示，（b）就是（a）的生成树。

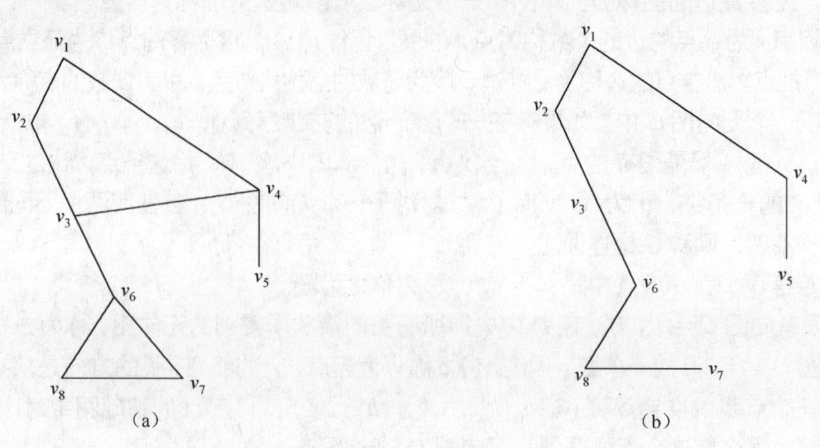

图 5-10

所谓最小生成树问题就是在一个赋权的连通的无向图 G 中找出一个生成树，并使得这个生成树的所有边的权数之和最小。

求解最小生成树的破圈算法如下。

下面介绍寻求最小生成树的方法——破圈法：

（1）在给定的连通图中任取一个圈。

（2）在所找圈中去掉权最大的一条边，如果有两条以上权最大的边，则任意去掉一条。

（3）如果余下的图已不含圈，则计算结束，所余下的图即为最小生成树，否则返回步骤（1）。

【例 17】某 6 个城市之间的道路网如图 5-11（a）所示，要求沿着已知长度的道路连接 6 个城市的电话线网，使得电话线的总长度最短。

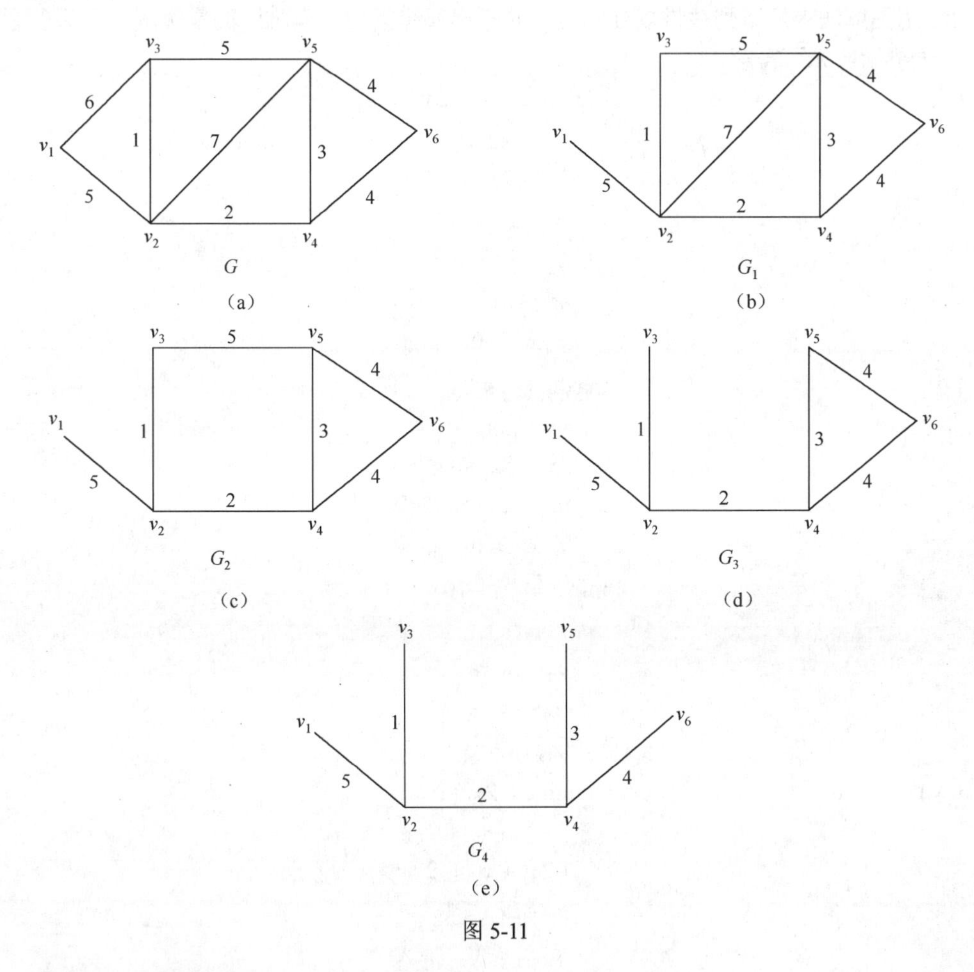

图 5-11

解：这个问题就是要求图 5-11（a）这个赋权图的最小生成树。

用破圈法求解。

① 在图 G 中任意找到一个圈 (v_1,v_2,v_3,v_1)，并知道在此圈上边 $[v_1,v_3]$ 的权数 6 为最大，在图 G 中去掉边 $[v_1,v_3]$ 得到 G_1，如图 5-11（b）所示。

② 在图 G_1 中再取一个圈 (v_3,v_5,v_2,v_3)，去掉其中权数最大的边 $[v_2,v_5]$，得到图 G_2，如图 5-11（c）所示。

③ 在图 G_2 中再取一个圈 (v_3,v_5,v_4,v_2,v_3)，去掉其中权数最大的边 $[v_3,v_5]$，得到图 G_3，

如图 5-11（d）所示。

④ 在图 G_3 中再取一个圈 (v_5, v_6, v_4, v_5)，这个圈中有两条权最大的边 $[v_5, v_6]$ 和 $[v_4, v_6]$，任意去掉其中一条，假设是边 $[v_5, v_6]$。得到图 G_4，如图 5-11（e）所示。

⑤ 在图 G_4 中已经找不到任何一个圈了，可知 G_4 即为图 G 的最小生成树。这个最小生成树的所有边的总权数为 $5+1+2+3+4=15$。

关于破圈法正确性的证明略。

习题 5

1. 用图解法求解下列线性规划问题，并指出哪个问题具有唯一的最优解、无穷多个最优解、无界解或无可行解。

（1）
$$\max z = x_1 + 2x_2$$
$$\text{s.t.}$$
$$2x_1 + 2x_2 \leqslant 12$$
$$x_1 + 2x_2 \leqslant 8$$
$$4x_1 \leqslant 16$$
$$4x_2 \leqslant 12$$
$$x_1, x_2 \geqslant 0$$

（2）
$$\max z = x_1 + 2x_2$$
$$\text{s.t.}$$
$$3x_1 + 5x_2 \leqslant 15$$
$$6x_1 + 2x_2 \leqslant 12$$
$$x_1, x_2 \geqslant 0$$

（3）
$$\min z = 2x_1 - 10x_2$$
$$\text{s.t.}$$
$$x_1 - x_2 \geqslant 2$$
$$3x_1 - x_2 \geqslant -5$$
$$x_1, x_2 \geqslant 0$$

（4）
$$\min z = 2x_1 - x_2$$
$$\text{s.t.}$$
$$-2x_1 + x_2 \leqslant 2$$
$$x_1 - 2x_2 \leqslant 1$$
$$x_1, x_2 \geqslant 0$$

（5）
$$\max z = 2x_1 + 2x_2$$
$$\text{s.t.}$$
$$x_1 - x_2 \geqslant -1$$
$$-0.5x_1 + x_2 \leqslant 2$$
$$x_1, x_2 \geqslant 0$$

（6）
$$\max z = 2x_1 + 2x_2$$

$$\text{s.t.}$$
$$2x_1 + x_2 \leqslant 20$$
$$x_1 + x_2 \geqslant 10$$
$$x_1 \geqslant 5$$
$$x_1, x_2 \geqslant 0。$$

2. 考虑下面的线性规划问题：

$$\min z = 11x_1 + 8x_2$$
$$\text{s.t.}$$
$$10x_1 + 2x_2 \geqslant 20$$
$$3x_1 + 3x_2 \geqslant 18$$
$$4x_1 + 9x_2 \geqslant 36$$
$$x_1, x_2 \geqslant 0$$

（1）用图解法求解。

（2）写出此线性规划问题的标准形式。

（3）求此线性规划问题的三个剩余变量的值。

3. 考虑下面的线性规划问题：

$$\max z = 10x_1 + 5x_2$$
$$\text{s.t.}$$
$$3x_1 + 4x_2 \leqslant 9$$
$$5x_1 + 2x_2 \leqslant 8$$
$$x_1, x_2 \geqslant 0$$

（1）用图解法求解。

（2）写出此线性规划问题的标准形式。

（3）求此线性规划问题的三个松弛变量的值。

4. 考虑下面线性规划问题：

$$\max z = 72x_1 + 64x_2$$

约束条件：

$$x_1 + x_2 \leqslant 50$$
$$12x_1 + 8x_2 \leqslant 480$$
$$3x_1 \leqslant 100$$
$$x_1, x_2 \geqslant 0$$

（1）用图解法求解。

（2）假设 c_2 值不变，求出使其最优解不变的 c_1 值的变化范围。

（3）假设 c_1 值不变，求出使其最优解不变的 c_2 值的变化范围。

5. 某钢铁公司有两个冶炼厂，A 厂每天可生产高、中、低三种不同型号的钢材 100t、300t、200t；B 厂一天可炼出上述三种不同型号的钢材 200t、400t、100t。现在公司需要这三种钢材的数量分别为 12 000t、20 000t、15 000t。A，B 两厂每天的运行支出分别为 4 000 元和 3 000 元。试问：公司应安排这两个工厂各生产多少天最经济？（建立线性规划模型并利用图解法求解）

6. 某家具制造厂生产五种不同规格的家具。每种家具都要经过机械成形、打磨、上漆几种主要工序。每种家具的每道工序所需时间及每道工具的可用时间、每种家具的利润见表5-20。问工厂应如何安排生产，使总的利润最大？（只要建立模型，不需求解）。

表 5–20

生产工序	所需时间/h					每道工序可用时间/h
	一	二	三	四	五	
成型	3	4	6	2	3	3600
打磨	4	3	5	6	4	3950
上漆	2	3	3	4	3	2800
利润/百元	2.7	3	4.5	2.5	3	

7. 某公司从事某种商品的经营，现欲制定本年度 10 月至 12 月的进货及销售计划。已知该种商品的初始库存量为 2 000 件，公司仓库最多可存放该种商品 10 000 件，公司拥有的经营资金为 80 万元，据预测，10 月至 12 月的进货及销售价格见表 5-21。若每个月仅有 1 号进货一次，且要求年底时商品的库存量达到 3 000 件，在以上条件下，问如何安排进货及销售计划，使公司获得最大利润？（注：不考虑库存费用）

表 5–21

月份	10	11	12
进货价格（元/件）	90	95	98
销售价格（元/件）	100	100	115

试根据以上信息建立线性规划模型。(不求解)

8. 某旅馆每日至少需要下列数量的服务员(见表 5-22)，每班服务员从开始上班到下班连续工作 8 小时，为满足每班所需要的最少服务员数，这个旅馆至少需要多少服务员？

表 5–22

班次	时间	最少服务员人数
1	6:00～10:00	80
2	10:00～14:00	90
3	14:00～18:00	80
4	18:00～22:00	70
5	22:00～2:00	40
6	2:00～6:00	30

试根据以上信息建立线性规划模型。(不求解)

9. 某医院的护士分四个班次，每班工作 12 小时。报到的时间分别是早上 6 点，中午 12 点，下午 6 点，夜间 12 点。每班需要的人数分别为 19 人、21 人、18 人、16 人。问：

(1) 每天最少需要派多少护士值班？

(2) 如果早上 6 点上班和中午 12 点上班的人每月有 120 元的加班费，下午 6 点上班和夜间 12 点上班的人每月分别有 100 元和 150 元的加班费，如何安排上班人数，使医院支付的加班费最少？

10. 某家具厂要求做 60 套钢制家具，每套需用长 2.5m 和 1.2m 的圆钢各 1 根。已知每根原料长 5m，试问如何下料，使得做成 60 套钢制家具所用原材料最省？

11. 某混合饲料场为某种动物配置饲料。已知此动物的生长速度与饲料中的三种营养成分甲、乙、丙有关，且每头动物每天需要营养甲 85g、乙 5g、丙 18g。现有五种饲料都含有这三种营养成分，每种饲料每千克所含营养成分及每种饲料成本见表 5-23，求既满足动物成长需求又使成本最低的饲料配方。

表 5–23

饲料	营养甲/g	营养乙/g	营养丙/g	成本/元
1	0.50	0.10	0.08	2
2	2.00	0.06	0.70	6
3	3.00	0.04	0.35	5
4	1.50	0.15	0.25	4
5	0.80	0.20	0.02	3

试根据以上信息建立线性规划模型。（不求解）

12. 某公司有 30 万元可用于投资，投资方案有下列几种：

方案Ⅰ：年初投资 1 万元，第二年年底可收回 1.2 万元。5 年都可以投资，但投资额不能超过 15 万元。

方案Ⅱ：年初投资 1 万元，第三年年底可收回 1.3 万元。5 年内都可以投资。

方案Ⅲ：年初投资 1 万元，第三年年底可收回 1.4 万元。5 年内都可以投资。

方案Ⅳ：只在第二年年初有一次投资机会，每投资 1 万元，四年后可收回 1.7 万元。但最多投资额不能超过 10 万元。

方案Ⅴ：只在第四年年初有一次投资机会，每投资 1 万元，年底可收回 1.4 万元。但最多投资额不能超过 20 万元。

方案Ⅵ：存入银行，每年年初存入 1 万元，年底可收回 1.02 万元。

投资所得的收益及银行所得利息也可用于投资，求使公司在第五年年底收回投资金额最多的组合投资方案。只要建立模型，不需求解。

13. 某农民承包了五块土地共 206 亩，打算种小麦、玉米和蔬菜三种农作物，各种农作物的计划播种面积（亩）以及每块土地种植各种不同的农作物的亩产数量（kg）见表 5-24，试问如何安排种植计划可使总产量达到最高？（仅建立模型，不需求解）

表 5–24

作物种类＼土地	甲	乙	丙	丁	戊	计划播种面积
1	500	600	650	1050	800	86
2	850	800	700	900	950	70
3	1000	950	850	550	700	50
土地亩数	36	48	44	32	46	

14. 某研究所有 B_1、B_2、B_3 三个院。每年取暖分别需要用煤 3 500t、1 100t、2 400t，这

些煤都要由 A_1，A_2 两处煤矿负责供应，价格、质量均相同。A_1，A_2 两煤矿的供应能力分别为 1 500t、4 000t，运价见表 5-25，由于需求大于供给，经过院所研究决定 B_1 区供应量可减少 0 ~ 900t，B_2 区必须满足需求量，B_3 区供应量不少于 1 600t，试求总费用为最低的调运方案。(写出建模时的产销平衡运输价格表，不需求解)

表 5–25

需求地区 / 煤矿	B_1	B_2	B_3	产量
A_1	175	195	208	1 500
A_2	160	182	215	4 000
需求量	3 500	1 100	2 400	

15. 写出图 5-12 中，顶点的个数、边的条数、以及顶点的度，并指出是否为简单图。

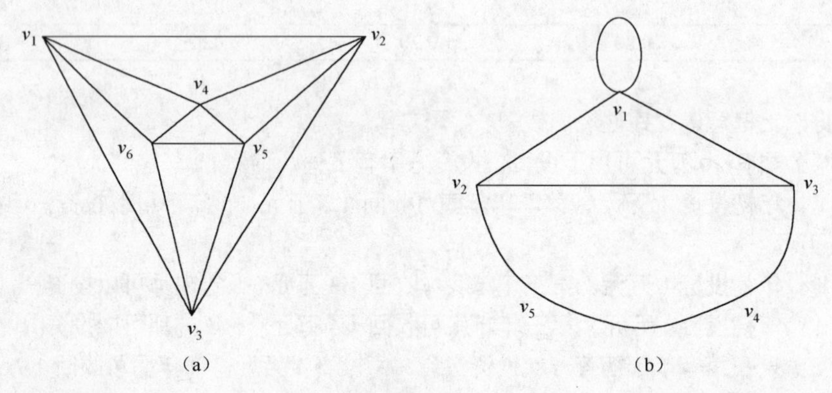

图 5-12

16. 用破圈法求图 5-13 中图形的最小树。

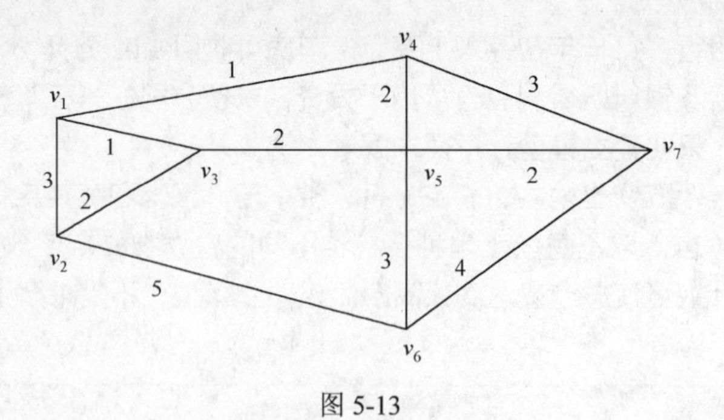

图 5-13

第6章 概率论与数理统计初步

在自然界和人类社会中，如下的现象是随处可见的：抛一枚硬币，朝上的可能是正面，也可能是反面；掷一枚骰子，朝上的点数可能是 1、2、3、4、5、6 中的任一个数；在机床加工出的零件中，可能是合格的，也可能是废品；等等。这些偶然性现象称之为随机现象。概率论是研究这种随机现象及其规律的一门数学分支，而数理统计则是从应用角度研究处理随机数据，通过有效的统计方法进行统计推断。概率论与数理统计在自然科学、工程技术和经济管理中都有着极其广泛的应用。本章将介绍概率论与数理统计的基本内容。

6.1 随机事件与概率

6.1.1 彩票的中奖率——认识概率

“2 元的投入，500 万的收获。”这句福利彩票的广告语让多少人为之心动。以现在的双色球为例，“双色球”每注投注号码由 6 个红色球号码和 1 个蓝色球号码组成。红色球号码从 1 ~ 33 中选择；蓝色球号码从 1 ~ 16 中选择。购买一注，中 500 万的机会大吗？有多大？有人总以为，只要坚持，必将得到收获。然而，事实真的是这样的吗?一切从我们的概率说起。

6.1.2 随机试验与随机事件

1. 随机试验

随机试验是指为研究随机现象而进行的观测、调查或试验。它一般应满足以下三个条件：

(1) 试验可以在相同的条件下进行；

(2) 试验三维所有可能的结果预先是可知的；

(3) 每次试验只出现所有可能结果中的某一下。但是实验之前不能确定哪个结果会出现。

2. 随机事件

对于随机试验，尽管在每次试验之前不能预知试验的结果，但试验的所有可能结果的集合是已知的，我们将这个集合称为样本空间，记为Ω。随机试验中可能出现也可能不出现的结果，称为随机事件，简称事件，常用大写字母 A、B、C 等表示。例如，在抛硬币的随机试验中，A={正面向上}就是一个随机事件；在掷骰子的随机试验中，A={出现奇数点}，B={出现 2 点}；等等，都是随机事件。在一定条件下，必然要发生的事件叫做**必然事件**。例如，在掷一颗骰子的试验中，“点数小于 7”。在一定条件下，不可能发生的事件叫做**不可能事件**。例如，掷一颗骰子的试验中，“点数不小于 7”。必然事件与不可能事件，都是描写决定性现象的，它不具有随机性，但为了研究方便起见，我们把它们看成是在随机事件中的两个极端情况。

3. 事件间的关系及运算（见表 6-1）

事件是一个集合，因而事件间的关系和运算自然也使用集合之间的关系和集合的运算来处理。

表 6–1

关系或运算	符　号	含　义
包含	$A\subset B$	事件 A 发生导致事件 B 一定发生
相等	$A=B$	$A\subset B$ 并且 $B\subset A$
事件的和或并	$A+B$ 或 $A\bigcup B$	事件 A 与 B 中至少一个发生
事件的积或交	AB 或 $A\bigcap B$	事件 A 与 B 同时发生
互不相容事件	$AB=\phi$	事件 A 与 B 不能同时发生
差	$A-B$	事件 A 发生而事件 B 不发生
对立事件	$\overline{A}$	事件 A 不发生

【例 1】甲、乙两人各向同一目标射击一次，$A=$“甲击中目标”，$B=$“乙击中目标”，说明下列事件的含义：

① $A+B$；② AB；③ $\overline{AB}$；④ $\overline{A}+\overline{B}$；⑤ $\overline{A+B}$。

解：① $A+B$ 表示甲、乙两人至少有一人击中目标；

② AB 表示甲、乙两人都击中目标；

③ $\overline{A}\,\overline{B}$ 表示甲、乙两人都未击中目标；

④ $\overline{A}+\overline{B}$ 表示甲、乙两人至少有一人未击中目标；

⑤ $\overline{A+B}$ 表示甲、乙两人都未击中目标（与事件 $\overline{AB}$ 相等）。

6.1.3　随机事件的概率

随机事件是一种偶然性的事件，因此在一次试验中是否发生，事先是不能预知的，但在大量重复试验的情况下，它的发生就呈现出一定的规律性。因此，为判定事件发生的可能性的大小，一个可靠的方法就是通过大量地重复试验，从中分析出它的规律性。为此，我们引入频率。

表 6-2 列出了历史上几位科学家关于投掷硬币的结果。

表 6–2

试验者	抛硬币次数 n	“正面朝上”次数 m	“正面朝上”频率
摩　根	2048	1061	0.5181
蒲　丰	4040	2048	0.5069
皮尔逊	12000	6019	0.5016
皮尔逊	24000	12012	0.5005
维　尼	30000	14994	0.4998

由表中我们看到，当抛掷硬币的次数很多时，出现正面的频率值是稳定的，接近于常数 0.5，并在它附近摆动。经验告诉我们，当试验次数 n 很大时，事件 A 的频率具有一定稳定性，把这个具有一定稳定性的频率值看成事件 A 发生的可能性的大小，即看做事件 A 发生的概率，这便是概率的统计定义。

1．概率的统计定义

【定义 1】在 n 次重复试验中，若事件 A 发生了 m 次，则称 $\frac{m}{n}$ 为事件 A 发生的频率。在相同条件下，随着试验次数的增大，事件 A 发生的频率会稳定地在某一常数 p 的附近摆动，则称常数 p 为事件 A 的概率，记作 $P(A)$。

概率的统计定义实际给出了计算随机事件 A 的概率方法：当试验次数 n 充分大时，可以用频率 $\frac{m}{n}$ 作为概率 $P(A)$ 的近似值。

由概率的统计定义，可以得到概率的如下性质：

【性质 1】对任意事件 A，有 $0 \leqslant P(A) \leqslant 1$；

【性质 2】$P(\Omega)=1$，$P(\phi)=0$。

2．古典概型

从前文知道，随机事件的概率，一般可以通过大量重复试验求得其近似值，这通常是比较困难的。对于某些随机事件，也可以不通过重复试验，而只通过一次试验中可能出现的结果的分析来计算其概率。

例如，抛一枚均匀硬币，可能出现的结果有“正面向上”和“反面向上”。由于硬币是均匀的，可以认为出现这两种结果的可能性是一样的，也就是说出现正面、出现反面的概率都是 $\frac{1}{2}$。这与表 6-2 中提供的大量重复试验的结果是一致的。

这个试验具有以下特点：

（1）试验的各种可能结果的个数（基本事件个数）是有限个；

（2）每个试验结果（基本事件）发生的可能性是相等的。

这样的随机试验的数学模型叫做古典概型。

【定义 2】在古典概型中，如果试验的基本事件总数是 n，事件 A 包含的基本事件个数是 m，那么事件 A 发生的概率为

$$P(A)=\frac{\text{事件 }A\text{ 包含的基本事件个数}}{\text{基本事件总数}}=\frac{m}{n},$$

我们称此定义为概率的古典定义，它同样具备概率统计定义中的两个性质。

【例 2】盒子中装有 5 个白球，3 个黑球，现从中任取两个，求取出的是两个白球的概率。

解：设 A={取出两个白球}，基本事件总数 $n=C_8^2$，组成 A 的基本事件个数 $m=C_5^2$，则事件 A 的概率为：

$$P(A)=\frac{m}{n}=\frac{C_5^2}{C_8^2}=\frac{10}{28}=0.375\text{。}$$

【例 3】设 100 个同种产品中有 5 个次品，从中每次任取 3 个进行检验，求

① 任取 3 个恰有 1 个是次品的概率；

② 任取 3 个恰有 2 个是次品的概率；

③ 任取 3 个都是正品的概率。

解：从 100 个产品中任取 3 个，共有 C_{100}^3 种不同的抽取结果，并且取出任意 3 个产品的机会相同，设 $P(A_1)$，$P(A_2)$，$P(A_3)$ 分别表示①、②、③中所求的概率。则

$$P(A_1)=\frac{C_{95}^2 C_5^1}{C_{100}^3}\approx 0.138$$

$$P(A_2)=\frac{C_{95}^1C_5^2}{C_{100}^3}\approx 0.006$$

$$P(A_3)=\frac{C_{95}^3}{C_{100}^3}\approx 0.856。$$

3. 概率的加法公式

对于任意事件 A，B，有

$$P(A+B)=P(A)+P(B)-P(AB)$$

若事件 A 与 B 互不相容，则

$$P(A+B)=P(A)+P(B)$$

特别地，

$$P(\overline{A})=1-P(A)。$$

【例 4】从装有 4 个白球，3 个黑球的袋中，任取两球，求至少取出一个白球的概率。

解：设事件 $A=$“任取两球中至少有一个是白球”，则可知 $\overline{A}=$“没有取出白球”，于是

$$P(A)=1-P(\overline{A})=1-\frac{C_3^2}{C_7^2}=1-\frac{1}{7}=\frac{6}{7}。$$

6.1.4 概率的运算法则

1. 条件概率及乘法公式

先由一个例子引入条件概率的概率。

【例 5】观察从标号为 1，2，3，4 的 4 个球中任取一球的标号。

解：设 $A=$“得标号为 4”，则 $P(A)=\frac{1}{4}$，如果在 $B=$“得标号为偶数”已发生的条件下求 A 的概率，此时，可供选择的基本事件集就缩小为“得标号为 2”与“得标号为 4”两种可能，故此时 A 的概率就是 $\frac{1}{2}$。

【定义 3】设 A，B 是随机试验的两个事件，在事件 B 发生的条件下，事件 A 发生的概率，称为事件 A 发生的条件概率，记作 $P(A|B)$。

条件概率的计算公式为

$$P(A|B)=\frac{P(AB)}{P(B)}\qquad [P(B)\neq 0]$$

同理可知
$$P(B|A)=\frac{P(AB)}{P(A)}\qquad [P(A)\neq 0]$$

并由此可得到概率的乘法公式：

$$P(AB)=P(A)P(B|A)=P(B)P(A|B)。$$

【例 6】某地区气象台统计，该地区下雨的概率是 $\frac{4}{15}$，刮三级以上风的概率是 $\frac{2}{15}$，既刮风又下雨的概率是 $\frac{1}{10}$，设 A 为下雨，B 为刮风，求① $P(A|B)$；② $P(B|A)$。

解：根据题意有

$$P(A)=\frac{4}{15},\quad P(B)=\frac{2}{15},\quad P(AB)=\frac{1}{10},$$

① $P(A|B)$ 是指在刮起风的条件下，又下雨的概率

$$P(A|B)=\frac{P(AB)}{P(B)}=\frac{1}{10}\Big/\frac{2}{15}=\frac{3}{4};$$

② $P(B|A)$ 是指在下雨的条件下，又刮风的概率

$$P(B|A)=\frac{P(AB)}{P(A)}=\frac{1}{10}\Big/\frac{4}{15}=\frac{3}{8}。$$

【例 7】（抽签问题）有一张电影票，7 个人抓阄决定谁得到它，问第 i 个人抓到票的概率是多少？（i=1，2，…，7）

解：设 A_i："第 i 个人抓到票"，（i=1，2，…，7），

显然 $P(A_1)=\frac{1}{7}$，$P(\overline{A_1})=\frac{6}{7}$。

若第二个人抓到票的话，必须第一个人没有抓到票。由乘法公式可知，

$$P\left(A_2\right)=P\left(A_2\overline{A}_1\right)=P\left(\overline{A}_1\right)P\left(A_2\middle|\overline{A}_1\right)=\frac{6}{7}\times\frac{1}{6}=\frac{1}{7},$$

类似可得

$$P\left(A_3\right)=P\left(\overline{A}_1\overline{A}_2A_3\right)=P\left(\overline{A}_1\right)P\left(\overline{A}_2\middle|\overline{A}_1\right)P\left(A_3\middle|\overline{A}_1\overline{A}_2\right)=\frac{6}{7}\times\frac{5}{6}\times\frac{1}{5}=\frac{1}{7},$$

$$\cdots$$

$$P(A_7)=\frac{1}{7}。$$

因此抽签不必争先恐后，大家抽到票的机会是相等的。

2．事件的独立性

【定义 4】如果事件 A，B 的发生相互不影响，则称这两个事件相互独立。

如果两个以上事件是相互独立的，要求任何一个事件发生的可能性都不受其他事件发生与否的影响。

事件 A 与事件 B 独立的充分必要条件是

$$P(AB)=P(A)P(B)。$$

【例 8】甲、乙练习射击，击中靶子的概率分别为 0.8 和 0.7，求

① 甲、乙两人都击中靶子的概率；

② 甲、乙两人至少有一人击中靶子的概率。

解：设 $A=\{$甲击中靶子$\}$，$B=\{$乙击中靶子$\}$，则 $P(A)=0.8$，$P(B)=0.7$。

① 甲、乙两人射击是独立的，甲乙两人都击中靶子是指 A，B 同时发生，其概率为

$$P(AB)=P(A)P(B)=0.8\times0.7=0.56。$$

② 甲、乙两人至少有一人击中靶子是指 $A+B$ 的和，其概率为

$$P(A+B)=P(A)+P(B)-P(A)P(B)=0.8+0.7-0.8\times0.7=0.94$$

$$或\ P(A+B)=1-P(\overline{A})P(\overline{B})=1-0.2\times0.3=0.94。$$

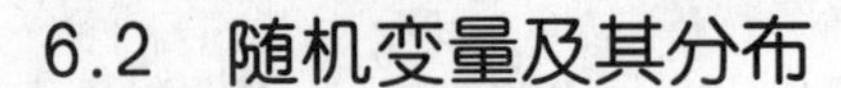

6.2 随机变量及其分布

6.2.1 随机变量的概念

从前面知识的学习中我们发现，有的试验结果已经数量化。例如，产品抽样检查时合格品的数量，而有些本身跟数量无关；但可以与实数之间建立一定的对应关系，例如，抛硬币时规定正面朝上用 1 表示，出现反面用 0 表示。这些数值因实验结果的不确定而带有随机性，于是我们得到随机变量的概念。

【定义 5】在随机试验中，若变量 X 的取值都与随机试验的结果相对应，从而 X 的取值具有一定的概率，则称这样的变量为随机变量。

本节主要介绍离散型随机变量和连续型随机变量两个基本类型。

6.2.2 离散型随机变量的概率分布

【定义 6】当随机变量 X 只能取有限多个或可数无限多个数值，则称 X 为离散型随机变量。

例如，掷骰子出现的点数 X，取值范围为{1，2，3，4，5，6}；110 报警台一天接到的报警次数 Z，取值的范围为{1，2，3…}等，这类随机变量就是离散型随机变量。

【定义 7】设 X 是离散型随机变量，它可能取值为 $x_1, x_2, \cdots x_n, \cdots$，对这些不同的值，其概率为

$$P(X = x_k) = p_k \qquad (k=1,2,\cdots)$$

称为离散型随机变量的概率分布，简称分布列（或分布率）。

为了直观起见，将 X 可能取的值及相应的概率，用下面概率分布表来表示（见表 6-3）。

表 6-3

X	x_1	x_2	…	x_n	…
P	p_1	p_2	…	p_n	…

由概率的性质可知，离散型随机变量 X 的分布具有下面的基本性质：

【性质 3】$p_k \geqslant 0$

【性质 4】$\sum\limits_k p_k = 1$

【例 9】在掷骰子的试验中，试写出可能出现的点数的概率分布列。

解：设 X 表示掷骰子可能出现的点数。可知 X 的概率分布如表 6-4 所示。

表 6-4

X	1	2	3	4	5	6
P	$\frac{1}{6}$	$\frac{1}{6}$	$\frac{1}{6}$	$\frac{1}{6}$	$\frac{1}{6}$	$\frac{1}{6}$

【例 10】社会定期发行某种奖券，每券 2 元，中奖率为 p。某人每期购买 1 张奖券，如果没有中奖则下次继续购买 1 张，直到中奖为止。试写出购买次数 X 的概率分布。

解：X 取值为 1、2、3、…，即所有自然数。

{X=1}表示第一次就中奖了，所以 $P(X=1)=p$，

{X=2}表示第二次才中奖，所以 $P(X=2)=(1-p)p$，

{X=3}表示第三次才中奖，所以 $P(X=3)=(1-p)^2 p$，

…

{X=k}表示第 k 次才中奖，$P(X=k)=(1-p)^{k-1}p$

综上所述购买奖券次数 X 的概率分布为

$$P(X=i)=(1-p)^{i-1}p \qquad (i=1，2，\cdots，k，\cdots)$$

下面介绍重要的三种离散型随机变量。

（1）两点分布。

若随机变量 X 具有分布律：

$$P\{X=k\}=p^k(1-p)^{1-k}, k=0,1(0<p<1)$$

则称 X 服从参数为 p 的两点分布，常记为 $X\sim(0, 1)$ 分布。

两点分布的分布率也可写成表 6-5 的形式。

表 6–5

X	0	1
P	$1-p$	p

两点分布可用来描述一切只有两种可能结果的试验。例如，掷一枚质地均匀的硬币是出现正面还是反面；产品质量是否合格；新生儿的性别；电路是通路还是断路等试验。

（2）二项分布。

若随机变量 X 具有分布律：

$$P\{X=k\}=C_n^k p^k(1-p)^{n-k}, k=0,1,2,\cdots,n(0<p<1)$$

则称 X 服从参数为 n，p 的二项分布，又称伯努利分布，记为 $X\sim B(n,p)$。

【例 11】商店收到 1 000 瓶矿泉水，每个瓶子在运输过程中破碎的概率为 0.003，求商店收到的 1 000 瓶矿泉水中：

① 恰有两瓶破碎的概率；

② 超过两瓶破碎的概率。

解：设 X 为 1000 瓶矿泉水中破碎的数量，则 $X\sim B(1000,0.003)$

① $P\{X=2\}=C_{1000}^2 0.003^2(1-0.003)^{998}\approx 0.224$

② $P\{X>2\}=1-P\{X=0\}-P\{X=1\}-P\{X=2\}$

$=1-(1-0.003)^{1000}-C_{1000}^1 0.003(1-0.003)^{999}-C_{1000}^2 0.003^2(1-0.003)^{998}\approx 0.577$。

（3）泊松分布。

若随机变量 X 具有分布律：

$$P\{X=k\}=\frac{\lambda^k e^{-\lambda}}{k!}, k=0,1,2,\cdots,\lambda>0$$

则称 X 服从参数为 λ 的泊松分布，记为 $X\sim P(\lambda)$。

当二项分布的 n 很大，p 很小时，可近似看做泊松分布。

泊松分布是一种应用比较广泛的数学模型，例如，一段时间内电话交换台的呼叫次数、书的某页上印刷错误的个数、某地区居民能够活到 100 岁以上的人数等量都服从该分布。

6.2.3 连续型随机变量及其概率密度

除了上述所研究的离散型随机变量，还有相当多的随机变量，它们的取值是一切实数，或者是实数的某些子区间。连续型随机变量就是这样一个类型。

【定义 8】若随机变量 X 的所有可能取值为某一区间，则称 X 为连续型随机变量。

【定义 9】对于连续型随机变量 X，若存在非负可积函数 $f(x)$，使得对于任意实数 a 与 b（$a\leqslant b$），都有 $P(a<x\leqslant b)=\int_a^b f(x)\mathrm{d}x$，则称 $f(x)$ 为 X 的概率密度函数，简称为密度函数，记为 $X\sim f(x)$。

概率密度 $f(x)$ 具有下面的性质：

（1）非负性，即 $f(x)\geqslant 0$

（2）完备性，即 $\int_{-\infty}^{+\infty} f(x)\mathrm{d}x=1$。

【例 12】设随机变量 X 的密度函数为

$$f(x)=\begin{cases}Ax^2, 0<x<1\\0, 其他\end{cases}$$

① 试确定系数 A；② 求 $P(-1<X<0.5)$。

解：① 由密度函数的性质得

$$\int_{-\infty}^{+\infty} f(x)\mathrm{d}x=\int_0^1 Ax^2\mathrm{d}x=1 \qquad 得 A=3$$

② $P(-1<X<0.5)=\int_{-1}^{0.5} f(x)\mathrm{d}x=\int_0^{0.5} 3x^2\mathrm{d}x=0.125$。

下面介绍三种重要的连续型随机变量

（1）均匀分布

若连续随机变量 X 的概率密度为

$$f(x)=\begin{cases}\dfrac{1}{b-a}, a<x<b\\0, 其他\end{cases}$$

则称 X 在区间 (a,b) 上服从均匀分布，记为 $X\sim U(a,b)$。

均匀分布的均匀性是指随机变量 X 落在区间 (a,b) 内长度相等的子区间上的概率是相同的。均匀分布在实际问题中较为常见，例如，乘客的候车时间，任意实数取整后产生的误差均服从均匀分布。

（2）指数分布

若连续随机变量 X 的概率密度为

$$f(x)=\begin{cases}\lambda \mathrm{e}^{-\lambda x}, x>0\\0, 其他\end{cases}$$

则称 X 服从指数分布，记为 $X\sim E(\lambda)$。

指数分布常作为各种“寿命”分布的近似，例如，电子元件的寿命、动物的寿命、电话问题中的通话时间以及随机服务系统中的服务时间等都是服从指数分布的。

（3）正态分布

若连续随机变量 X 的概率密度为

$$f(x)=\frac{1}{\sqrt{2\pi}\sigma}\mathrm{e}^{-\frac{(x-\mu)^2}{2\sigma^2}},-\infty<x<+\infty$$

则称 X 服从正态分布，记为 $X\sim N(\mu,\sigma^2)$。

正态分布是概率论中最重要的一种分布，它的应用也最为广泛。在自然和社会现象中，大量的随机变量都服从或近似服从正态分布。例如，各种测量误差，各种产品的质量指标，人的身高或体重，正常情况下学生的考试成绩等都服从正态分布。另外，经验表明，如果一个变量由大量独立、微小并且均匀的随机因素叠加而成，那么它就近似服从正态分布。

正态分布的概率密度函数 $f(x)$ 的图像如图 6-1 所示，它是一条钟形曲线，$x=\mu$ 为其对称轴，并且 $x=\mu$ 时函数取最大值。

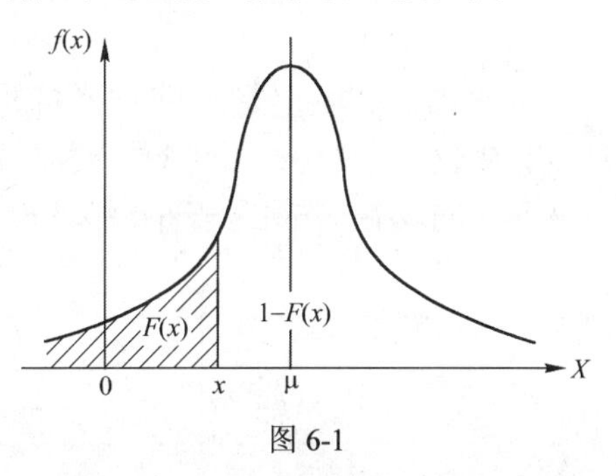

图 6-1

在正态分布中，如 $\mu=0,\sigma^2=1$，则称正态分布 $N(\mu,\sigma^2)$ 为标准正态分布，记为 $N(0,1)$。

易知 $\Phi(-x)=1-\Phi(x)$。

一般地，若 $X\sim N(\mu,\sigma^2)$，我们只要一个线性变换就能将它化成标准正态分布，即 $Y=\dfrac{X-\mu}{\sigma}\sim N(0,1)$。

【例 13】设成年男子的身高 $X\sim N(170,36)$，某种公共汽车的车门的高度是按成年男子碰头在 1%以下设计的，问车门的高度至少是多少？

解：先将随机变量 X 标准化得

$$Y=\frac{X-\mu}{\sigma}=\frac{X-170}{\sigma}\sim N(0,1),$$

设车门高度至少为 $k$cm，根据题意有 $P(X\geqslant k)\leqslant 1\%=0.01$，

$$\text{而}P(X\geqslant k)=P(Y\geqslant\frac{k-170}{6})=1-P(Y<\frac{k-170}{6})$$

$$=1-\Phi(\frac{k-170}{6}),$$

所以 $1-\Phi(\dfrac{k-170}{6})\leqslant 0.01$，

查表计算得 $k\geqslant 183.98\approx 184$。

即车门高度至少 184cm 才能符合要求。

6.2.4　随机变量的数字特征

随机变量是按一定规律（分布律）来取值的。而在一些实际问题中，有时不需要全面考察随机变量的变化情况，而只需知道随机变量的某些特征。数学期望和方差是其中最常用，也是最重要的。

1．数学期望

（1）离散型随机变量的数学期望

【定义 10】如果离散型随机变量 X 的分布列见表 6-6。

表6–6

X	x_1 x_2 … x_n …
P	p_1 p_2 … p_n …

则称$\sum_{k=1}^{\infty} x_k p_k$为$X$的数学期望，简称期望或均值，记为$E(X)$，即

$$E(X)=\sum_{k=1}^{\infty} x_k p_k \text{。}$$

离散型随机变量的数学期望是随机变量所有取值与其相对应的概率乘积之和。

【例 14】已知甲、乙两个工人加工同一零件，在某一段时期中，出现废品数（分别用X，Y表示）的概率分布列见表 6-7 和表 6-8。

表6–7

X	0	1	2	3
P	0.4	0.3	0.2	0.1

表6–8

Y	0	1	2	3
P	0.5	0.2	0.2	0.1

试比较甲、乙两个工人的技术。

解：我们来计算X，Y的数学期望

$$E(X)=\sum_{k=1}^{n} x_k p_k = 0\times 0.4+1\times 0.3+2\times 0.2+3\times 0.1=1.0$$

$$E(Y)=\sum_{k=1}^{n} y_k p_k = 0\times 0.5+1\times 0.2+2\times 0.2+3\times 0.1=0.9,$$

因为$E(X)>E(Y)$，所以在同段时期内甲工人的平均废品数要大于乙工人的平均废品数，从这个意义上说，乙工人的技术要好些。

（2）连续型随机变量的数学期望

【定义 11】设X是连续型随机变量，其密度函数为$f(x)$，如果

$$\int_{-\infty}^{\infty} xf(x)\mathrm{d}x$$

绝对收敛，定义X的数学期望为$E(X)=\int_{-\infty}^{\infty} xf(x)\mathrm{d}x$。

【例 15】设连续型随机变量

$$\xi \sim f(x)=\begin{cases} x, & 0<x\leqslant 1 \\ 2-x, & 1<x\leqslant 2 \\ 0, & \text{其他} \end{cases}$$

求$E(\xi)$。

解：由连续型随机变量数学期望的定义可知：

$$E(\xi)=\int_{-\infty}^{+\infty}xf(x)\mathrm{d}x=\int_0^1 x^2\mathrm{d}x+\int_1^2 x(2-x)\mathrm{d}x=\frac{1}{3}x^3\Big|_0^1+(x^2-\frac{1}{3}x^3)\Big|_1^2=1$$

（3）数学期望的性质

① 设 C 是常数，则 $E(C)=C$；

② 若 k 是常数，则 $E(kX)=kE(X)$；

③ $E(X_1+X_2)=E(X_1)+E(X_2)$；

④ 设 X，Y 独立，则 $E(XY)=E(X)E(Y)$。

【例 16】设随机变量 X 的概率分布列表见表 6-9。

表 6-9

X	−2	0	1	2
P	0.2	0.3	0.1	0.4

求 $E(5X-1)$。

解法一：先求出 $E(X)$，再根据性质求出 $E(5X-1)$，

因为 $E(X)=\sum_{k=1}^{n}x_k p_k=(-2)\times0.2+0\times0.3+1\times0.1+2\times0.4=0.5$，

再由性质得 $E(5X-1)=5E(X)-1=5\times0.5-1=1.5$。

解法二：根据随机变量函数的数学期望，可求出

$E(5X-1)=[5\times(-2)-1]\times0.2+(5\times0-1)\times0.3+(5\times1-1)\times0.1+(5\times2-1)\times0.4=1.5$。

2．方差

【定义 12】设 X 为随机变量，若 $E[X-E(X)]^2$ 存在，则称其为随机变量 X 的方差，记作 $D(X)$，即 $D(X)=E\left[X-E(X)\right]^2$。

$D(X)$的二次算术根称为 X 的标准差或均方差。

可以验证 $D(X)=E(X)^2-[E(X)]^2$。

方差描述了随机变量 X 的取值与数学期望 $E(X)$ 的偏离程度。$D(X)$ 较小说明 X 取值集中在 $D(X)$ 的附近的程度较高；$D(X)$ 较大说明 X 取值偏离 $D(X)$ 的程度较大。

【例 17】已知甲、乙两个工厂生产同一设备，其使用寿命（h）的概率分布列如表 6-10 和表 6-11 所示。

表 6-10

X	800	900	1000	1100	1200
P	0.1	0.2	0.4	0.2	0.1

表 6-11

Y	800	900	1000	1100	1200
P	0.2	0.2	0.2	0.2	0.2

试比较两厂的产品质量。

解： $E(X)=\sum_{k=1}^{n}x_k p_k=800\times0.1+900\times0.2+1000\times0.4$

$$+1100\times0.2+1200\times0.1=1000\text{（h）}$$

$$E(Y)=\sum_{k=1}^{n}y_k p_k=800\times0.2+900\times0.2+1000\times0.2$$

$$+1100\times0.2+1200\times0.2=1000\text{（h）。}$$

两厂生产的设备使用寿命的数学期望相等。但从分布列可以看出，甲厂产品的使用寿命比较集中在 1 000h 左右，而乙厂产品的使用寿命却比较分散，说明乙厂产品质量稳定性比较差。用方差来描述这个差别。

$$D(X)=(800-1000)^2\times0.1+(900-1000)^2\times0.2+(1000-1000)^2\times$$

$$0.4+(1100-1000)^2\times0.2+(1200-1000)^2\times0.1=12000$$

$$D(Y)=(800-1000)^2\times0.2+(900-1000)^2\times0.2+(1000-1000)^2\times$$

$$0.2+(1100-1000)^2\times0.2+(1200-1000)^2\times0.2=20000$$

因为 $D(X)<D(Y)$，所以甲厂产品寿命质量比较稳定。

常见随机变量的方差见表 6-12。

表 6-12

分布	两点分布	$B(n,p)$	$P(\lambda)$	$U(a,b)$	$E(\lambda)$	$N(\mu,\sigma^2)$
方差	$p(1-p)$	$np(1-p)$	λ	$\frac{1}{12}(b-a)^2$	$\frac{1}{\lambda^2}$	σ^2

方差有下列性质：

① 设 C 为常数，则 $D(C)=0$

② 设 k 为常数，则 $D(kX)=k^2D(X)$

③ 若随机变量 X，Y 相互独立，则 $D(X+Y)=D(X)+D(Y)$。

6.3 抽样及抽样分布

6.3.1 盖洛普的崛起——认识统计

盖洛普公司是全球知名的民意测验和商业调查/咨询公司，是由美国著名的数学家乔治·盖洛普博士于 1935 年创立。目前，盖洛普公司已经成为了世界性的盖洛普组织。盖洛普民意测验已在全球建立了 40 多个分公司，调查网覆盖世界 55%的人口和 3/4 的经济活动，在全球拥有覆盖 151 个城市的调查网及 3 000 余名兼职访问员。盖洛普公司在长达 60 年的时间里，用科学方法测量和分析选民、消费者和员工的意见、态度和行为，并据此为客户提供营销和管理咨询，取得卓越的学术和商业成果，处于全球领先地位。现在提起盖洛普公司，它做的各种民意测验在美国家喻户晓，最著名的当数美国总统大选期间所做的候选人支持率的民意测验。盖洛普的崛起离不开盖洛普博士的抽样调查方法，也是数理统计早期的一个成功广泛应用。

6.3.2 抽样与随机样本

在数理统计中，把研究对象的全体称为总体，而把组成总体的每一个元素称为个体。通常，总体看成是一个具有分布的随机变量。我们把从总体中抽取的部分样品 $x_1,x_2,\cdots,x_n$ 称为样本。样本中所含的样品数称为样本容量，一般用 n 表示。

在一般情况下，从总体中抽取样本必须满足随机性和独立性，称这种随机的、独立的抽样为简单随机抽样，这样的样本称为简单随机样本。本节以后提到的抽样和样本均是指简单随机抽样和简单随机样本。

事实上，由样本值去推断总体情况，需要对样本值进行“加工”，通过构造一些样本函数，把样本中所含的信息集中起来，我们把这种不含任何未知参数、完全由样本决定的量称为统计量。

6.3.3　常用统计量及其概率分布

1．常用统计量

设 $X_1,X_2,\cdots X_n$ 为取自总体 X 的一个样本，

（1）样本平均值：$\overline{X}=\frac{1}{n}\sum_{i=1}^{n}X_i$

（2）样本方差：$S^2=\frac{1}{n-1}\sum_{i=1}^{n}\left(X_i-\overline{X}\right)^2=\frac{1}{n-1}\sum_{i=1}^{n}\left(X_i^2-n\overline{X}^2\right)$

（3）样本均方差（标准差）：$S=\sqrt{\frac{1}{n-1}\sum_{i=1}^{n}\left(X_i-\overline{X}\right)^2}$

样本方差 S^2 与均方差 S 都反映了总体波动的大小。

【例 18】从一批袋装食品中随机抽取 6 袋，测得其重量（单位：g）如下：462，465，451，472，459，448。求样本均值 $\overline{X}$ 和样本方差 S^2。

解：① $\overline{X}=\frac{1}{6}\sum_{i=1}^{6}X_i=\frac{X_1+X_2+\cdots+X_6}{6}=\frac{462+465+\cdots+448}{6}=459.5$

② $S^2=\frac{1}{6-1}\sum_{i=1}^{6}\left(X_i^2-6\overline{X}^2\right)=\frac{1}{5}\left[X_1^2+X_2^2+\cdots X_6^2-6\overline{X}^2\right]$

$$=\frac{1}{5}\left(462^2+465^2+\cdots+448^2-6\times459.5^2\right)=79.5$$

或 $S^2=\frac{1}{5}\left[(462-459.5)^2+(465-459.5)^2+\cdots+(448-459.5)^2\right]=79.5$。

2．常用统计量的概率分布

在实际问题中，用正态随机变量刻划的随机现象是比较普遍的，下面我们讨论来自正态总体的几个常用统计量的分布。

（1）χ^2 分布：设 $X_1,X_2,\cdots,X_n$ 是来自总体 $N(0,1)$ 的样本，则称统计量 $\chi^2=X_1^2+X_2^2+\cdots+X_n^2$ 服从自由度为 n 的 χ^2 分布，记为 $\chi^2\sim\chi^2(n)$。此处，自由度是指上式右端包含的独立变量的个数。

（2）t 分布：设 $X\sim N(0,1)$，$Y\sim\chi^2(n)$，并且 X,Y 相互独立，则称随机变量 $T=\frac{X}{\sqrt{\frac{Y}{n}}}$ 服从自由度为 n 的 t 分布，记为 $T\sim t(n)$。

（3）F分布：设$X \sim \chi^2(n_1)$，$Y \sim \chi^2(n_2)$，且X,Y相互独立，则称随机变量$F = \dfrac{\frac{X}{n_1}}{\frac{Y}{n_2}}$服从第一自由度为$n_1$，第二自由度为$n_2$的$F$分布，记为$F \sim F(n_1,n_2)$。

由定义可知，若$F \sim F(n_1,n_2)$，则$\dfrac{1}{F} \sim F(n_2,n_1)$。

以上三种分布的密度函数积分很难求出，一般可以采用查表得到临界值。

6.4 常用统计方法

统计分析的基本目的是（从样本出发）推断总体分布。这种统计推断的基本问题可以分为两大类，一类是参数估计问题，另一类是假设检验问题。

6.4.1 参数估计

数理统计的基本问题是根据子样所提出的信息，对总体的分布以及分布的数字特征等做出统计推断的问题，这个问题中的一类是总体分布的类型为已知，而它的某些参数却为未知，下面我们将研究这类问题，这类问题称为参数估计问题。

1．点估计

点估计，也称定值估计，就是以样本估计量直接代替总体参数的一种方法。点估计常用的方法有两种：矩估计法和极大似然估计法。

（1）矩估计法：矩估计法是由英国统计学家皮尔逊提出的，就是利用样本各阶原点矩与相应的总体矩来建立估计量应满足的方程，从而求出未知参数估计值。

（2）极大似然估计法：极大似然估计法是由英国统计学家费希尔提出的一种参数估计方法，基本思想就是，总体分布的函数形式已知，但有未知参数θ，θ可以取很多值，在θ的一切可能取值中选一个使样本观察值出现的概率为最大的θ值作为θ的估计值，记为$\hat{\theta}$，称为θ的极大似然估计值，这种方法称为极大似然估计法。

2. 区间估计

参数点估计就好比根据资料来给出大海中一艘沉船的确切经纬度，而区间估计就好比是要给出沉船在海中的一定的地理范围。

总体参数的区间估计就是依照一定的概率保证程度，用样本估计值来估计总体参数取值范围的一种估计方法。

设总体X含有一个待估的未知参数θ。如果我们从样本$x_1,x_2,\cdots,x_n$出发，找出两个统计量$\theta_1=\theta_1(x_1,x_2,\cdots,x_n)$与$\theta_2=\theta_2(x_1,x_2,\cdots,x_n)$ $(\theta_1<\theta_2)$，使得区间$[\theta_1,\theta_2]$以$1-\alpha(0<\alpha<1)$的概率包含这个待估参数θ，即$P\{\theta_1 \leqslant \theta \leqslant \theta_2\}=1-\alpha$，那么称区间$[\theta_1,\theta_2]$为$\theta$的置信区间，$1-\alpha$为该区间的置信度（或置信水平）。

置信区间越小，说明估计的精确性越高；置信度越大，估计的可靠性就越大。

常见的参数区间估计有正态总体的均值和方差的区间估计两种。

（1）正态总体均值的区间估计

设$x_1,x_2,\cdots,x_n$为总体$X \sim N(\mu,\sigma^2)$的一个样本，在置信度为$1-\alpha$下，我们来确定均值μ

的置信区间(θ_1,θ_2)。

① 已知方差，估计均值。

引入统计量

$$U=\frac{\overline{x}-\mu}{\sigma/\sqrt{n}}\sim N(0,1),$$

对给定的置信度$1-\alpha$，按标准正态分布的双侧α分位数的$P(|U|<\mu_{\frac{\alpha}{2}})=1-\alpha$，变形得：

$P(U<\mu_{\frac{\alpha}{2}})=1-\frac{\alpha}{2}$，即$\Phi(\mu_{\frac{\alpha}{2}})=1-\frac{\alpha}{2}$，查正态分布表可得$\mu_{\frac{\alpha}{2}}$。

$$\left|\frac{\overline{x}-\mu}{\frac{\sigma}{\sqrt{n}}}\right|<\mu_{\frac{\alpha}{2}}\Rightarrow\overline{x}-\frac{\sigma}{\sqrt{n}}\mu_{\frac{\alpha}{2}}<\mu<\overline{x}+\frac{\sigma}{\sqrt{n}}\mu_{\frac{\alpha}{2}},$$

置信区间为：

$$(\overline{x}-\frac{\sigma}{\sqrt{n}}\mu_{\frac{\alpha}{2}},\quad\overline{x}+\frac{\sigma}{\sqrt{n}}\mu_{\frac{\alpha}{2}})。$$

② 未知方差，估计均值。

由于在实际应用中，方差常常是未知的，此时可以构造统计量

$$T=\frac{\overline{x}-\mu}{\frac{S}{\sqrt{n}}}\sim t(n-1)。$$

由此$P(|T|<t_{\alpha}(n-1))=1-\alpha$，查$t$分布表确定$t_{\frac{\alpha}{2}}(n-1)$，

$$\overline{x}-\frac{S}{\sqrt{n}}t_{\frac{\alpha}{2}}(n-1)<\mu<\overline{x}+\frac{S}{\sqrt{n}}t_{\frac{\alpha}{2}}(n-1),$$

置信区间为：

$$(\overline{x}-\frac{S}{\sqrt{n}}t_{\frac{\alpha}{2}}(n-1),\quad\overline{x}+\frac{S}{\sqrt{n}}t_{\frac{\alpha}{2}}(n-1))。$$

（2）正态总体方差的区间估计

构造统计量

$$\chi^2=\frac{(n-1)S^2}{\sigma^2}\sim\chi^2(n-1),$$

由此$P\left(\chi^2_{1-\frac{\alpha}{2}}(n-1)\leqslant\frac{(n-1)S^2}{\sigma^2}\leqslant\chi^2_{\frac{\alpha}{2}}(n-1)\right)=1-\alpha$，

$$\frac{(n-1)S^2}{\chi^2_{\frac{\alpha}{2}}(n-1)}\leqslant\sigma^2\leqslant\frac{(n-1)S^2}{\chi^2_{1-\frac{\alpha}{2}}(n-1)},$$

σ的置信区间：　$[\sqrt{\frac{n-1}{\chi^2_{\frac{\alpha}{2}}(n-1)}}S,\quad\sqrt{\frac{n-1}{\chi^2_{1-\frac{\alpha}{2}}(n-1)}}S]$。

【例 19】从一批钉子中随机抽取 16 枚，测得其长度（单位：cm）为：

2.14，2.10，2.13，2.15，2.13，2.12，2.13，2.10

2.15，2.12，2.14，2.10，2.13，2.11，2.14，2.11

假设钉子的长度 X 服从正态分布 $N(\mu,\sigma^2)$，求：

① 已知 σ=0.01，求总体均值 μ 的置信度为 95%的置信区间；

② σ 未知，求总体均值 μ 的置信度为 95%的置信区间；

③ 求 σ 的置信水平为 0.95 的置信区间。

解：① 由已知可知：$\overline{x}=2.125$，$n=16$，$\sigma=0.01$，$\alpha=0.05$ 查正态分布表得 $\mu_{0.025}=1.96$，代入公式

$$\overline{x}-\frac{\sigma}{\sqrt{n}}\mu_{\frac{\alpha}{2}}<\mu<\overline{x}+\frac{\sigma}{\sqrt{n}}\mu_{\frac{\alpha}{2}},$$

得

$$2.125-\frac{0.01}{\sqrt{16}}\times1.96<\mu<2.125+\frac{0.01}{\sqrt{16}}\times1.96,$$

即置信区间为（2.1201，2.1299）。

② 由已知可知：$\overline{x}=2.125$，$n=16$，σ 未知，

$$S^2=\frac{1}{n-1}\sum_{i=1}^{n}(x_i-\overline{x})^2=\frac{1}{16-1}\sum_{i=1}^{16}(x_i-2.125)^2=0.0003,$$

$$S=0.017。$$

$\alpha=0.05$，$n-1=15$，查 t 分布表得 $t_{0.05}=2.131$，代入公式

$$\overline{x}-\frac{S}{\sqrt{n}}t_{\frac{\alpha}{2}}(n-1)<\mu<\overline{x}+\frac{S}{\sqrt{n}}t_{\frac{\alpha}{2}}(n-1),$$

得

$$2.125-\frac{0.017}{\sqrt{16}}\times2.131<\mu<2.125+\frac{0.017}{\sqrt{16}}\times2.131,$$

即置信区间为[2.116,2.134]。

③ 由于 $\alpha=0.05$，$n-1=15$，查 χ^2 分布表得 $\chi^2_{0.025}(15)=27.5$，$\chi^2_{1-0.025}(15)=6.26$，$S^2=0.0003$ 代入公式

$$\frac{(n-1)S^2}{\chi^2_{\frac{\alpha}{2}}(n-1)}\leqslant\sigma^2\leqslant\frac{(n-1)S^2}{\chi^2_{1-\frac{\alpha}{2}}(n-1)},$$

得

$$\frac{15\times0.0003}{27.5}\leqslant\sigma^2\leqslant\frac{15\times0.0003}{6.26},$$

故 σ 的置信区间为[0.013，0.027]。

6.4.2 假设检验

1．假设检验的基本思想和概念

所谓统计假设检验，就是对总体的分布类型或分布中某些未知参数作某种假设，然后由

抽取的子样所提供的信息对假设的正确性进行判断的过程。

下面通过一个实例说明假设检验的基本思想及推理方法。

【例 20】食品厂用自动装罐机装罐头食品，当机器正常时，罐头食品的重量服从正态分布 $N(500, 12^2)$，每隔一定时间需要检验机器的工作情况，现抽取 16 罐，测得其重量平均值是 502，问机器是否正常？

我们可以把 16 罐的实验组看成来自广泛进行实验的总体中的一个样本，这个假定的总体的平均重量是μ，是一个未知数，而长期实践表明，标准差比较稳定，所以标准差和总体中的实测标准差视为一样，均为σ。我们的目的是要判断实验总体的平均重量μ与全食品厂实际总体的平均重量μ_0是否相同。为此，我们提出两个对立的假设

$$H_0: \mu=\mu_0 \text{ 和 } H_1: \mu\neq\mu_0,$$

然后，我们给出一个合理的法则，根据这一法则，利用已知样本来决定是接受假设 H_0 还是拒绝假设 H_0。如果做出的决定是接受 H_0，则认为$\mu=\mu_0$，即认为机器是正常的；否则，就认为是不正常的。

2．假设检验的一般处理步骤

（1）根据实际问题提出原假设 H_0 及备择假设 H_1。

（2）选取合适的统计量，并在原假设 H_0 成立的条件下确定该统计量的分布。

（3）给定显著性水平α，并根据统计量的分布查表确定对应于α的临界值。

（4）由样本观察值计算出统计量的观测值，与临界值比较，做出拒绝或接受 H_0 的判断。

3．假设检验可能犯的两类错误

第一类错误——弃真。即 H_0 本来正确，却拒绝了它，由于小概率事件发生时才会拒绝 H_0，所以犯第一类错位的概率不超过α。

第二类错误——存伪。即 H_0 本不真，却接受了它，犯这类错误的概率记为β。

我们自然希望α和β都很小，甚至都为 0，但在样本容量固定时，不可能同时把α和β都减得很小，而是减小其中一个，另一个就会增大；要使α和β都很小，只有通过增大样本容量。在实际问题中，一般是控制α，而使β尽可能小。

4．单个正态总体参数的假设检验

（1）σ^2已知，关于μ 的检验

设 $x_1, x_2, \cdots, x_n$ 为总体 $X \sim N(\mu, \sigma^2)$ 的一个样本，σ 为已知。

当$\mu=\mu_0$时，统计量$U=\dfrac{\bar{x}-\mu}{\dfrac{\sigma}{\sqrt{n}}} \sim N(0, 1)$，假设检验见表 6-13。

表 6-13

原假设 H_0	备择假设 H_1	统计量	对应样本函数分布	否定域
$\mu=\mu_0$	$\mu\neq\mu_0$	$U=\dfrac{\bar{x}-\mu}{\dfrac{\sigma}{\sqrt{n}}}$	$N(0, 1)$	$\lvert u\rvert > u_{\frac{\alpha}{2}}$
$\mu\leqslant\mu_0$	$\mu>\mu_0$			$u>u_{1-\alpha}$
$\mu\geqslant\mu_0$	$\mu<\mu_0$			$u<-u_{1-\alpha}$

【例 20】的解答：H_0: $\mu=\mu_0=500$，H_1: $\mu\neq\mu_0$，

设统计量 $U=\dfrac{\bar{x}-\mu}{\dfrac{\sigma}{\sqrt{n}}}$，

当假设成立时，$U=\dfrac{\bar{x}-\mu}{\dfrac{\sigma}{\sqrt{n}}}\sim N(0,1)$，若给出显著性水平 $\alpha=0.05$，查表求出 $\mu_{0.025}=1.96$，因此拒绝域为 $(-\infty,-1.96)\cup(1.96,+\infty)$。

$\bar{x}=502$，$n=16$，代入得 $U=\dfrac{\bar{x}-\mu}{\dfrac{\sigma}{\sqrt{n}}}=\dfrac{502-500}{\dfrac{12}{\sqrt{16}}}=\dfrac{2}{3}<1.96$，

不拒绝原假设，即可认为机器是正常的。

（2）σ^2 未知，关于 μ 的检验

设 $x_1,x_2,\cdots,x_n$ 为总体 $X\sim N(\mu,\sigma^2)$ 的一个样本，σ 为已知。

当 $\mu=\mu_0$ 时，统计量 $T=\dfrac{\bar{x}-\mu}{\dfrac{S}{\sqrt{n}}}\sim t(n-1)$，假设检验见表 6-14。

表 6-14

原假设 H_0	备择假设 H_1	统计量	对应样本函数分布	否定域
$\mu=\mu_0$	$\mu\neq\mu_0$	$T=\dfrac{\bar{x}-\mu}{\dfrac{S}{\sqrt{n}}}$	$t(n-1)$	$\lvert T\rvert>t_{\frac{\alpha}{2}}(n-1)$
$\mu\leqslant\mu_0$	$\mu>\mu_0$			$T>t_{\alpha}(n-1)$
$\mu\geqslant\mu_0$	$\mu<\mu_0$			$T<-t_{\alpha}(n-1)$

【例 21】某公司生产的一种罐装饮料，包装上标明其净含量是 355ml，在市场上随机抽取了 100 瓶，测得到其平均含量为 354.8ml，标准差为 2.5ml，问该公司生产的这种饮料净含量是否合格?

解：H_0: $\mu\geqslant 355$，H_1: $\mu<355$，

此时，由于 $n=100$，利用正态分布进行计算，查表得 $\mu_{0.05}=1.65$，因此拒绝域为 $(-\infty,-1.65)$。

将 $\bar{x}=354.8, n=100, s=2.5, \mu=355$ 代入得

$$T=\frac{\bar{x}-\mu}{\dfrac{S}{\sqrt{n}}}=\frac{354.8-355}{\dfrac{2.5}{\sqrt{100}}}=-0.8>-1.65,$$

不拒绝原假设，即可认为该公司生产的这种饮料净含量是合格的。

习题 6

1. 某次检查要抽查 5 件产品，设 A 表示“至少有一件次品”，B 表示“次品不少于三件”，

问 $\overline{A}$，$\overline{B}$ 各表示什么?

2. 盒子中装有 8 个白球，两个黑球，现从中任取两个，求取出的是：

（1）两个白球的概率；

（2）一个白球一个黑球的概率。

3. 从一批由 90 件正品，3 件次品组成的产品中，求：

（1）任取一件，取得正品的概率；

（2）任取两件，至少有一件次品的概率。

4. 审计局审核一个企业在某年内流动资金账目。为了保证审核的可靠性，由甲、乙两人同时审核。若他们两人审核的正确率为 0.98、0.85。求：

（1）他们两人都能审核正确的概率；

（2）他们两人中至少有一人审核正确的概率。

5. 某银行甲、乙二人点钞票的准确率分别为 98%、99%，甲点后乙复点，然后加封，求取出一捆现金不出差错的概率。

6. 10 个零件中有 3 个次品，7 个合格品，从中任取一个不放回，求第三次才取得合格品的概率是多少?

7. 乒乓球单打比赛规定，在五局比赛中胜三局的运动员为胜，甲乙两名运动员在每一局比赛中，甲胜的概率为 0.6，乙胜的概率为 0.4，当比赛进行了两局时，甲以 2∶0 领先，求在以后的比赛中甲获胜的概率是多少?

8. 某个家庭有两个小孩，已知其中一个是男孩，试问另一个也是男孩的概率是多少?

9. 甲、乙两炮同时向一架飞机射击，已知甲炮击中的概率为 0.7，乙炮击中的概率为 0.6，求飞机被击中的概率是什么?

10. 甲乙两人考大学，甲考上的概率是 0.8，乙考上的概率是 0.7，求：

（1）甲乙两人都考上的概率；

（2）甲乙两人至少一人考上的概率。

11. 对某一目标进行射击，直至击中为止。如果每次射击命中率为 p，求 n 次射击过程中击中目标的概率，并写出分布列。

12. 随机变量的分布律见表 6-15：

表 6–15

X	−1	0	2
P	0.4	0.3	0.3

求：$E(X)$，$D(X)$。

13. 某场地，边长的测量误差随机变量 X 的分布列见表 6-16：

表 6–16

X	−30	−20	−10	0	10	20	30
P	0.05	0.08	0.16	0.42	0.16	0.08	a

求 a 及边长的误差的数学期望。

14. 两射击手进行射击测验，成绩按 1 分、2 分、3 分评定，甲、乙两人得分随机变量的分布列见表 6-17、表 6-18。

表 6-17

甲	1	2	3
P	0.1	0.6	0.3

表 6-18

乙	1	2	3
P	0.4	0.1	0.5

比较两射手的水平高低。

15. 设 X, Y 分别表示甲、乙两台车床加工 10000 个零件的废品数，X, Y 的分布见表 6-19、表 6-20：

表 6-19

X	0	1	2	3
P	0.6	0.2	0.1	0.1

表 6-20

Y	0	1	2	3
P	0.5	0.3	0.2	0

试比较甲、乙两台车床的优劣。

16. 测量某产品的使用时间数据如下：162，152，128，159，144，求样本均值 $\overline{X}$ 和样本方差 S^2 。

17. 某车间生产滚珠，从长期实践中得知，滚珠直径 X 可以认为服从正态分布，其方差为 0.05。从某天的产品中随机抽取 6 个，量得直径（mm）如下：14.70，15.21，14.90，14.91，15.32，15.32，试求 μ 的置信度为 0.95 的置信区间。

18. 化肥厂用自动包装机包装化肥，某日测得 9 包化肥的重量（单位：kg）如下：49.7，49.8，50.3，50.5，49.7，50.1，49.9，50.5，50.4。设每包化肥的重量服从正态分布，是否可以认为每包化肥的平均重量为 50kg（取显著水平 $\alpha = 0.05$）。

第7章 数学建模及其应用

近年来，随着计算机技术的迅速发展和普及，极大地增强了数学解决现实问题的能力，使其正以神奇的魅力进入科学和技术的各个领域。数学之所以能够进入各个领域，其原因在于数学的思想是纯粹抽象的。所谓抽象性，就是摒弃一切表象，而紧紧抓住本质，抓住共性。数学的这种抽象性，正是其应用广泛性的基础。应用数学解决实际问题，其桥梁就是数学模型。

7.1 数学建模入门

7.1.1 梯子的长度问题——认识数学模型

一幢楼房的后面是一个很大的花园。在花园中紧靠着楼房有一个温室，温室伸入花园宽2m，高3m，温室正上方是楼房的窗台。清洁工打扫窗台周围，他得用梯子越过温室，一头放在花园中，一头靠在楼房的墙上。因为温室是不能承受梯子压力的，所以梯子太短是不行的。清洁工现只有一架7m长的梯子，你认为它能达到要求吗？能满足要求的梯子的最小长度为多少？

1．问题分析与建立模型

设梯子与地面所成的角为x（如图7-1所示），梯子的长度为$L(x)$，则

$$L(x)=\frac{a}{\cos x}+\frac{b}{\sin x}，\ x\in\left(0,\ \frac{\pi}{2}\right)，$$

其中a表示温室的宽度，b表示温室的高度。

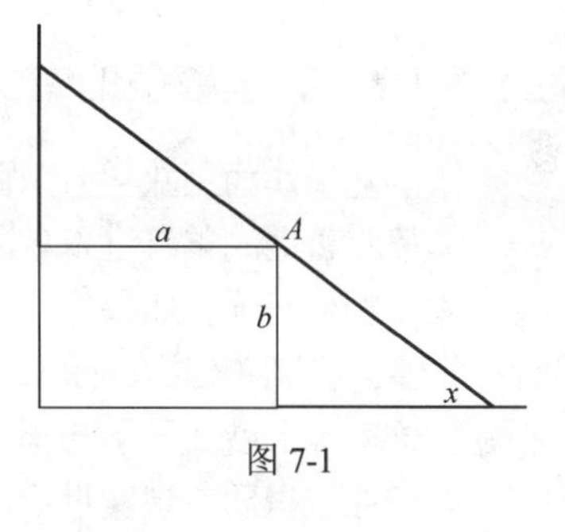

图7-1

因为$0<x<\frac{\pi}{2}$，所以可求得唯一稳定点：

$$x=\arctan\sqrt[3]{\frac{b}{a}}，$$

从而梯子的最小长度为：

$$L_{\min}=\left(\sqrt[3]{a^2}+\sqrt[3]{b^2}\right)^{\frac{3}{2}}，$$

代入a，b的值，就可求得梯子的最小长度。由于手算无法得到数值结果，故宜上机计算求解。

2．计算过程

输入下列程序(Mathematica)

```
Clear[a，b，x]
L[x_]:=a/Cos[x]+b/Sin[x];
a=2；b=3;
```

Plot[{L[x]，7}，{x，0.7，1}，AxesOrigin->{0.7，7}]

运行结果如图 7-2 所示。

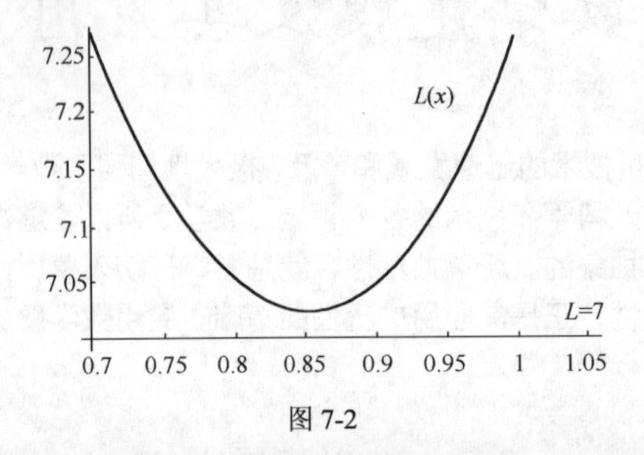

图 7-2

从图中可以看出有唯一的稳定点。下面使用 FindMinimum 命令，可以将函数的极小值点和极小值同时求出来，在实际操作中，非常方便。

FindMinimum[L[x]，{x，1}]

结果：{7.02348，{x->0.852771}}。

3．结果分析

当 a=2，b=3 时，计算结果表明 $L_{\min}\approx 7.02348$（此时 $x\approx 0.852771\approx 48.86^{\circ}$），即 7 米长的梯子是不行的。

其实，当 a=2，b=2.8 时，运行结果为

{6.75659，{x->0.84136}}，

所以 7m 长的梯子已足够。

7.1.2　数学模型的有关概念

数学建模作为用数学方法解决问题的第一步，它与数学本身有着同样悠久的历史。例如，一个羊倌看着他的羊群进入羊圈，为了确信他的羊没有丢失，他在每只羊进入羊圈时，则在旁边放一颗小石子，如果每天羊全部入圈而他那堆小石子刚好全部放完，则表示他的羊和以前一样多。究竟羊倌数的是石子还是羊，那是毫无区别的，因为羊的数目同石子的数目彼此相等。这实际上就使石子与羊“联系”起来，建立了一个使石子与羊一一对应的数学模型。

人们在认识研究现实世界里的客观对象时，常常不是直接面对那个对象的原形，有些是不方便，有些甚至是不可能直接面对原形，因此，常常设计、构造它的各种各样的模型。例如，飞机模型、坦克模型、楼群模型等各种实物模型，也有用文字、符号、图表、公式等描述客观事物的某些特征和内在联系的模型，例如，数据库的关系模型，网络的六层次模型，以及我们这里要介绍的数学模型等抽象模型。

模型是人们对所研究的客观事物有关属性的一种模拟，它应具有事物中使我们感兴趣的主要性质，因而它应具有如下特点。

（1）它是客观事物的一种模拟或抽象。它的一个重要作用就是加深人们对客观事物如何运行的理解，为了使模型成为帮助人们合理进行思考的一种工具，因此，需要用一种简化的方式来表述一个复杂的系统或现象。

（2）模型必须具有所研究系统的基本特征或要素，包括决定其原因和效果的各要素间的相互

关系。因为建立模型的目的就是要利用模型来实际地处理一个系统的要素，并观察它们的效果。

数学模型可定义为：为了某种目的，用字母、数字及其他数学符号建立起来的等式、不等式、图表、图形以及框图等描述客观事物特征及内在联系的数学结构，是客观事物的抽象与简化。

7.1.3 数学建模的方法与步骤

建立数学模型是一个非常复杂而具有创造性的劳动，需要有丰富的相关专业知识、数学知识以及想象力等，因此数学建模没有一个固定模式，但大致分为以下几个阶段。

1．调查研究

在建模前，应对实际问题的历史背景和内在机理有深刻的了解，必须对该问题进行全面、深入细致的调查研究。首先要明确所解决问题的目的要求，并着手收集数据。数据是为建立模型而收集的，因此，如果在调查研究时对建立什么样的模型有所考虑的话，那么就可以按模型需要，更有目的、更合理地来收集有关数据。收集数据时应注意精度要求，在对实际问题做深入了解时，向有关专家或从事相关实际工作的人员请教，可以使你对问题的了解更快、更直接。

2．现实问题的理想化

现实问题错综复杂，常常涉及面极广。要想建立一个数学模型来面面俱到、无所不包地反映现实问题是不可能的，也是没有必要的。一个模型，只要它能反映我们所需要的某一个侧面就够了，建模前应先将问题理想化、简单化，即首先抓住主要因素，忽略次要因素，在相对简单的情况下，理清变量间的关系，建立相应的数学模型。为此对所给问题做出必要且合理的假设，是建立模型的关键。也是这一步重点要解决的问题。

若假设合理，所建模型就能反映实际问题的实际情况；否则假设不合理或过多地忽略一些因素将会导致模型与实际情况不能吻合，或部分吻合。这时则要修改假设、修改模型。

3．模型建立

在已有假设的基础上，则可以着手建立数学模型，建模时应注意以下几点。

（1）分清变量类型，恰当使用数学工具。如果实际问题中的变量是确定型变量，建模时常选用微积分、微分方程、线性或非线性规划等；若变量是离散取值的，则往往采用线性代数、模拟计算、层次分析等数学内容与数学方法；若变量的取值带有随意性，随不同的试验会得到不相同的结果，这时，往往使用概率统计有关数学内容来进行分析与建模。

（2）抓住问题的本质，简化变量间的关系。所建数学模型越复杂，求解就越困难甚至无法求解，也就无法模拟实际。因此应尽可能用简单的模型来描述客观实际。因此，建模的原则是：既简单明了、又能解决实际问题。能不采用则尽量不采用高深的数学知识，不追求模型的完美，只要能解决问题，模型越简单就越利于模型的应用。

（3）建模要有较严密的推理。在已定的假设下，建模的推理过程越严密，所建模型的正确性就越有保证。

（4）建模要有足够的精度。实际问题常对精度有所要求，建模时和收集资料时都应予以充分考虑。但由于实际问题往往非常复杂，做假设时要去掉非本质的东西，又要反映本质的关系和内容，这就要求一定要掌握好尺度，甚至要反复摸索解决。

4．模型求解

不同的模型要用到不同的数学工具才能求解。由于计算机的广泛使用，利用已有的许多计算机软件为求解各种不同的数学模型带来了方便。其中著名的有 Mathematica、Matlab、MathCAD 等。掌握了它们，将会使解决问题事半功倍。

当然，利用高级语言，也可以求解许多实际问题。模型建立后，则要根据所建立的数学模型，结合相应数学问题的求解算法，例如，方程的求根方法，极值问题求解的最速下降法，微分方程的数值解法等，编程求解才行。

5．模型分析与检验

对模型求出的解进行数学上的分析，有助于对实际问题的解决。分析时，有时要根据问题的要求对变量间的依赖关系和解的结果稳定性进行分析；有时根据求出的解对实际问题的发展趋势进行预测，为决策者提供最优决策方案。除此之外，常常还需要进行误差分析，模型对数据的稳定性分析和灵敏度分析等。

用多函数的全微分公式可以估算自变量（往往是可以提供数据的变量）的误差对求解结果的影响，就是对模型的稳定性的一种分析方法。

另外，要说明一个模型是否反映了客观实际，也可用已有的数据去验证。如果由模型计算出来的理论数据与实际数据比较吻合，则可以认为模型是成功的。如果理论数值与实际数值差别较大，则模型失败。如果是部分吻合，则可找原因，发现问题，修改模型。如在 7.2.2 中对模型的讨论采用的就是这种方法。

修改模型时，对约束条件也要重新考虑，增加、减少或修改约束条件，甚至于修改模型假设，重新建模。

6．模型应用

数学模型应用非常广泛，可以说已经应用到各个领域，而且越来越渗透到社会学科、生命学科、环境学科等。由于建模是预测的基础，而预测又是决策与控制的前提。因此用数学模型对实际工作进行指导，可以节省开支、减少浪费、增加收入。特别是对未来的预测和估计，对促进科学技术和工农业生产的发展具有更大的意义。

建立数学模型的步骤如图 7-3 所示。

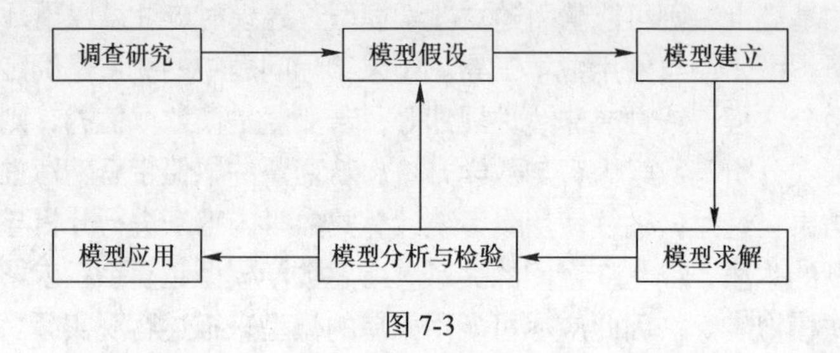

图 7-3

就这些阶段来讲，也不是严格区分的，常要根据具体情况具体分析、灵活运用。

7.2 数学建模应用范例

7.2.1 兔子会濒临灭绝吗

兔子善良温顺，以青草为食物，从不加害于人类和任何动物。然而在弱肉强食的动物世界里，兔子却是弱者，虎狼以它们为食物，猎人以它们为目标。兔肉不仅可享为美食，而且皮毛可制成裘衣，是人类消费最多的动物之一，但至今没有任何一个国家把兔子列为濒危物种。究其原因，一是它们对食物等的生态环境要求很低，二是它们的繁殖能力极强。

在数学史上有一个影响很大的意大利数学家裴波那契（Fibonacci，1170 ~ 1250），他早年随父亲到北非，跟随阿拉伯人学习数学，后游历地中海沿岸诸国，1202 年回到意大利故乡比萨，用拉丁文翻译了《算经》。《算经》系统地介绍了印度计数法和阿拉伯与希腊的数学成就，影响并改变了当时整个欧洲的数学面貌，“裴波那契数列”（1，2，3，5，8，13，21，34，55，89，144，233，377，610，987，…）就出自他的这本书。

裴波那契数列的通项公式及其一系列珍宝般的数学性质是后人花了几个世纪的心血发现的，然而所有的那些成果都起源于下面的“兔子问题”。

假设有人买了一对兔子，将其养殖在完全封闭的围墙内，我们希望知道一年后兔子能繁衍到多少对？当然，兔子的繁殖数量带有偶然性的因素，为使我们的讨论能进行下去，还得附加一些使问题确定化的条件。例如，不妨给出以下假设：每对兔子恰好每月生雌雄一对小兔子，小兔子出生以后，在其第二个月就成熟且能生育，而且也是每月生一对小兔子，此外，假设一年内没有兔子死亡。

我们设第 n 个月有 $f(n)$ 对兔子，如图 7-4 所示。

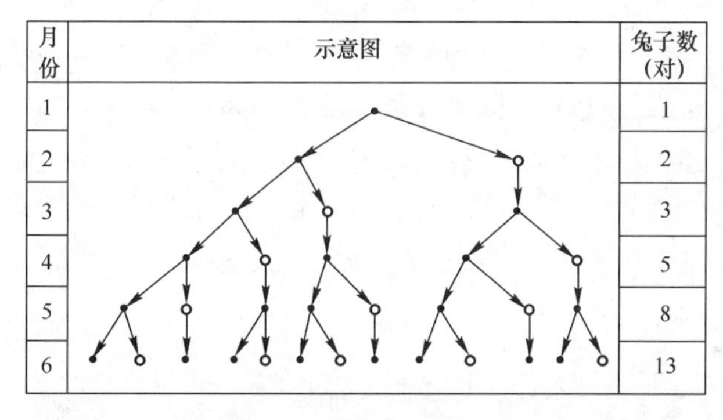

图 7-4

这里用符号○与•分别表示未成熟的和已经成熟的兔子，每对未成熟的兔子（○）在下月就变成成熟的兔子（•），每对成熟的兔子（•）在下月又生下一对小兔，变成两对兔子（•○）。于是得到 $f(1)=1$，$f(2)=2$，$f(3)=3$，$f(4)=5$，等等。一般地，第 n 个月兔子的对数是第 $n-1$ 个月的对数加上第 $n-2$ 个月的对数，即

$$\begin{cases} f(n)=f(n-1)+f(n-2), & n=3,\ 4,\ \cdots \\ f(1)=1,\ f(2)=2 \end{cases} \tag{1}$$

因为 $f(1)=1$，$f(2)=2$，根据上述的递推公式，我们得知第 1 月和第 2 月兔子的对数之和为第 3 月的兔子对数，第 2 月和第 3 月的兔子对数之和为第 4 月的兔子对数，等等。于是就有了表 7-1。

表 7–1　每月兔子对数

月份 n	1	2	3	4	5	6	7	8	9	10	11	12	13
兔子对数 $f(n)$	1	2	3	5	8	13	21	34	55	89	144	233	377

从表 7-1 可以看出在一年以后兔子的对数为 377。如果我们要求两年后、三年后、四年

后……的兔子对数，那又该怎么办呢？这么一步一步地递推下去显然不是办法。更为一般地，如果要求 n 年以后的兔子对数的表达式呢，那样逐步递推则更是不明智的。既然兔子的对数满足着一定的递推规律，那么，我们能不能给出一个 $f(n)$ 的一般表达式呢？

将兔子对数满足的递推关系式（1）改写成为

$$f(n)-f(n-1)-f(n-2)=0\,,\quad n=2,\ 3,\ 4,\ \cdots,$$

如果记 $f(n)=F_{\mathrm{n}}$，则上式又可以写成

$$F_n-F_{n-1}-F_{n-2}=0\,,\quad n=2,\ 3,\ 4,\ \cdots, \tag{2}$$

（2）式是一个二阶的常系数齐次线性差分方程，其特征方程为：

$$r^2-r-1=0\,; \tag{3}$$

特征根为

$$r_{1,\ 2}=\frac{1\pm\sqrt{5}}{2}\text{。}$$

这说明

$$f_1(n)=\left(\frac{1+\sqrt{5}}{2}\right)^n \text{和}\ f_2(n)=\left(\frac{1-\sqrt{5}}{2}\right)^n$$

都是方程（2）的解，更为一般地，根据方程（2）的线性齐次性，$f_1(n)$ 和 $f_2(n)$ 的线性组合应当都是方程（2）的解，所以可以假设方程（2）的解为

$$f(n)=a\left(\frac{1+\sqrt{5}}{2}\right)^n+b\left(\frac{1-\sqrt{5}}{2}\right)^n,$$

其中，a 和 b 为待定的常数。下面根据（1）的初始值 $f(1)=1$，$f(2)=2$ 来确定 a，b 的值，即求得 a，b，使得

$$\begin{cases}1=a\left(\dfrac{1+\sqrt{5}}{2}\right)+b\left(\dfrac{1-\sqrt{5}}{2}\right)\\[2ex] 2=a\left(\dfrac{1+\sqrt{5}}{2}\right)^2+b\left(\dfrac{1-\sqrt{5}}{2}\right)^2\end{cases},$$

可求得

$$\begin{cases}a=\dfrac{1+\sqrt{5}}{2\sqrt{5}}\\[2ex] b=\dfrac{-1+\sqrt{5}}{2\sqrt{5}}\end{cases},$$

即 $f(n)$ 的一般表达式为

$$f(n)=\frac{1}{\sqrt{5}}\left(\frac{1+\sqrt{5}}{2}\right)^{n+1}-\frac{1}{\sqrt{5}}\left(\frac{1-\sqrt{5}}{2}\right)^{n+1}\text{。} \tag{4}$$

（5）式就是著名的斐波那契数列的通项公式。

对于对任意的 n，（4）式给出了第 n 个月的兔子对数。十分有意思的是，虽然（4）式是用无理数 $\sqrt{5}$ 来表达的，但对任意的 n，$f(n)$ 竟然全部都是正整数，因为兔子的对数必然是正整数。

易看出，$\left|\frac{1-\sqrt{5}}{2}\right| \approx 0.618$，$\frac{1+\sqrt{5}}{2} \approx 1.618$，由于$\lim\limits_{n\to\infty}\left(\frac{1-\sqrt{5}}{2}\right)^{n+1} = 0$，$\lim\limits_{n\to\infty}\left(\frac{1+\sqrt{5}}{2}\right)^{n+1} = +\infty$，故兔子的繁衍速度差不多等价于公比为 1.618 的几何级数，增长速度是非常快的，这大概也就是虽然处于其他物种的弱肉强食之下，但至今未见兔子物种濒危的原因。

7.2.2 传染病问题

设某地区发生了一种传染病，为控制病情的发展与蔓延，需对传染病发展的各阶段有所了解，即估计传染病的传染情况，包括何时为传染病高潮期，被传染人数最终大致可达多少等。试建模研究这一问题。

传染，就是病人将病菌传播给健康者，它与病人在健康人群中的分布有关，简言之，即与病人（病菌的分布）的密度有关，因此我们做如下假设：

（1）单位时间内一个病人能传染的人数是常数 k；

（2）一旦得病，不死不愈。即在传染期内不会死亡也不会痊愈。

设最初传染病人数为 i_0，记 t 时刻的病人数为 $i(t)$。则 t 到 $t+\Delta t$ 的时间段内病人人数的增加量满足：

$$i(t+\Delta t)-i(t)=ki(t)\Delta t\ ,$$

因此有

$$\frac{i(t+\Delta t)-i(t)}{\Delta t}=ki(t)\ ,$$

令 $\Delta t\to 0$，并注意到最初传染病人数为 i_0，可得如下初值问题：

$$\begin{cases}\dfrac{\mathrm{d}i(t)}{\mathrm{d}t}=ki(t)\\ i(0)=i_0\end{cases}。$$

模型求解：

将微分方程 $\frac{\mathrm{d}i(t)}{\mathrm{d}t}=ki(t)$ 变形可得 $\frac{\mathrm{d}i(t)}{i(t)}=k\mathrm{d}t$，两边积分可得：

$$\ln i(t)=kt+C\ ,$$

由于 $i(0)=i_0$，代入可得 $\ln i(0)=k\cdot 0+C$，即 $C=\ln i_0$，因此微分方程初值问题的解为：

$$\ln i(t)=kt+\ln i_0\ ，即\quad i(t)=i_0\mathrm{e}^{kt}\ 。$$

模型分析与检验：

由解易知，传染病的传播是按指数增加的，通过与传染病的数据资料比较可知，这与传染病人数较少的传染病初期相吻合。

另注意到实际中 $k>0$，又由解可知，$\lim\limits_{t\to+\infty} i(t)=+\infty$，即随着时间的延续，得病人数将会无限量地增加，而总人数是有限的，这显然不符合实际。

仔细考察对问题的假设将发现，假设“单位时间内一个病人能传染的人数是常数 k”将随病人人数的增加越来越不合理，更好的假设应该是“单位时间内一个病人能传染的人数与当时的健康人人数成正比”，更换成这一假设，并记 r 为相应的正比例系数（常称 r 为传染率）。重新建模求解讨论：

若仍设 t 时刻的病人数为 $i(t)$，则此时的健康人数为 $n-i(t)$，其中，n 为这一地区的总人数。从 t 到 $t+\Delta t$ 的时间段内病人人数的增加量满足：

$$i(t+\Delta t)-i(t)=ri(t)[n-i(t)]\Delta t\text{，}$$

将其化为微分方程，再考虑到相应的初始条件得到微分方程初值问题：

$$\begin{cases}\dfrac{\mathrm{d}i(t)}{\mathrm{d}t}=ri(t)[n-i(t)]\\ i(0)=i_0\end{cases}\text{，}$$

将微分方程 $\dfrac{\mathrm{d}i(t)}{\mathrm{d}t}=ri(t)[n-i(t)]$ 变形为 $\dfrac{\mathrm{d}i(t)}{i(t)[n-i(t)]}=r\mathrm{d}t$，两端求积分可得：

$$rt+\mathrm{C}=\int\frac{\mathrm{d}i(t)}{i(t)(n-i(t))}=\frac{1}{n}\int[\frac{1}{i(t)}+\frac{1}{n-i(t)}]\mathrm{d}i(t)=\frac{1}{n}(\ln i(t)-\ln(n-i(t)))=\frac{1}{n}\ln\frac{i(t)}{n-i(t)}\text{，}$$

代入初始条件有：$\mathrm{C}=\dfrac{1}{n}(\ln i_0-\ln(n-i_0))=\dfrac{1}{n}\ln\dfrac{i_0}{n-i_0}$，因此，初值问题的解满足：

$$nrt+\ln\frac{i_0}{n-i_0}=\ln\frac{i(t)}{n-i(t)}\text{，}$$

即

$$\frac{i(t)}{n-i(t)}=\frac{i_0}{n-i_0}\mathrm{e}^{rnt}\text{，}$$

变形可得：

$$i(t)=\frac{n}{1+\left(\dfrac{n}{i_0}-1\right)\mathrm{e}^{-rnt}}\text{，}$$

这一解适用于传染病的前期（尤其是传染较快的病），它可用来预报传染高峰的到来时间。事实上，由解可得：

$$\frac{\mathrm{d}i(t)}{\mathrm{d}t}=\frac{rn^2\left(\dfrac{n}{i_0}-1\right)\mathrm{e}^{-rnt}}{\left[1+\left(\dfrac{n}{i_0}-1\right)\mathrm{e}^{-rnt}\right]^2}\text{，}$$

作 $\dfrac{\mathrm{d}i(t)}{\mathrm{d}t}$ 与 t 的曲线图（如图 7-5 所示）。

医学上称这一曲线为传染病曲线，它表示传染病人数的增加率与时间的关系。

由上式令 $\dfrac{\mathrm{d}^2i(t)}{\mathrm{d}t^2}=0$，可知 $\dfrac{\mathrm{d}i(t)}{\mathrm{d}t}$ 的极大值点为：

$$t_1=\frac{\ln\left(\dfrac{n}{i_0}-1\right)}{rn}\text{，}$$

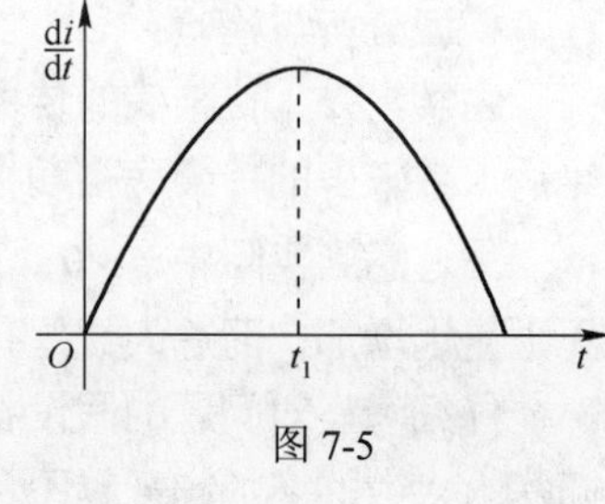

图 7-5

此即传染病传染的高峰到来时刻。由此式可知，当传染率 r 或总人数 n 增加时，高峰到来时刻 t_1 将变小，即传染高峰时刻来得越快，这与实际情况相吻合。若根据以往病发统计数据得到了某种传染病的传染率 r，即可预报传染病传染高峰时刻。

当 $t \to +\infty$ 时，$i(t) \to n$，即到一定的时刻，所有人都将得病，这与实际不符。考察假设可以发现假设中仍有不合理之处——一旦得病，不死不愈。而实际中，则是得病后，有的会因治疗不及时而死亡，有的则幸运地被治愈，还有的会由于自身免疫力而痊愈。总而言之，纵然医疗卫生条件很差，也应予以考虑。

7.2.3　动物的繁殖问题

某农场饲养的某种动物所能达到的最大年龄为 15 岁，将其分成三个年龄组：第一组，0~5 岁；第二组，6~10 岁；第三组，11~15 岁。动物从第二年龄组起开始繁殖后代，经过长期统计，第二年龄组的动物在其年龄段平均繁殖 4 个后代，第三年龄组的动物在其年龄段平均繁殖 3 个后代。第一年龄组和第二年龄组的动物能顺利进入下一个年龄组的存活率分别为 $\frac{1}{2}$ 和 $\frac{1}{4}$。假设农场现有三个年龄段的动物各 1 000 头，问 15 年后农场三个年龄段的动物各有多少头?

1．问题分析与建立模型

因年龄分组为 5 岁一段，故将时间周期也取为 5 年。15 年后就经过了 3 个时间周期。设 $x_i^{(k)}$ 表示第 k 个时间周期第 i 组年龄阶段动物的数量（k=1，2，3；i=1，2，3）。

因为某一时间周期第二年龄组和第三年龄组动物的数量是由上一时间周期上一年龄组存活下来动物的数量决定，所以有

$$x_2^{(k)} = \frac{1}{2}x_1^{(k-1)}\text{，}\quad x_3^{(k)} = \frac{1}{4}x_2^{(k-1)}\text{，}(k=1，2，3)$$

又因为某一时间周期，第一年龄组动物的数量是由上一时间周期各年龄组出生的动物的数量决定，所以有

$$x_1^{(k)} = 4x_2^{(k-1)} + 3x_3^{(k-1)}\text{，}(k=1，2，3)$$

于是得到递推关系式

$$\begin{cases} x_1^{(k)} = 4x_2^{(k-1)} + 3x_3^{(k-1)}, \\ x_2^{(k)} = \dfrac{1}{2}x_1^{(k-1)}, \\ x_3^{(k)} = \dfrac{1}{4}x_2^{(k-1)}, \end{cases} \quad (k=1，2，3)$$

用矩阵表示

$$\begin{pmatrix} x_1^{(k)} \\ x_2^{(k)} \\ x_3^{(k)} \end{pmatrix} = \begin{pmatrix} 0 & 4 & 3 \\ \dfrac{1}{2} & 0 & 0 \\ 0 & \dfrac{1}{4} & 0 \end{pmatrix} \begin{pmatrix} x_1^{(k-1)} \\ x_2^{(k-1)} \\ x_3^{(k-1)} \end{pmatrix}\text{，}(k=1，2，3)$$

即

$$x^{(k)} = Lx^{(k-1)}\text{，}(k=1，2，3)$$

其中

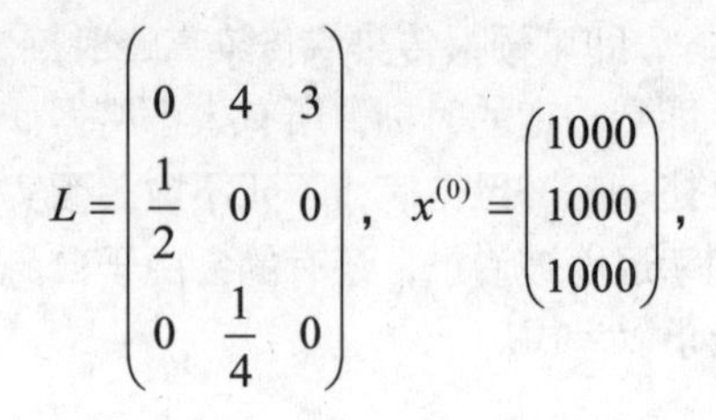

$$L=\begin{pmatrix}0 & 4 & 3\\ \frac{1}{2} & 0 & 0\\ 0 & \frac{1}{4} & 0\end{pmatrix},\quad x^{(0)}=\begin{pmatrix}1000\\1000\\1000\end{pmatrix},$$

则有

$$x^{(1)}=Lx^{(0)}=\begin{pmatrix}0 & 4 & 3\\ \frac{1}{2} & 0 & 0\\ 0 & \frac{1}{4} & 0\end{pmatrix}\begin{pmatrix}1000\\1000\\1000\end{pmatrix}=\begin{pmatrix}7000\\500\\250\end{pmatrix},$$

$$x^{(2)}=Lx^{(1)}=\begin{pmatrix}0 & 4 & 3\\ \frac{1}{2} & 0 & 0\\ 0 & \frac{1}{4} & 0\end{pmatrix}\begin{pmatrix}7000\\500\\250\end{pmatrix}=\begin{pmatrix}2750\\3500\\125\end{pmatrix},$$

$$x^{(3)}=Lx^{(2)}=\begin{pmatrix}0 & 4 & 3\\ \frac{1}{2} & 0 & 0\\ 0 & \frac{1}{4} & 0\end{pmatrix}\begin{pmatrix}2750\\3500\\125\end{pmatrix}=\begin{pmatrix}14375\\1375\\875\end{pmatrix}。$$

2．计算过程

输入下列程序(Mathematica)

```
L={{0，4，3}，{1/2，0，0}，{0，1/4，0}}；
X0={1000，1000，1000}；
X1=L.X0；
X2=L.X1；
X3=L.X2
```

输出结果为：{14375，1375，875}。

3．结果分析

15 年后，农场饲养的动物总数将达到 16 625 头，其中 0 ~ 5 岁的有 14 375 头，占 86.47%，6~10 岁的有 1 375 头，占 8.27%，11~15 岁的有 875 头，占 5.226%。15 年间，动物总增长 16 625–3 000=13 625 头，总增长率为 13 625/30 000= 454.16%。

7.2.4　报童的抉择

报童每天清晨从报站批发报纸零售，晚上将没有卖完的报纸退回。设每份报纸的批发价为 b，零售价为 a，退回价为 c，且设 $a>b>c$。因此，报童每售出一份报纸赚钱（$a-b$），退回一份报纸赔（$b-c$）。报童每天如果批发的报纸太少，不够卖的话就会少赚钱；如果批发的报纸太多，卖不完的话就会赔钱。报童应如何确定他每天批发的报纸的数量，才能获得最大的收益?

1．问题分析与建立模型

显然，应该根据需求量来确定批发量。一种报纸的需求量是一随机变量，假定报童通过自己的实践经验或其他方式掌握了需求量的随机规律，即在他的销售范围内每天报纸的需求量为 x 份的概率为 $p(x)$（x=0，1，2，3，4，…）。于是，通过 $p(x)$ 和 a，b，c 就可以建立关于批发量的优化模型。

设每天批发量为 n 份，因为需求量是随机的，故 x 可以小于 n 、等于 n 或者大于 n，从而报童每天的收入也是随机的。因此，作为优化模型的目标函数，应该考虑的是他长期（半年、一年等）卖报的日平均收入。根据概率论中的知识，这相当于报童每天收入的期望（以下简称平均收入）。

设报童每天批发进 n 份报纸时的平均收入为 $S(n)$，若某一天需求量 $x \leqslant n$，则他售出 x 份，退回($n-x$)份；若这天需求量 $x>n$，则 n 份报纸全部卖出。因需求量为 x 的概率为 $p(x)$，故平均收入为

$$S(n)=\sum_{x=0}^{n}[(a-b)x-(b-c)(n-x)]p(x)+\sum_{x=n+1}^{\infty}(a-b)np(x),$$

所需要考虑的问题变为当 $p(x)$ 及 a，b，c 已知时，求使 $S(n)$ 达到最大值的 n。

2．计算过程

为了便于分析和计算，同时考虑需求量 x 的取值与批发量 n 都相当大，故可将 x 视为连续变量，这时概率 $p(x)$ 转化为概率密度函数 $f(x)$，$S(n)$ 的表达式变为

$$S(n)=\int_0^n[(a-b)x-(b-c)(n-x)]f(x)\,\mathrm{d}x+\int_n^{\infty}(a-b)nf(x)\,\mathrm{d}x,$$

求导得

$$\begin{aligned}\frac{\mathrm{d}S(n)}{\mathrm{d}n}&=(a-b)nf(n)-\int_0^n(b-c)f(x)\,\mathrm{d}x-(a-b)nf(n)+\int_n^{\infty}(a-b)f(x)\,\mathrm{d}x\\&=-(b-c)\int_0^n f(x)\,\mathrm{d}x+(a-b)\int_n^{\infty}f(x)\mathrm{d}x,\end{aligned}$$

令 $\frac{\mathrm{d}S(n)}{\mathrm{d}n}=0$，解得

$$\frac{\int_0^n f(x)\,\mathrm{d}x}{\int_n^{\infty}f(x)\,\mathrm{d}x}=\frac{a-b}{b-c},$$

因此，使报童日平均收入达到最大值的批发量 n 应满足上式。

3．结果分析

首先，对于实验要求而言，若令

$$P_1=\int_0^n f(x)\mathrm{d}x,\quad P_2=\int_n^{\infty}f(x)\mathrm{d}x,$$

则当批发进 n 份报纸时，P_1 是需求量 x 不超过 n 的概率，即卖不完的概率；P_2 是需求量 x 超过 n 的概率，即卖完的概率。所以，由式

$$\frac{\int_0^n f(x)\mathrm{d}x}{\int_n^{\infty}f(x)\mathrm{d}x}=\frac{a-b}{b-c}$$

可知批发的报纸份数 n 应使得卖不完与卖完的概率之比，等于卖出一份报纸赚的钱

$(a-b)$ 与退回一份赔的钱 $(b-c)$ 之比。所以，当每份报纸赚钱与赔钱之比越大时，报童批发进的报纸份数就应该越多。

另外，从数学模型的角度看，本问题实际上是需求为连续型随机变量的存储模型。所以解答过程可以推广到满足此条件的各种物质的存储问题。同时，对于需求为离散型随机变量的存储问题也可以类似处理，只是收益期望值的计算是离散型随机变量而已。

习题 7

1. 以梯子长度的例题为背景，回答下面的问题。

（1）取 a=1.8，在只用 6.5 m 长梯子的情况下，温室最多能修建多高？

（2）一条 1m 宽的通道与另一条 2m 宽的通道相交成直角，一个梯子需要水平绕过拐角，试问梯子的最大长度是多少？

2. 一种新产品投入市场，随着人们对它的拥有量的增加，其销售量的下降速度与销售量成正比，销售量的增加速度与对此产品的广告费用成正比，但广告只能影响该商品的市场上尚未饱和的部分（设饱和量为 M）。

（1）建立销售量的数学模型（微分方程）；

（2）设广告费为 $A(t)=\begin{cases}A, & 0\leqslant t\leqslant t_0\\ 0, & t>t_0\end{cases}$，求销售量；

（3）设 $A(t)\leqslant k$，为使时间 T 内总销量最大，应如何确定 $A(t)$。

3. 对于串联电路（如图 7-6 所示）和纯粹并联电路（如图 7-7 所示），求总电阻，物理上是容易计算的。对于图 7-8 所示的这种 n 级混联电路，如何求其总电阻呢？对于图 7-9 有所示的"无穷多"个支路的这类电路，当 $R=r=1$ 时，其总电阻是多少？

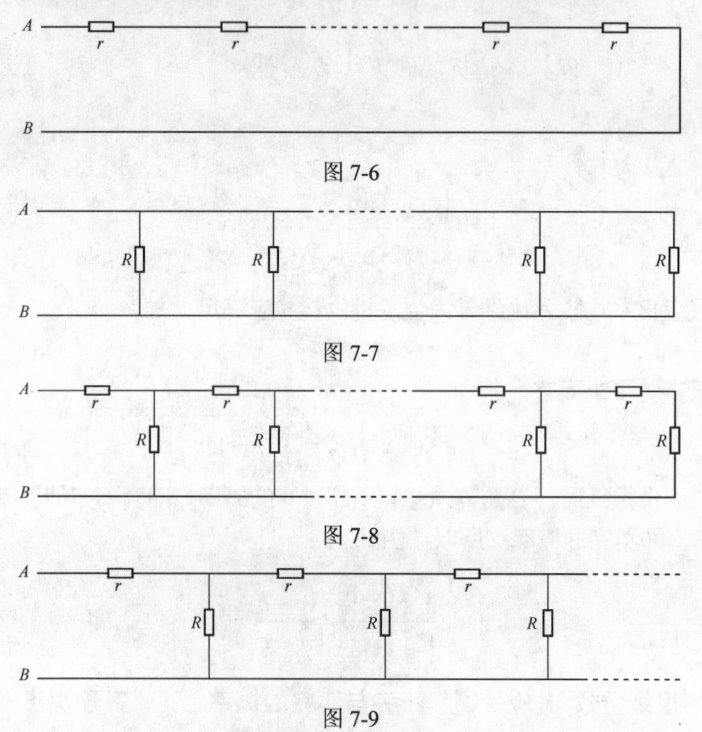

图 7-6

图 7-7

图 7-8

图 7-9

4. 某酒厂新酿制了一批好酒。如果现在就出售，可得总收入 $R_0 = 50$ 万元，如果把酒储藏起来待到来日（第 n 年）按陈酒价格出售，第 n 年末可得总收入为：$R = R_0 e^{\frac{1}{6}\sqrt{n}}$ 万元。而银行利率为 $r = 0.05$，试分析这批好酒储藏多少年后可使总收入现值最大？具体要求如下。

第一种方案：如果现在出售这批好酒，可得本金 50 万元。由于银行利率为 $r = 0.05$，按照复利计算公式，第 n 年本利和为：

$$B(n) = 50(1+0.05)^n;$$

第二种方案：如果储藏起来，等到第 n 年出售，原来的 50 万元到第 n 年增值为：

$$R(n) = 50e^{\frac{1}{6}\sqrt{n}}。$$

（1）利用这两个不同的公式分别计算出第 1 年年末，第 2 年年末，…，第 16 年年末采用两种方案，50 万元增值的数目。将计算所得的数据分别填入表 7-2 和表 7-3。

表 7–2　第一种方案

第 1 年	第 2 年	第 3 年	第 4 年	第 5 年	第 6 年	第 7 年	第 8 年
第 9 年	第 10 年	第 11 年	第 12 年	第 13 年	第 14 年	第 15 年	第 16 年

表 7–3　第二种方案

第 1 年	第 2 年	第 3 年	第 4 年	第 5 年	第 6 年	第 7 年	第 8 年
第 9 年	第 10 年	第 11 年	第 12 年	第 13 年	第 14 年	第 15 年	第 16 年

比较表 7-2 和表 7-3 中的数据，考虑如下问题：

① 如果酒厂希望在两年后投资扩建酒厂，应选择哪一种方案使这批好酒所具有的价值发挥最大作用?

② 如果酒厂希望在 8 年后将资金用作其他投资，应该选择哪一种方案?

（2）假设现在酒厂有一笔现金，数额为 X 万元，将其存入银行，等到第 n 年时增值为 $R(n)$ 万元。根据复利公式，$R(n) = X(1+0.05)^n$，则称 X 为 $R(n)$ 的现值。故 $X(n)$ 的现值计算公式为

$$X(n) = \frac{R(n)}{(1+0.05)^n}。$$

将 $R(n) = 50e^{\frac{1}{6}\sqrt{n}}$ 代入上式，可得酒厂将这批好酒储藏起来作为陈酒在第 n 年后出售所得总收入的现值为

$$X(n) = \frac{50e^{\frac{1}{6}\sqrt{n}}}{(1+0.05)^n},$$

利用这一公式，计算出 16 年内陈酒出售后总收入 $X(n)$ 的现值数据填入表 7-4。

根据表 7-4 中的数据，考虑下面的问题：

① 如果酒厂打算将这批好酒出售所得收入用于 8 年后的另外投资，应选择哪一年作为出售陈酒的最佳时间?

表 7-4　　　　陈酒出售后的现值

第 1 年	第 2 年	第 3 年	第 4 年	第 5 年	第 6 年	第 7 年	第 8 年
第 9 年	第 10 年	第 11 年	第 12 年	第 13 年	第 14 年	第 15 年	第 16 年

② 如果综合考虑银行利率，将出售陈酒后所得总收入再存入银行，使得 8 年后资金增值最大，又应该做何选择?

(3) 考虑银行利率按连续复利公式计算：$R(t)=X(t)\mathrm{e}^{0.05t}$ [或 $X(t)=R(t)\mathrm{e}^{-0.05t}$]，而酒厂将这批好酒窖藏到第 n 年，作为陈酒出售总收入为 $R(t)=50\mathrm{e}^{\frac{1}{6}\sqrt{t}}$。结合这两个计算公式，将 t 年后陈酒出售总收入的现值 X 视为时间 t 的函数。试写出函数 $X(t)$ 的表达式，并利用求一元函数极大值的方法求出酒厂将这批好酒作为陈酒出售的最佳时机。

5. 鱼群是一种可再生的资源。若目前鱼群的总数为 x 千克，经过一年的成长与繁殖，第二年鱼群的总数变为 y 千克。反映 x 与 y 之间相互关系的曲线称为再生产曲线，记为 $y=f(x)$。

现假设鱼群的再生产曲线为 $y=rx\left(1-\dfrac{x}{N}\right)$，$(r>1)$。为保证鱼群的数量维持稳定，在捕捞时必须注意适度捕捞。问：

(1) 假设 r 为自然增长率，试对再生产曲线的实际意义做简单解释。

(2) 鱼群的数量控制在多大时，才能使我们获得最大的持续捕获量?

(3) 设某鱼塘最多可养鱼 10 万千克，若鱼量超过 10 万千克，由于缺氧等原因会造成鱼群大范围死亡。根据经验知鱼群年自然增长率为 4，试计算每年的合理捕捞量。

6. 某人去登黄山，此人一步可以登一个台阶也可以登两个台阶。问他登上 n 个台阶的不同攀登方式共有多少种?

7. 假定一个植物园要培育一片作物，它由三种可能基因型 AA、Aa 及 aa 的某种分布组成，植物园的管理者要求采用的育种方案是：子代总体中的每种作物总是用基因型 AA 的作物来授粉，子代的基因型的分布见表 7-5。问：在任何一个子代总体中三种可能基因型的分布表达式如何表示?

表 7-5

		亲代的基因型					
		$AA-AA$	$AA-Aa$	$AA-aa$	$Aa-Aa$	$Aa-aa$	$aa-aa$
子代的基因型	AA	1	$\frac{1}{2}$	0	$\frac{1}{4}$	0	0
	Aa	0	$\frac{1}{2}$	1	$\frac{1}{2}$	$\frac{1}{2}$	0
	aa	0	0	0	$\frac{1}{4}$	$\frac{1}{2}$	1

附录1 初等数学基本公式

一、乘法与因式分解公式

1. $(x+a)(x+b)=x^2+(a+b)x+ab$；
2. $(a+b)(a-b)=a^2-b^2$；
3. $(a\pm b)^2=a^2\pm 2ab+b^2$；
4. $(a\pm b)^3=a^3\pm 3a^2b+3ab^2\pm b^3$；
5. $a^2-b^2=(a+b)(a-b)$；
6. $a^3+b^3=(a+b)(a^2-ab+b^2)$；
7. $a^3-b^3=(a-b)(a^2+ab+b^2)$。

二、一元二次方程

$$ax^2+bx+c=0\ (a\neq 0)$$

根的判别式：$\Delta=b^2-4ac$，当$\Delta\geqslant 0$，方程有实根，求根公式为

$$x_{1,\ 2}=\frac{-b\pm\sqrt{b^2-4ac}}{2a};$$

当$\Delta<0$，方程有一对共轭复根，求根公式为

$$x_{1,\ 2}=\frac{-b\pm i\sqrt{4ac-b^2}}{2a}。$$

三、指数公式（设a，b是正实数，m，n是任意实数）

1. $a^m\cdot a^n=a^{m+n}$；
2. $\dfrac{a^m}{a^n}=a^{m-n}$；
3. $(ab)^{mn}=a^{mn}\cdot b^{mn}$；
4. $\left(\dfrac{a}{b}\right)^n=\dfrac{a^n}{b^n}$；
5. $(ab)^m=a^m b^m$；
6. $a^{\frac{m}{n}}=\sqrt[n]{a^m}$；
7. $a^{-m}=\dfrac{1}{a^m}$；
8. $a^0=1$；
9. $a^{mn}=\left(a^m\right)^n=\left(a^n\right)^m$。

四、对数公式（$a>0$，$a\neq 1$，$b>0$，$b\neq 1$，$M>0$，$N>0$）

1. 恒等式$a^{\log_a N}=N$。
2. 运算法则

（1）$\log_a(MN)=\log_a M+\log_a N$；

（2）$\log_a\dfrac{M}{N}=\log_a M-\log_a N$；

（3）$\log_a M^p=p\log_a M$。

3. 换底公式$\log_a M=\dfrac{\log_b M}{\log_b a}$。

五、绝对值和不等式

1. $|a|=\begin{cases}a, & a\geqslant 0\\ -a, & a<0\end{cases}$；

2. $|ab|=|a||b|$；

3. $\left|\dfrac{a}{b}\right|=\dfrac{|a|}{|b|}$；

4. $|x|<a \Leftrightarrow -a<x<a$；

5. $|x|>a \Leftrightarrow x<-a$ 或 $x>a$；

6. $|x+y|\leqslant|x|+|y|$；

7. $|a|=\sqrt{a^2}$。

六、三角公式

1. 平方关系

（1）$\sin^2 x+\cos^2 x=1$；

（2）$1+\tan^2 x=\sec^2 x$；

（3）$1+\cot^2 x=\csc^2 x$。

2. 倒数关系

（1）$\csc x=\dfrac{1}{\sin x}$；

（2）$\sec x=\dfrac{1}{\cos x}$；

（3）$\cot x=\dfrac{1}{\tan x}$。

3. 商的关系

（1）$\tan x=\dfrac{\sin x}{\cos x}$；

（2）$\cot x=\dfrac{\cos x}{\sin x}$。

4. 倍角公式

（1）$\sin 2x=2\sin x\cos x$ ；

（2）$\tan 2x=\dfrac{2\tan x}{1-\tan^2 x}$；

（3）$\cos 2x=\cos^2 x-\sin^2 x=1-2\sin^2 x=2\cos^2 x-1$。

5. 降幂公式

（1）$\sin^2 x=\dfrac{1-\cos 2x}{2}$；

（2）$\cos^2 x=\dfrac{1+\cos 2x}{2}$。

6. 加法与减法公式

（1）$\sin(x\pm y)=\sin x\cos y\pm\cos x\sin y$；

（2）$\tan(x\pm y)=\dfrac{\tan x\pm\tan y}{1\mp\tan x\tan y}$；

（3）$\cos(x\pm y)=\cos x\cos y\mp\sin x\sin y$。

7. 和差化积公式

（1）$\sin x+\sin y=2\sin\dfrac{x+y}{2}\cos\dfrac{x-y}{2}$；

（2）$\sin x-\sin y=2\cos\dfrac{x+y}{2}\sin\dfrac{x-y}{2}$；

（3）$\cos x+\cos y=2\cos\dfrac{x+y}{2}\cos\dfrac{x-y}{2}$；

（4）$\cos x-\cos y=-2\sin\dfrac{x+y}{2}\sin\dfrac{x-y}{2}$。

8. 积化和差公式

（1）$\sin x\sin y=-\dfrac{1}{2}[\cos(x+y)-\cos(x-y)]$；

（2）$\sin x\cos y=\dfrac{1}{2}[\sin(x+y)+\sin(x-y)]$；

（3）$\cos x\cos y=\frac{1}{2}[\cos(x+y)+\cos(x-y)]$。

9. 特殊角的三角函数值

x	0	$\frac{\pi}{6}$	$\frac{\pi}{4}$	$\frac{\pi}{3}$	$\frac{\pi}{2}$	π	$\frac{3\pi}{2}$	2π
$\sin x$	0	$\frac{1}{2}$	$\frac{\sqrt{2}}{2}$	$\frac{\sqrt{3}}{2}$	1	0	−1	0
$\cos x$	1	$\frac{\sqrt{3}}{2}$	$\frac{\sqrt{2}}{2}$	$\frac{1}{2}$	0	−1	0	1
$\tan x$	0	$\frac{\sqrt{3}}{3}$	1	$\sqrt{3}$	∞	0	∞	0
$\cot x$	∞	$\sqrt{3}$	1	$\frac{\sqrt{3}}{3}$	0	∞	0	∞

10. 诱导公式

（1）$\sin\left(\frac{\pi}{2}-x\right)=\cos x$；

（2）$\cos\left(\frac{\pi}{2}-x\right)=\sin x$；

（3）$\tan\left(\frac{\pi}{2}-x\right)=\cot x$；

（4）$\cot\left(\frac{\pi}{2}-x\right)=\tan x$；

（5）$\sin\left(\frac{\pi}{2}+x\right)=\cos x$；

（6）$\cos\left(\frac{\pi}{2}+x\right)=-\sin x$；

（7）$\tan\left(\frac{\pi}{2}+x\right)=-\cot x$；

（8）$\cot\left(\frac{\pi}{2}+x\right)=-\tan x$；

（9）$\sin(\pi-x)=\sin x$；

（10）$\cos(\pi-x)=-\cos x$；

（11）$\tan(\pi-x)=-\tan x$；

（12）$\cot(\pi-x)=-\cot x$；

（13）$\sin(\pi+x)=-\sin x$；

（14）$\cos(\pi+x)=-\cos x$；

（15）$\tan(\pi+x)=\tan x$；

（16）$\cot(\pi+x)=\cot x$；

（17）$\sin(2\pi+x)=\sin x$；

（18）$\cos(2\pi+x)=\cos x$；

（19）$\tan(2\pi+x)=\tan x$；

（20）$\cot(2\pi+x)=\cot x$；

（21）$\sin(-x)=-\sin x$；

（22）$\cos(-x)=\cos x$；

（23）$\tan(-x)=-\tan x$；

（24）$\cot(-x)=-\cot x$。

七、数列的前 *n* 项和公式

1. 首项为 a_1，末项为 a_n，公差为 d 的等差数列的前 n 项和公式

$$S_n=\frac{n(a_1+a_n)}{2}=na_1+\frac{n(n-1)}{2}d。$$

2. 首项为 a_1，公差为 q 的等比数列的前 n 项和公式

$$S_n=\frac{a_1(1-q^n)}{1-q}\qquad（|q|\neq 1）。$$

3. $1+2+3+\cdots+n=\frac{n(n+1)}{2}$。

4. $1^2+2^2+\cdots+n^2=\dfrac{n(n+1)(n+2)}{6}$。

八、排列数和组合数公式、二项式定理

1. 排列数公式

（1）$\mathrm{A}_n^m=n(n-1)(n-2)\cdots(n-m+1)$；（2）$n!=\mathrm{A}_n^n=n(n-1)(n-2)\cdots\cdot 3\cdot 2\cdot 1$；

（3）$0!=1$。

2. 组合数公式

（1）$\mathrm{C}_n^m=\dfrac{\mathrm{A}_n^m}{\mathrm{A}_m^m}$；（2）$\mathrm{C}_n^m=\mathrm{C}_n^{n-m}$；

（3）$\mathrm{C}_n^0=1$。

3. 二项式定理

$$(a+b)^n=\mathrm{C}_n^0a^n+\mathrm{C}_n^1a^{n-1}b+\mathrm{C}_n^2a^{n-2}b^2+\cdots+\mathrm{C}_n^{n-1}ab^{n-1}+\mathrm{C}_n^nb^n$$ 。

附录 2 几种分布的数值表

一、标准正态分布数值表（见附表 1）

$$\Phi(x)=\int_{-\infty}^{x}\frac{1}{\sqrt{2\pi}}\mathrm{e}^{-\frac{x^2}{2}}\mathrm{d}x=P\{X\leqslant x\}$$

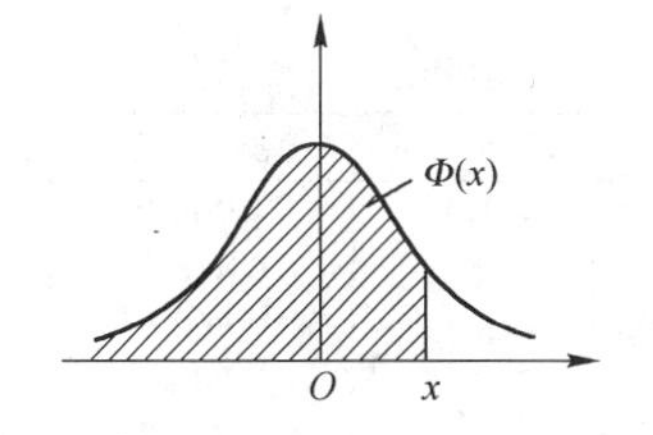

附表 1

x	0.00	0.01	0.02	0.03	0.04	0.05	0.06	0.07	0.08	0.09
00	0.500 0	0.504 0	0.508 0	0.512 0	0.516 0	0.519 9	0.523 9	0.527 9	0.531 9	0.535 9
0.1	0.539 8	0.543 8	0.547 8	0.551 7	0.555 7	0.559 6	0.563 6	0.567 5	0.571 4	0.575 3
0.2	0.579 3	0.583 2	0.587 1	0.591 0	0.594 8	0.598 7	0.602 6	0.606 4	0.610 3	0.614 1
0.3	0.617 9	0.621 7	0.625 5	0.629 3	0.633 1	0.636 8	0.640 4	0.644 3	0.648 0	0.651 7
0.4	0.655 4	0.659 1	0.662 8	0.666 4	0.670 0	0.673 6	0.677 2	0.680 8	0.684 4	0.687 9
0.5	0.691 5	0.695 0	0.698 5	0.701 9	0.705 4	0.708 8	0.712 3	0.715 7	0.719 0	0.722 4
0.6	0.725 7	0.729 1	0.732 4	0.735 7	0.738 9	0.742 2	0.745 4	0.748 6	0.751 7	0.754 9
0.7	0.758 0	0.761 1	0.764 2	0.767 3	0.770 3	0.773 4	0.776 4	0.779 4	0.782 3	0.785 2
0.8	0.788 1	0.791 0	0.793 9	0.796 7	0.799 5	0.802 3	0.805 1	0.807 8	0.810 6	0.813 3
0.9	0.815 9	0.818 6	0.821 2	0.823 8	0.826 4	0.828 9	0.835 5	0.834 0	0.836 5	0.838 9
1.0	0.841 3	0.843 8	0.846 1	0.848 5	0.850 8	0.853 1	0.855 4	0.857 7	0.859 9	0.862 1
1.1	0.864 3	0.866 5	0.868 6	0.870 8	0.872 9	0.874 9	0.877 0	0.879 0	0.881 0	0.883 0
1.2	0.884 9	0.886 9	0.888 8	0.890 7	0.892 5	0.894 4	0.896 2	0.898 0	0.899 7	0.901 5
1.3	0.903 2	0.904 9	0.906 6	0.908 2	0.909 9	0.911 5	0.913 1	0.914 7	0.916 2	0.917 7
1.4	0.919 2	0.920 7	0.922 2	0.923 6	0.925 1	0.926 5	0.927 9	0.929 2	0.930 6	0.931 9
1.5	0.933 2	0.934 5	0.935 7	0.937 0	0.938 2	0.939 4	0.940 6	0.941 8	0.943 0	0.944 1
1.6	0.945 2	0.946 3	0.947 4	0.948 4	0.949 5	0.950 5	0.951 5	0.952 5	0.953 5	0.953 5
1.7	0.955 4	0.956 4	0.957 3	0.958 2	0.959 1	0.959 9	0.960 8	0.961 6	0.962 5	0.963 3
1.8	0.964 1	0.964 8	0.965 6	0.966 4	0.967 2	0.967 8	0.968 6	0.969 3	0.970 0	0.970 6
1.9	0.971 3	0.971 9	0.972 6	0.973 2	0.973 8	0.974 4	0.975 0	0.975 6	0.976 2	0.976 7
2.0	0.977 2	0.977 8	0.978 3	0.978 8	0.979 3	0.979 8	0.980 3	0.980 8	0.981 2	0.981 7
2.1	0.982 1	0.982 6	0.983 0	0.983 4	0.983 8	0.984 2	0.984 6	0.985 0	0.985 4	0.985 7
2.2	0.986 1	0.986 4	0.986 8	0.987 1	0.987 4	0.987 8	0.988 1	0.988 4	0.988 7	0.989 0
2.3	0.989 3	0.989 6	0.989 8	0.990 1	0.990 4	0.990 6	0.990 9	0.991 1	0.991 3	0.991 6
2.4	0.991 8	0.992 0	0.992 2	0.992 5	0.992 7	0.992 9	0.993 1	0.993 2	0.993 4	0.993 6
2.5	0.993 8	0.994 0	0.994 1	0.994 3	0.994 5	0.994 6	0.994 8	0.994 9	0.995 1	0.995 2
2.6	0.995 3	0.995 5	0.995 6	0.995 7	0.995 9	0.996 0	0.996 1	0.996 2	0.996 3	0.996 4
2.7	0.996 5	0.996 6	0.996 7	0.996 8	0.996 9	0.997 0	0.997 1	0.997 2	0.997 3	0.997 4
2.8	0.997 4	0.997 5	0.997 6	0.997 7	0.997 7	0.997 8	0.997 9	0.997 9	0.998 0	0.998 1
2.9	0.998 1	0.998 2	0.998 2	0.998 3	0.998 4	0.998 4	0.998 5	0.998 5	0.998 6	0.998 6
3.0	0.998 7	0.999 0	0.999 3	0.999 5	0.999 7	0.999 8	0.999 8	0.999 9	0.999 9	1.000 0

二、t 分布数值表（见附表 2）

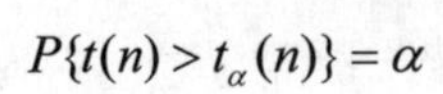

$$P\{t(n) > t_{\alpha}(n)\} = \alpha$$

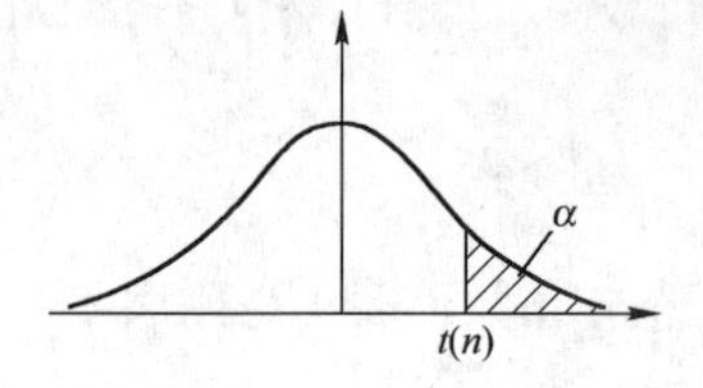

附表 2

n	α=0.25	0.10	0.05	0.025	0.01	0.005
1	1.000 0	3.077 7	6.313 8	12.706 2	31.820 7	63.657 4
2	0.816 5	1.885 6	2.920 0	4.302 7	6.964 6	9.924 8
3	0.764 9	1.637 7	2.353 4	3.182 4	4.540 7	5.840 9
4	0.740 7	1.533 2	2.131 8	2.776 4	3.746 9	4.604 1
5	0.726 7	1.475 9	2.015 0	2.570 6	3.364 9	4.032 2
6	0.717 6	1.439 8	1.943 2	2.446 9	3.142 7	3.707 4
7	0.711 1	1.414 9	1.894 6	2.364 6	2.998 0	3.499 5
8	0.706 4	1.396 8	1.859 5	2.306 0	2.896 5	3.355 4
9	0.702 7	1.383 0	1.833 1	2.262 2	2.821 4	3.249 8
10	0.699 8	1.372 2	1.812 5	2.228 1	2.763 8	3.169 3
11	0.697 4	1.363 4	1.795 9	2.201 0	2.718 1	3.105 8
12	0.695 5	1.356 2	1.782 3	2.178 8	2.681 0	3.054 5
13	0.693 8	1.350 2	1.770 9	2.160 4	2.650 3	3.012 3
14	0.692 4	1.345 0	1.761 3	2.144 8	2.624 5	2.976 8
15	0.691 2	1.340 6	1.753 1	2.131 5	2.602 5	2.946 7
16	0.690 1	1.336 8	1.745 9	2.119 9	2.583 5	2.920 8
17	0.689 2	1.333 4	1.739 6	2.109 8	2.566 9	2.898 2
18	0.688 4	1.330 4	1.734 1	2.100 9	2.552 4	2.878 4
19	0.687 6	1.327 7	1.729 1	2.093 0	2.539 5	2.860 9
20	0.687 0	1.325 3	1.724 7	2.086 0	2.528 0	2.845 3
21	0.686 4	1.323 2	1.720 7	2.079 6	2.517 7	2.831 4
22	0.685 8	1.321 2	1.717 1	2.073 9	2.508 3	2.818 8
23	0.685 3	1.319 5	1.713 9	2.068 7	2.499 9	2.807 3
24	0.684 8	1.317 8	1.710 9	2.063 9	2.492 2	2.796 9
25	0.684 4	1.316 3	1.708 1	2.059 5	2.485 1	2.787 4
26	0.684 0	1.315 0	1.705 6	2.055 5	2.478 6	2.778 7
27	0.683 7	1.313 7	1.703 3	2.051 8	2.472 7	2.770 7
28	0.683 4	1.312 5	1.701 1	2.048 4	2.467 1	2.763 3
29	0.683 0	1.311 4	1.699 1	2.045 2	2.462 0	2.756 4
30	0.682 8	1.310 4	1.697 3	2.042 3	2.457 3	2.750 0
31	0.682 5	1.309 5	1.695 5	2.039 5	2.452 8	2.744 0
32	0.682 2	1.308 6	1.693 9	2.036 9	2.448 7	2.738 5
33	0.682 0	1.307 7	1.692 4	2.034 5	2.444 8	2.733 3
34	0.681 8	1.307 0	1.690 9	2.032 2	2.441 1	2.728 4
35	0.681 6	1.306 2	1.689 6	2.030 1	2.437 7	2.723 8
36	0.681 4	1.305 5	1.688 3	2.028 1	2.434 5	2.719 5
37	0.681 2	1.304 9	1.687 1	2.026 2	2.431 4	2.715 4
38	0.681 0	1.304 2	1.686 0	2.024 4	2.428 6	2.711 6
39	0.680 8	1.303 6	1.684 9	2.022 7	2.425 8	2.707 9
40	0.680 7	1.303 1	1.683 9	2.021 1	2.423 3	2.704 5
41	0.680 5	1.302 5	1.682 9	2.019 5	2.420 8	2.701 2
42	0.680 4	1.302 0	1.682 0	2.018 1	2.418 5	2.698 1
43	0.680 2	1.301 6	1.681 1	2.016 7	2.416 3	2.695 1
44	0.680 1	1.301 1	1.680 2	2.015 4	2.414 1	2.692 3
45	0.680 0	1.300 6	1.679 4	2.014 1	2.412 1	3.689 6

三、χ^2分布数值表（见附表 3）

$$P\{\chi^2(n) > \chi^2_\alpha(n)\} = \alpha$$

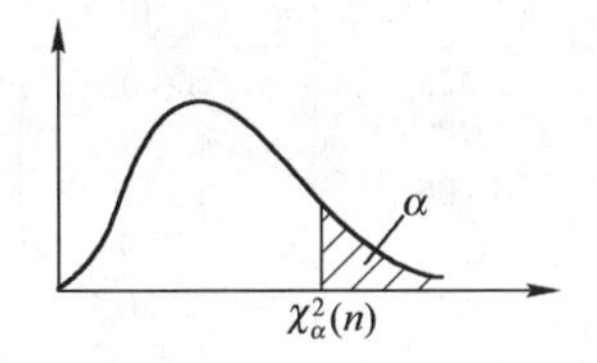

附表 3

n	α=0.995	0.99	0.975	0.95	0.90	0.75
1	—	—	0.001	0.004	0.016	0.102
2	0.010	0.020	0.051	0.103	0.211	0.575
3	0.072	0.115	0.216	0.352	0.584	1.213
4	0.207	0.297	0.484	0.711	1.064	1.923
5	0.412	0.554	0.831	1.145	1.610	2.675
6	0.676	0.872	1.237	1.635	2.204	3.455
7	0.989	1.239	1.690	2.167	2.833	4.255
8	1.344	1.646	2.180	2.733	3.490	5.071
9	1.735	2.088	2.700	3.325	4.168	5.899
10	2.156	2.558	3.247	3.940	4.865	6.737
11	2.603	3.053	3.816	4.575	5.578	7.584
12	3.074	3.571	4.404	5.226	6.304	8.438
13	3.565	4.107	5.009	5.892	7.042	9.299
14	4.075	4.660	5.629	6.571	7.790	10.165
15	4.601	4.229	6.262	7.261	8.547	11.037
16	5.142	5.812	6.908	7.962	9.312	11.912
17	5.697	6.408	7.564	8.672	10.085	12.792
18	6.265	7.015	8.231	9.390	10.885	13.675
19	6.844	7.633	8.907	10.117	11.651	14.562
20	7.434	8.260	9.591	10.851	12.443	15.452
21	8.034	8.897	10.283	11.591	13.240	16.344
22	8.643	9.542	10.982	12.338	14.042	17.240
23	9.260	10.196	11.689	13.091	14.848	18.137
24	9.886	10.856	12.401	13.848	15.659	19.037
25	10.520	11.524	13.120	14.611	16.473	19.939
26	11.160	12.198	13.844	15.379	17.292	20.843
27	11.808	12.879	14.573	16.151	18.114	21.749
28	12.461	13.565	15.308	16.928	18.939	22.657
29	131.121	14.257	16.047	17.708	19.768	23.567
30	13.787	14.954	16.791	18.493	20.599	24.478
31	14.458	15.655	17.539	19.281	21.434	25.390
32	15.134	16.362	18.291	20.072	22.271	26.304
33	15.815	17.074	19.047	20.867	23.110	27.219
34	16.501	17.789	19.806	21.664	23.952	28.136
35	17.192	18.509	20.569	22.465	24.797	29.054
36	17.887	19.233	21.336	23.269	25.643	29.973
37	18.586	19.960	22.106	24.075	26.492	30.893
38	19.289	20.691	22.878	24.884	27.343	31.815
39	19.996	21.426	23.654	25.695	28.196	32.737
40	20.707	22.164	24.433	26.509	29.051	33.660
41	21.421	22.906	25.215	27.326	29.907	34.585
42	22.138	23.650	25.999	28.144	30.765	35.510
43	22.859	24.398	26.785	28.965	31.625	36.436
44	23.584	25.148	27.575	29.787	32.487	37.363
45	24.311	25.901	28.366	30.612	33.350	38.291

$$P\{\chi^2(n) > \chi_\alpha^2(n)\} = \alpha$$

续表

n	α=0.25	0.10	0.05	0.025	0.01	0.005
1	1.323	2.706	3.841	5.024	6.635	7.879
2	2.773	4.605	5.991	7.378	9.210	10.597
3	4.108	6.251	7.815	9.384	11.345	12.838
4	5.385	7.779	9.488	11.143	13.277	14.860
5	6.626	9.236	11.071	12.833	15.086	16.750
6	7.841	10.645	12.592	14.449	16.812	18.548
7	9.037	12.017	14.067	16.013	18.475	20.278
8	10.219	13.362	15.507	17.535	20.090	21.955
9	11.389	14.684	16.919	19.023	21.666	23.589
10	12.549	15.987	18.307	20.483	23.209	25.188
11	13.701	17.275	19.675	21.920	24.725	26.757
12	14.845	18.549	21.026	23.337	26.217	28.299
13	15.984	19.812	22.362	24.736	27.688	29.819
14	17.117	21.064	23.685	26.119	29.141	31.319
15	18.245	22.307	24.996	27.488	30.578	32.801
16	19.369	23.542	26.296	28.845	32.000	34.267
17	21.489	24.769	27.587	30.191	33.409	35.718
18	21.605	25.989	28.869	31.526	34.805	37.156
19	22.718	27.204	30.144	32.852	36.191	38.582
20	23.828	28.412	31.410	34.170	37.566	39.997
21	24.935	29.615	32.671	35.479	38.932	41.401
22	26.039	30.813	33.924	36.781	40.289	42.796
23	27.141	32.007	35.172	38.076	41.683	44.181
24	28.241	33.196	36.415	39.364	42.980	45.559
25	29.339	34.382	37.652	40.646	44.314	46.928
26	30.435	35.563	38.885	41.923	45.642	48.290
27	31.528	36.741	40.113	43.194	46.963	49.645
28	32.620	37.916	41.337	44.461	48.278	50.993
29	33.711	39.987	42.557	45.722	49.588	52.336
30	34.800	40.256	43.773	46.979	50.892	53.672
31	35.887	41.422	44.985	48.232	52.191	55.003
32	36.973	42.585	46.194	49.480	53.486	56.328
33	38.058	43.745	47.400	50.725	54.776	57.648
34	39.141	44.903	48.602	51.966	56.061	58.964
35	40.223	46.059	49.802	53.203	57.342	60.275
36	41.304	47.212	50.998	54.437	58.619	61.581
37	42.383	48.363	52.192	55.668	59.982	62.883
38	43.462	49.518	53.384	56.896	61.162	64.181
39	44.539	50.660	54.572	58.120	62.428	65.476
40	45.616	51.805	55.785	59.342	63.691	66.766
41	46.692	52.949	56.942	60.561	64.950	68.053
42	47.766	54.090	58.124	61.777	66.206	69.336
43	48.840	55.230	59.304	62.990	67.459	70.616
44	49.913	56.369	60.481	64.201	68.710	71.893
45	50.985	57.505	61.656	65.410	69.957	73.166

附录3 Mathematica软件系统使用入门

Mathematica是一个功能强大的计算机软件系统。它将几何、数值计算与代数有机结合在一起，可用于解决各种领域内涉及的复杂符号计算和数值计算问题，适用于从事实际工作的工程技术人员、学校教师与学生、从事理论研究的数学工作者和其他科学工作者使用。

Mathematica能进行多项式的计算、因式分解、展开等；进行各种有理式的计算；多项式、有理式方程和超越方程的精确根和近似根；数值的、一般代数式的、向量与矩阵的各种计算；求极限、导数、积分；进行幂级数展开及求解微分方程等。还可以做任意位数的整数或分子分母为任意大整数的有理数的精确计算，进行具有任意位精度的数值（实、复数值）计算。使用Mathmatica可以很方便地画出用各种方式表示的一元和二元函数的图形。通过这样的图形，我们常可以立即形象地把握住函数的某些特性。

Mathematica的能力不仅仅在于上面说的这些功能，更重要的在于它把这些功能有机地结合在一个系统里。在使用这个系统时，人们可以根据自己的需要，一会儿从符号演算转去画图形，一会儿又转去做数值计算。这种灵活性能带来极大的方便，常使一些看起来非常复杂的问题变得易如反掌。Mathematica还是一个很容易扩充和修改的系统，它提供了一套描述方法，相当于一个编程语言，用这个语言可以写程序，解决各种特殊问题。

下面介绍这一系统的使用。

一、系统的算术运算

1．数的表示

Mathematica的数常以两种形式出现：精确数与浮点数，除几个常用的数学常数外，与通常的表示基本相同。常用数学常数的表示：圆周率π用 Pi 表示，E 表示自然对数的底e=2.718286……，Degree表示角度1°，I表示虚数单位i，Infinity表示无穷大∞。

2．数运算算符

加、减、乘、除、乘方的算符依次为+、–、*、/、^。其中乘可以用空格来代替，减号可用来表示一个负数的符号，并直接写在数的前边。

3．数的运算规则

与数学中数的运算规则相同，其先后次序由低到高依次为：加（减）、乘（除）、乘方，连续几个同级运算（除乘方外）从左到右顺序进行，乘方则从右到左进行。用小括号（ ）可以改变运算次序。

4．数运算的结果

运算结果依以下方式进行

（1）整数、分数等，总之，不带有小数点的数，它们所组成的算式，将被系统认可为求精确值；例如，2/3的结果为$\frac{2}{3}$；4/10的结果为$\frac{2}{5}$等。

（2）式子中若有一个参与运算的数是浮点数（即带有小数点的数），将被系统认可为求整个式子的近似值，结果以浮点数形式给出（含有数学常数的式子除外）。关于这点，请注意以下例子。

【例 1】求式子 $-2^2\times[3\times(\frac{5}{9})^0]^{-1}\times[81^{-0.25}+(3+\frac{3}{8})^{-\frac{1}{3}}]^{\frac{1}{2}}$ 的值。

解：可以用以下的 Mathematica 系统书写格式：

```
-2^2*(3*(5/9)^0)^-1*(81^-0.25+(3+3/8)^(-1/3))^(1/2)
```

其输出结果为：-1.33333。

(3) 对于含有数学常数的式子，则分组依上述规则进行运算。即对含有浮点数而不含数学常数的部分依上述规则直接进行；对含有数学常数的项除数学常数外依上述规则进行。

【例 2】求式子 $100^{0.25}\times\left(\frac{1}{9}\right)^{-\frac{1}{2}}+8^{-\frac{1}{3}}\times\left(\frac{4}{9}\right)^{\frac{1}{2}}\pi+\left(\frac{8}{9}\right)^0$ 的值。

解：输入 Mathematica 命令

```
100^0.25*(1/9)^(-1/2)+8^(-1/3)*(4/9)^(1/2)*Pi+(8/9)^0
```

其运行结果为：$10.4868+\frac{\text{Pi}}{3}$；又若将上式中 $\frac{4}{9}$ 的次幂改成了 0.5，即输入

```
100^0.25*(1/9)^( -1/2)+8^(-1/3)*(4/9)^0.5*Pi+(8/9)^0
```

则输出结果变为：10.4868 + 0.333333 Pi。

(4) 精确数转换为浮点数有以下方式：

N[*a*]——表示求数 *a* 的近似值，有效位数取 6 位；

a//*N*——与 *N*[*a*]的结果相同。

N[*a*，*n*]——求 *a* 的近似值，有效位数由 *n* 的取值而给定。

其中，*a* 为数或为一可以确定数值的表达式。如对于前面的例子，要想结果为一个浮点数，只需输入：

```
100^0.25*(1/9)^(-1/2)+8^(-1/3)*(4/9)^0.5*Pi+(8/9)^0//N
```

或

```
N[100^0.25*(1/9)^(-1/2)+8^(-1/3)*(4/9)^0.5*Pi+(8/9)^0]
```

结果均为：11.534。要想得到更精确的结果，比如，取 20 位有效数字的结果，只要输入

```
N[100^0.25*(1/9)^(-1/2)+8^(-1/3)*(4/9)^0.5*Pi+(8/9)^0，20]
```

结果为：11.53403053170173。

二、数表及其有关操作

1．表与集合

Mathematica 中的表形式上为：{a，b，c，…}，正如我们已经看到的那样，它的元素既可以是数，也可以是表，甚至可以是其他任何形式的元素。用表可以表示集合，形式没什么差别。但它到底表示表还是表示集合，则要根据前后文的用法来判定。

表中元素也可以是表，例如，{{1，2}，{3，4}，{4，5}}，{{1，2，3}，{2，3，1}，{3，4，5}}等，这就是二层表，二层表中的元素为一表，常称为子表，子表中元素还可以是表，从而有三层表，四层表等，二层及二层以上的表称为多层表，常见的多为单层、二层与三层表。

2．表的生成

直接生成：按顺序写出一个表中的元素并放在一个大括号{}之中，即得到一个表。例如，语句 tt={1，2，3，4}则表示由 1，2，3，4 按序组成的表，并同时将此表赋值给 tt；

通项生成：其命令格式为

Table[表达式，{n，n1，n2，step}]

表示用包含 *n* 的“表达式”并将 *n* 依次以步长 step 取 *n*1 到 *n*2 间的值所得到的表，例如，

Table[1/n^2，{n，1，20，2}]

可得到一表。注意：step=1 时可以省略不写，step=1 且 *n*1=1 时，二者均可省略，例如，

Table[1/n^2，{n，2，20}]

Table[1/n^2，{n，20}]

都是合法语句。step!=1 时，上述任何一项均不可省略。使用时要注意 $n1<n2$ 时，step 应取正，$n1>n2$ 时，step 取负。注意比较以下两个语句的输入与输出：

Table[1/n^2，{n，20，30，2}]

Table[1/n^2，{n，30，20，−1}]

大家也可以违反上述规则，反其道而行之看一看能得到什么结果。

Table[ ]可以用来生成多层表，请用以下命令查看其生成方式：

Table[f[i，j]，{i，1，3}，{j，1，4}]

迭代生成：其命令格式为 NestList[纯函数 *f*，初始值 *x*，迭代次数 *n*]，它表示这样一个表：表中元素分别是 *x*，*f* 一次作用到 *x* 上得到的结果，*f* 复合两次作用到 *x* 上得到的结果，……，*f* 复合 *n* 次作用到 *x* 上的结果。共计 *n*+1 个元素。输入

NestList[Sin，1.0，20]

看所得结果。

3．表的有关操作

元素抽取：First[表]，Last[表]，表[[*n*]]分别表示取表的第一个、最后一个、第 *n* 个元素，Take[表，整数 *n*] 中 *n* 可正可负，正表示取前 *n* 个，负表示取后 *n* 个，Take[表，{整数 *m*，整数 *n*}] 取出表的第 *m* 个到第 *n* 个元素作成一个表。

加入元素：Prepend[表，表达式]，将“表达式”加在原表所有元素的前面；Append[表，表达式]，将“表达式”加在原表所有元素的后面；Insert[表，表达式，*n*]，将“表达式”插在原表的第 *n* 个位置。

表与表的合并：Join[表，表，…]，表表元素间顺序连接合成的表；Union[表，表，…] 表表合并，并删除了重复元素，按内定顺序排序后的表，这正是集合的并。

表的其他常用操作：对表的其他常用操作还有 Length[表]，MemberQ[表，表达式]，Count[表，表达式]，FreeQ[表，表达式]，Position[表，表达式]等。有关的常用操作的格式及功能见附表 4。

附表 4

	格式	功能说明
抽取元素	First[表]、Last[表]	取出表的第一个、最后一个元素
	表名[[i]] 表名[[i1，i2，…in]]	取出表的第 *i* 个元素 取出多层表的第一层 i_1 个子表的第 i_2 个子表的…第 i_n 个元素
	Take[表，n]	*n* 正，取表的前 *n* 个元素，负后 *n* 个
	Take[表，{m，n}]	取表中 *m* 与 *n* 位置之间的所有元素
加入元素	Prepend[表，表达式]	“表达式”加在表的第一位置
	Append[表，表达式]	“表达式”加在表的最后位置
	Insert[表，表达式，n]	元素加在表的第 *n* 位置

续表

	格式	功能说明
合并表	Join[表，表，…]	表与表放在一起所成的表
	Union[表，表，…]	表与表作为集合的合并，即集合的并
其他常用操作	Length[表]	表的长度
	MemberQ[表，表达式] FreeQ[表，表达式]	判断“表达式”是否在表中出现、不出现
	Count[表，表达式] Position[表，表达式]	“表达式”在表中出现的次数列表、位置列表

注意：

（1）上述表中所有操作，均不改变原表。例如，置 tt={1，2，3，4，5}，Append[tt，6]的执行结果为：{1，2，3，4，5，6}，但此时输入命令 tt 查看 tt 的情况，可得执行结果仍为：{1，2，3，4，5}。另外，用简短的变量名代替一些较长的式子、表以及后面要介绍的图形等是一个很好的办法，建议学习使用。

（2）多层表的操作与单层表相同，只是注意所做操作首先是对表的最外层所做的，例如，

Take[{{1，2，3}，{2，3，1}，{3，4，5}}，2]

的结果为外层表的元素——子表{2，3，1}。但要取出子表中元素，可用以下命令：

{{1，2，3}，{2，3，1}，{3，4，5}}[[3，2]]，

这一命令的结果为 4，可见命令的含义为：取出外层表的第三个元素{3，4，5}的第二个元素。

三、代数式与代数运算

1．赋值

x=a 表示把数 a 赋予 x。在此以后 x 即有定义，其代表一个数，值为数 a，只要不再对 x 赋值，没有退出过系统，x 恒为此值。也可以用这种方法将 x 的值赋给其他的变量，但赋值后，此变量也与 x 一样具有了值 a。例如，先输入表达式：x^2+3x–10，则运行结果为：x^2+3x–10。输入 x=2，运行结果为 2，说明 x 已赋值成 2。此时，如果我们再输入表达式：x^2+3x–10，则输出结果为 0。这说明此时的 x 已经代表数 2 了，而不再是符号 x。

2．代入

表达式/.x->a 表示把表达式中的 x 全代换成 a 时的结果，其中，x->a 叫做代入规则。代入不改变原表达式，只给出表达式将 x 代换成 a 后的式子或值。例如，仍用上述的式子：x^2+3x-10，输入：x^2+3x–10/.x–>2，则结果为 0。再输入：x^2+3x–10，其结果仍为：x^2+3x–10。说明表达式没有改变，或者说 x 仍代表字符或变量 x，没有具体的值。

3．清除

x=.或 Clear[x]，表示取消对 x 的赋值，它们没有输出结果。一般来说，在使用一些变量前，最好先清除一下，这可以避免变量的以前赋值影响以后的计算结果，这种影响有时容易从运行结果发现，但有时也很难发现，而这是最难以忍受的。因此，应当养成使用变量前先清除变量以前定义的习惯。

4．以前结果的使用

%可用于表示上次计算的结果，%%表示上上次的计算结果，%*n* 表示第 *n* 次输入的计算结果，即 Out[n]的值。

请分次连续输入以下各语句，并理解其输入与输出：Mathematica 规定用(**)括起来的所有内容，表示注释而不予执行，输入时可以不输入。

```
(1+x+3y)^4
%
x=2
(1+x+3y)^4
%12/.y->2       (*注意：%12 已假设上述第一个语句的标号为 12*)
x=.             (*清除了对 x 的赋值*)
(1+x+3 y)^4
```

所得输出有 7 个，仔细考察各语句之间的关系可以看出，每个输出正好对应着上述各输入的计算结果。另外，引用变量来表示一些较复杂难写的结果，也可以使输入变得容易。例如，以下语句也代表了上述的一系列语句，请注意体会。

```
p=(1+x+3y)^4
p
x=2
p
p/.y->2
x=.  (*注意未清除 y*)
(1+x+3 y)^4
```

执行后也得到与前述一样的 7 个输出。

5．代数式的几个操作函数

（1）展开与因式分解

除按一般的算术运算计算外，对多项式还有展开与因式分解的操作，命令分别为：

Expand[表达式]　表示对表达式作展开运算；

Factor[表达式]　表示对表达式进行因式分解。

【例 3】对第 15 次的运算结果展开，然后，再分解因式。

解：对第 15 次的运算结果进行展开用命令

Expand[%15]

设第 15 次的结果是：$(1+x+3y)^4$，则上面命令的运行结果为

$$1+4x+6x^2+4x^3+x^4+12y+36xy+36x^2y+12x^3y+54y^2+108xy^2+$$
$$54x^2y^2+108y^3+108xy^3+81y^4,$$

对上述结果再进行因式分解

Factor[%]

运行后则返回到结果：$(1+x+3y)^4$。

（2）化简

Simplify[表达式]表示把表达式化简所得结果。例如，化简 Expand[(1+*x*+3*y*)^4]的结果，则命令为：

Simplify[Expand[(1+x+3y)^4]]

注意：Simplify[表达式]的意义是将表达式化为最简形式，即以最短、最简单的形式输出结果；Factor[表达式]则是给出表达式因式分解以后的结果。请输入以下命令，弄清 Simplify[ ]与 Factor[ ]的区别：

Simplify[x^5-1]

Factor[x^5-1]。

6．关于解方程

Mathematica 有多个命令可以求解一个方程或方程组，例如，Solve[ ]、Reduce[ ]等。它们均可以用来求方程的精确解。Solve[ ]给出的结果形式为一代入规则列表；Reduce[ ]则给出方程解的组合条件表示形式。例如，

Solve[x^4-13x^2+36==0，x]

执行的结果为

{{x -> 3}，{x -> -3}，{x -> 2}，{x -> -2}}

Reduce[x^4-13x^2+36==0，x]

执行的结果为 x == 3 || x == -3 || x == 2 || x == -2，可以看出，除了运算结果的输出形式有所不同外，其他没有太大差别。但使用这些命令，对于有些方程往往求不出其根的精确值。例如，对于方程 $x^5-4x+2=0$，这时可用命令 NSolve[ ] 来求方程的近似解，NSolve[ ]可用来求其根的近似值。例如，

Solve[2-4x+x^5==0，x]

N[%]

NSolve[2-4x+x^5==0，x]

从所得结果可以看出，NSolve[ ]与 Solve[ ]后再 N[ ]是等同的。

NSolve[ ]与 Solve[ ]，Reduce[ ]还可用来求解方程组。例如，

Solve[{x^2+y^2==2x*y+4，x+y==1}，{x，y}]

的结果为 $\{\{x->-\frac{3}{2}，y->\frac{3}{2}\}，\{x->\frac{3}{2}，y->-\frac{3}{2}\}\}$。用另外两个语句 Nsolve[ ]与 Reduce[ ]可分别得到解的近似值与解的条件格式。

7．方程消元

给定方程组 $\begin{cases} f(x,\ y,\ z)=0 \\ g(x,\ y,\ z)=0 \end{cases}$，对 x 或 x，y 消元，命令的格式分别为

Eliminate[{f[x，y，z]==0，g[x，y，z]==0}，x]

Eliminate[{f[x，y，z]==0，g[x，y，z]==0}，{x，y}]

例如，给定方程 $x^2+y^2+3xy-4=0$ 与 $x-y=1$，则对 y 消元时可使用命令

Eliminate[{x^2+y^2+3x*y-4==0，x-y==1}，y]，

但注意用它不能求得方程或方程组的解。对于超越方程来讲，它的作用也是有限的。但对于代数方程的消元是很有用的。

四、变量与函数

1．变量名

变量用包含任意多的字母数字表示，其中不能带有空格、标点符号、算符等，且数字字符不能放在变量名的最前面。例如，xx、x35、xyz 是变量名，5x、x*y、x□y（这里我们以符

号□表示空格）不是变量名。以下对空格用法的详细描述将有助于理解。

空格的使用规定是：

（1）两个子表达式间的空格（或换行符）总表示它们相乘。例如，x□x 表示 x 与 x 的乘积；

（2）能明确判定是相乘的地方可以省略空格，例如，5(2+3)是一个表达式，其值为 30；

（3）算术运算符的前面、圆括号、方括号或大括号的前后等地方，有没有空格或有多个空格都不改变表达式的意义，例如，5□(2+3)和 5□□(2+3)均是表达式，其值也为 30。

2．系统内部常用的数学函数名称

幂函数　　Sqrt（求平方根），Exp（以 e 为底的指数）

对数函数　Log

三角函数　Sin Cos Tan Cot Sec Csc

反三角函数　ArcSin ArcCos ArcTan ArcCot ArcSec ArcCsc

双曲函数　Sinh Cosh Tanh Coth Sech Csch

反双曲函数　ArcSinh ArcCosh ArcTanh …

3．书写系统内部函数名应注意的事项

（1）都以大写字母开头，后面字母用小写。例如，Sin，Cos 等。假如当函数名可以分成几段时，每段的头一个字母要大写，后面字母用小写。例如，ArcTan，ArcSinh 等。

（2）函数名是一个字符串，其中不能有易引起异义的字符。例如，将 ArcSin 写成 Arc□Sin 是不合法的。

（3）函数的参数表用方括号括起来，不能用其他括号。例如，Sin(x+y)表示变量 Sin 与 x+y 的乘积；Sin[x+y]则表示函数 Sin 作用到 x+y 上的结果。

（4）有多个参数的函数，参数之间用逗号分隔。例如，Log[2，3]表示以 2 为底 3 的对数。

4．数学函数的运算和函数值

函数与数、函数与函数之间的运算方式和数与式、式与式之间的运算相同。例如，函数与函数的复合方式表现为函数名之间的嵌套。例如，Sin[x]+Cos[x]，Sin[x]*Cos[x]分别表示函数 Sin[x]与 Cos[x]的和函数与积函数；Sin[Cos[x]]即表示由函数 Sin[u]与 u=Cos[x]复合而成的函数。例如，求 $\sin\cos 2.1$ 的值，可用如下命令

Sin[Cos[2.1]]。

5．自定义函数

（1）定义：有两种方式：

f[x_]：=函数表达式　或　f[x_]=函数表达式

用来定义一个自变量为 x 的函数 $f[x]$，今后我们会学到，它们只有微小的区别，在此我们不妨暂时认为二者没有区别。只要不退出系统，则函数 $f[x]$的定义必然存在，再次定义 $f[x]$，则 $f[x]$的定义更换为新的表示。Clear[f]清除 f 的所有定义内容。Save[f]可将 f 的定义保存起来，下次仍可使用。

（2）使用：可以像 Mathematica 系统内部函数一样使用，除了要按所定义的函数名书写外，其用法与书写规范与内部函数完全一样。

（3）例：首先定义一个函数 $f(x)=x^3$，然后再求这一函数在 x=3 时的函数值，则可输入如下命令：

f[x_]：=x^3　　　　　　　　(*定义了函数 $f(x)=x^3$ *)

f[3]

结果为：27。

（4）注意：定义函数的“：=”表示延时定义，即在需要函数的当地进行计算；但“=”则表示立即定义，即在定义的同时进行了等号右端表达式的计算。

五、Mathematica 的绘图初步

1．一元函数的图形

Mathematica 的基本命令形式为

Plot[函数名[自变量]，{自变量，下限，上限}]

这一命令用来画出“函数名”对应的函数当“自变量”在“下限”与“上限”之间变化时的图形，一般来说，不标注纵横轴的名称。例如，要画出函数 $\sin x$ 在区间[-2π，2π]的图形，可用以下命令：

Plot[Sin[x]，{x，–2Pi，2Pi}]

系统运行结果为

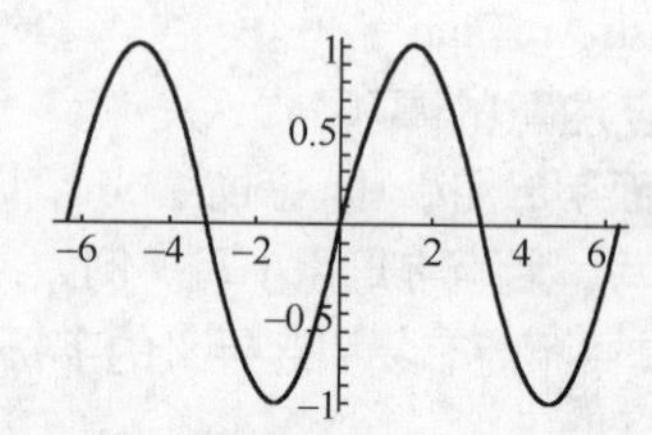

画图时，也许你希望按照自已的意愿给出结果，此时你可在画图命令中加入自定的可选项要求，格式为

Plot[函数表达式，{变量，下限，上限}，选项]

常用的可选项：

AxesLabel 说明你要画图的坐标轴标记，缺省时不标记。AxesLabel->{time，temp}表示坐标轴标记横轴为 time，纵轴为 temp。例如，

Plot[Sin[x]，{x，–2，2}，AxesLabel->{time，temp}]

PlotRange 说明你要求的画图范围，缺省时为 Automatic，即 PlotRange->Automatic，表示由计算机自动选定，这时，系统按一定的原则确定作图范围，有时可能切掉图形的某些尖峰。当发现系统切掉了重要的尖峰时，可更换选项重画图形。其他可能的值有：All 表示画出函数的全部情况；{下限，上限}表示画出纵坐标在区间[下限，上限]内的图形；{{x1，x2}，{y1，y2}}形式给出横坐标在[x1，x2]，纵坐标在[y1，y2]的函数图形。注意：重画的图形仅为没有此选项时图形的局部放大，不改变形状，即使局部有误也如此。

AspectRatio 说明整个图的高宽比，缺省时为 1。可以用任何的数值以迎合你的要求。

Axes 指明是否画坐标轴及坐标轴的交点坐标，缺省值为 Automatic。可用 None 说明不画坐标轴，也可用{x，y}形式的值表示把坐标轴交叉点设在（x，y）点的位置。

一幅图中，可同时画几个函数的图形，其格式为：

Plot[{函数 1，函数 2，…}，{自变量，下限，上限}]

表示在自变量的“下限”至“上限”范围内，在一幅图中，画出函数 1，函数 2，…的图形。例如，将函数 $\sin x$，$\cos x$，$\tan x$ 画在同一张图上。

Plot[{Sin[x]，Cos[x]，Tan[x]}，{x，–2Pi，2Pi}]

执行的结果为：

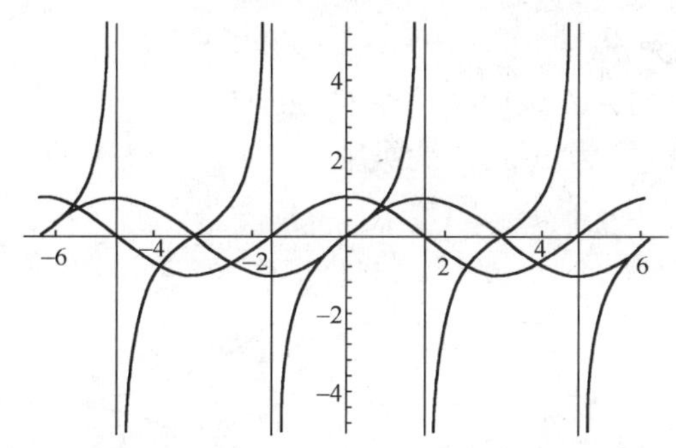

为比较所画出的图形，常要将几个图形组合显示在同一图中，组合显示的命令为

Show[图形 1，图形 2，…]

表示将图形 1，图形 2，…中图形显示一幅图中，在此要注意 Show[ ]所显示的图形应是已经画好的图形。例如，

首先用红色画出 $\sin x$ 的图形，并将图形记为 $g1$

g1=Plot[Sin[x]，{x，-2Pi，2Pi}，PlotStyle->{RGBColor[1，0，0]}];

（图形略），其次用绿色画出 $\cos x$ 的图形，并将图形记为 $g2$

g2=Plot[Cos[x]，{x，-2Pi，2Pi}，PlotStyle->{RGBColor[0，1，0]}];

（图形略），再用蓝色画出 $\tan x$ 的图形，并将图形记为 $g3$

g3=Plot[Tan[x]，{x，-2Pi，2Pi}，PlotStyle->{RGBColor[0，0，1]}];

（图形略），最后将它们显示在同一图中有

Show[g1，g2，g3]

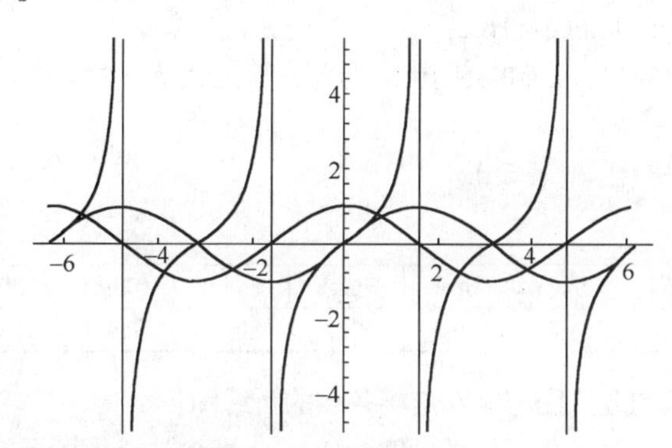

注意：上述过程可以一次直接用以下命令画出

Plot[{Sin[x]，Cos[x]，Tan[x]}，{x，-2Pi，2Pi}，

PlotStyle->{RGBColor[1，0，0]，RGBColor[0，1，0]，RGBColor[0，0，1]}

2．平面曲线的参数方程作图

已知某一平面曲线的参数方程为：

$$\begin{cases} x = x(t) \\ y = y(t) \end{cases}, \quad (t_1 \leqslant t \leqslant t_2)$$

则 Mathematica 系统的绘图命令为：ParamatricPlot[{x[t]，y[t]}，{t，t1，t2}]，其中 $x(t)$ 为横轴，$y(t)$为纵轴。例如，已知某一平面曲线的参数方程为

$$\begin{cases} x = \sin^3 t \\ y = \cos^3 t \end{cases}, \quad (0 \leqslant t \leqslant 2\pi)$$

则 Mathematica 命令为：

ParametricPlot[{Sin[t]^3，Cos[t]^3}，{t，0，2Pi}]

画出的图形为（注意：x 为横轴，y 为纵轴）

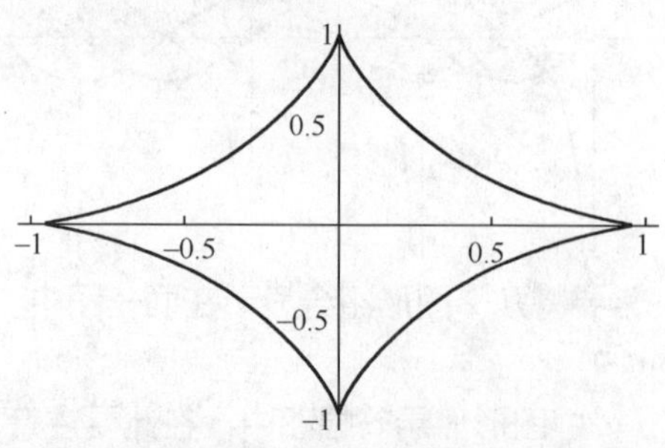

ParametricPlot[ ]也有一系列的任选项，常用的与 Plot[ ]命令的任选项相同，有关其选项的缺省值，请用命令??ParametricPlot 查阅，同时也可以从中了解 ParametricPlot[ ]所有选项的名称写法及其设置值。当然，通过使用，你可以了解它们的作用，查字典了解它们的中文意思也可以帮助记忆与理解它们。

3．数据点作图

在系统中，数据点用数据表——二、三元数组来表示，因此一组数据用数据点的表表示，如{{1，3}，{2，5}，{5，8}}即表示一组数据。在此我们不妨称一组数据为一数据表。用命令 ListPlot[ ]可以画出数据表的散点图或由各点顺次连接起来的折线图。格式分别为：

ListPlot[数据表]

ListPlot[数据表，PlotJoined->True]

由第二种用法可以看出，ListPlot[ ]也有选项，除上述选项外，Plot[ ]的大多数选项对它都适用。

【例 4】给定数据表（见附表 5）

附表 5

x	496.8	519.6	623.2	668.1	742.7	854.0	1009.5	1302.4	1754.3	2420.0
y	443.2	453.1	561.4	620.0	682.0	809.6	954.5	1186.0	1582.0	2214.0

试画出这一数据表的散点图与顺次连接各点的折线图。

解：为了后面使用方便，我们将表赋值给 data1，即令 data1 表示这一表有

data1={{496.8，443.2}，{519.6，453.1}，{623.2，561.4}，{668.1，620.0}，{742.7，682.0}，{854.0，809.6}，{1009.5，954.5}，{1302.4，1186.0}，{1754.3，1582.0}，{2420.0，2214.0}}

此时，可画出数据的散点图，命令为

ListPlot[data1]

命令执行后，你只看到一个空的坐标系，选中图形（用鼠标单击图形）后，找到可拉大点将图形拉大到一定大小，即可看到坐标系中的散点位置，即数据的散点图。在上述命令中加入一个选项 PlotJoined->True，可以画出将各散点用直线连接起来后的图形

ListPlot[data1，PlotJoined->True]

关于 ListPlot[ ]还有其他的一些选项，用??ListPlot 可以查阅。

习题参考答案

习题 1

1. (1) $(-\infty,1)\cup(2,+\infty)$；(2) $[-1,0)\cup(0,1]$；(3) $(-1,1)$；(4) $(-\infty,+\infty)$。

2. (1) 0；(2) $2x+\Delta x$；(3) $-\dfrac{1}{x(x+\Delta x)}$；(4) $\dfrac{1}{\sqrt{x+\Delta x}+\sqrt{x}}$。

3. $x+1$。

4. 4；$3x^2+4x$；$3x^2-10x+7$；$27x^4-72x^3+36x^2+16x$。

5. (1) $y=\dfrac{1+x}{1-x}$, $(-\infty,1)\cup(1,+\infty)$；(2) $y=\mathrm{e}^{x-1}-2$, $(-\infty,+\infty)$；

(3) $y=\sqrt{x^2-1}$, $[1,+\infty)$；(4) $y=\log_2(x+1)$, $(-1,+\infty)$。

6. (1) $(-\infty,+\infty)$；(2) $(-\infty,+\infty)$。

7. (1) $y=\mathrm{e}^u,\ u=-x$；(2) $y=\lg u,\ u=\cos x$；(3) $y=u^2,\ u=\sin x$；(4) $y=\sqrt{u},\ u=2x^2+1$；

(5) $y=u^3,\ u=2-\ln x$；(6) $y=\tan u,\ u=\sqrt{x}\mathrm{e}^x$。

8. $y=\sqrt{d^2-x^2},\ (0<x<d)$（设两边长分别为 x，y）。

9. $f=-\dfrac{1}{2}v$。

10. (1) 略；(2) 20。

11. $y=\begin{cases}0, & 0\leqslant x\leqslant 20\\ 0.2(x-20), & 20<x\leqslant 50\\ 0.3(x-50)+6, & x>50\end{cases}$。

12. $y=\begin{cases}2.0, & 0<x\leqslant 2\\ 2.5, & 2<x\leqslant 3\\ 3.0, & 3<x\leqslant 4\\ 3.5, & 4<x\leqslant 5\end{cases}$。

13. 54000。

14. $C=0.04x^2+140x+15000$；$R=-0.06x^2+300x$；$L=-0.1x^2+160x-15000$。

15. (1) ①2；②0；③不存在；④2；⑤2；⑥0。

(2) ①$-\infty$；②$-\infty$；③$-\infty$；④1；⑤2；⑥2。

16. 2，2，存在且等于 2。

17. 1，-1，不存在。

18. (1) 1；(2) -3；(3) ∞；(4) -1；(5) $3x^2$；(6) $\dfrac{1}{2}$；(7) 2；(8) 2；(9) $\dfrac{3}{2}$；

(10) 0；(11) -2；(12) $\dfrac{2}{3}$。

19.（1）3;（2）$\frac{2}{3}$;（3）$\frac{5}{2}$;（4）3;（5）-1;（6）e^{-4};（7）e^3;（8）$e^{-\frac{5}{3}}$。

20. 24.61。

21. E。

22. 1。

23.（1）连续;（2）不连续。

24. e^2-1。

25. 1。

26.（1）3;（2）0和1;（3）0;（4）1。

27. 提示：令 $f(x)=x^3-2x-1$，然后在$[1,2]$用零点定理。

28. 提示：令 $f(x)=x\cdot 2^x-1$，然后在$[0,1]$用零点定理。

习题 2

1.（1）$10-g-\frac{1}{2}g\Delta t$;（2）$10-g$;（3）$10-gt_0-\frac{1}{2}g\Delta t$;（4）$10-gt_0$。

2.（1）若 $f'(t)>0$，则 $f(t)$ 是增函数，所以，随着时间的推移，甘薯温度不断升高。

（2）$f'(20)$ 的单位是℃/min，$f'(20)=2$ 表示，在第 20min 时刻，甘薯温度升高的瞬时速率为 2℃/min。

3. 0。

4. $3x^2$。

5.（1）$x+y-2=0$;（2）$y=2x-1$。

6.（1）$20x^3-6x+1$;（2）$(a+b)x^{a+b-1}$;（3）$\frac{1}{2\sqrt{x}}+\frac{1}{x^2}$;（4）$-\frac{1}{2\sqrt{x^3}}-\frac{3}{2}\sqrt{x}$;

（5）$\frac{1-x}{2\sqrt{x^3}}$;（6）$x-\frac{4}{x^3}$;（7）$2x\ln x+x$;（8）$-\frac{2}{(x-1)^2}$;

（9）$-\sin x+2x\sin x+x^2\cos x$;（10）$3^x e^x(\ln 3+1)$;

（11）$\frac{\sec x(x\tan x-1)}{x^2}+\frac{\tan x-x\sec^2 x}{\tan^2 x}$;（12）$\frac{\cot x}{2\sqrt{x}}-\sqrt{x}\csc^2 x$;

（13）$(\ln 10)10^x\sin x+10^x\cos x-\frac{1}{x\ln 10}$;（14）$5x^4+5^x\ln 5$;

（15）$4\cos x-\frac{1}{x}+\frac{1}{\sqrt{x}}$;（16）$-\frac{1+2x}{(1+x+x^2)^2}$;

（17）$2xe^x+x^2e^x+\frac{(\sin x+x\cos x)(1+\tan x)-x\sin x\sec^2 x}{(1+\tan x)^2}$;

（18）$\cot x-x\csc^2 x+2\csc x\cot x$;（19）$15(3x+1)^4$;

（20）$\frac{1}{x\ln x}$;（21）$3x^2\cos(x^3)$;（22）$\frac{1}{x^2}\csc^2\frac{1}{x}$;（23）$\sin 2x$;（24）$-\frac{x}{\sqrt{1-x^2}}$;

（25）$-2xe^{-x^2}$;（26）$4x\sec(x^2)\tan(x^2)$;（27）$\frac{1}{\sqrt{2x}}\cot\frac{1}{x}+\frac{\sqrt{2}}{\sqrt{x^3}}\csc^2\frac{1}{x}$;

（28）$-\dfrac{a^2}{(x^2-a^2)^{\frac{3}{2}}}$；（29）$\dfrac{1}{2x}+\dfrac{1}{2x\sqrt{\ln x}}$；（30）$4x^3\mathrm{e}^{\sqrt{x}}+\dfrac{1}{2}x^{\frac{7}{2}}\mathrm{e}^{\sqrt{x}}$；

（31）$-3\mathrm{e}^{-x}(\cos 2x+2\sin 2x)$；（32）$\mathrm{e}^{x\ln x}(\ln x+1)$。

7.（1）-1；（2）2；（3）$2^{\frac{\sqrt{2}}{2}}\cdot\dfrac{\sqrt{2}}{2}\cdot\ln 2$。

8.（1）$4-\dfrac{1}{x^2}$；（2）$-2\mathrm{e}^{-x}\cos x$；（3）$\dfrac{\mathrm{e}^{\sqrt{x}}(\sqrt{x}-1)}{4\sqrt{x^3}}$。

9.（1）7900，13300；（2）$\dfrac{47}{6}$，$\dfrac{61}{8}$。

10.（1）9975；（2）199。

11.（1）926；（2）920。

12.（1）$290x-90x^2$，（2）200，60。

13.（1）$\mathrm{d}y=(20x^3+1)\mathrm{d}x$；（2）$\mathrm{d}y=(x+2)\mathrm{e}^x\mathrm{d}x$；（3）$\mathrm{d}y=(-\sin x+2x\sin x+x^2\cos x)\mathrm{d}x$；

（4）$\mathrm{d}y=-\dfrac{2}{(x-1)^2}\mathrm{d}x$；（5）$\mathrm{d}y=\dfrac{1}{x\ln x}\mathrm{d}x$；（6）$\mathrm{d}y=3^x\mathrm{e}^x(\ln 3+1)\mathrm{d}x$；

（7）$\mathrm{d}y=\dfrac{\sec^2\sqrt{x}}{2\sqrt{x}}\mathrm{d}x$；（8）$\mathrm{d}y=-\tan x\mathrm{d}x$；

（9）$\mathrm{d}y=(-\csc x\cot x+\sin(2^x)+(\ln 2)x2^x\cos(2^x))\mathrm{d}x$；

（10）$\mathrm{d}y=\dfrac{(\sin x+x\cos x)(1+\tan x)-x\sin x\sec^2 x}{(1+\tan x)^2}\mathrm{d}x$。

14.（1）$\dfrac{3}{2}x^2+C$；（2）$4\sqrt{x}+C$；（3）$-\dfrac{1}{x}+C$；（4）e^x+C；（5）$\cos x+C$；

（6）$\tan x+C$。

15. $(0,+\infty)$上单调增加。

16.（1）单增区间$(-\infty,-1)$，$(3,+\infty)$，单减区间$(-1,3)$，极大值$f(-1)=15$，极小值$f(3)=-49$；

（2）单增区间$\left(\dfrac{1}{2},+\infty\right)$，单减区间$\left(0,\dfrac{1}{2}\right)$，极小值$f\left(\dfrac{1}{2}\right)=\dfrac{1}{2}+\ln 2$；

（3）单增区间$(-\infty,-2)$，$(2,+\infty)$，单减区间$(-2,0)$，$(0,2)$，极大值$f(-2)=-8$，极小值$f(2)=8$；

（4）单增区间$\left(-\infty,\dfrac{1}{5}\right)$，$(1,+\infty)$，单减区间$\left(\dfrac{1}{5},1\right)$，极大值$f\left(\dfrac{1}{5}\right)=\dfrac{4^2\cdot 6^3}{5^5}$，极小值$f(1)=0$。

17.（1）凸区间$\left(-\infty,\dfrac{5}{3}\right)$，凹区间$\left(\dfrac{5}{3},+\infty\right)$，拐点$\left(\dfrac{5}{3},-\dfrac{250}{27}\right)$；

（2）凸区间$(-\infty,-1)$，$(1,+\infty)$，凹区间$(-1,1)$，拐点$(-1,\ln 2)$和$(1,\ln 2)$；

（3）凸区间$(-\infty,1)$，凹区间$(1,+\infty)$，拐点$(1,-17)$；

（4）凸区间$\left(-\infty,-\dfrac{\sqrt{3}}{3}\right)$，$\left(\dfrac{\sqrt{3}}{3},+\infty\right)$，凹区间$\left(-\dfrac{\sqrt{3}}{3},\dfrac{\sqrt{3}}{3}\right)$，拐点$\left(-\dfrac{\sqrt{3}}{3},\dfrac{1}{3}\right)$和$\left(\dfrac{\sqrt{3}}{3},\dfrac{1}{3}\right)$；

（5）凸区间$(0,1)$，凹区间$(-\infty,0)$，$(1,+\infty)$，拐点$(0,1)$和$(1,0)$；

（6）凹区间$(-\infty,+\infty)$，无拐点。

18. (1) $y_{\max}=13$, $y_{\min}=4$; (2) $y_{\max}=80$, $y_{\min}=-5$; (3) $y_{\max}=0$, $y_{\min}=-1$; (4) $y_{\max}=0$, $y_{\min}=-\frac{1}{2}\ln 2$。

19. $\frac{a}{4}$。

20. $\frac{a}{6}$。

21. $5\sqrt{2}$, $250\sqrt{2}$。

22. 25。

23. 50000。

24. 250。

25. 20。

26. 2004年，168。

习题3

1. 略。

2. (1) $f'(x)=\sqrt{x^2+3}$; (2) $f'(x)=-\cos(x^2)$。

3. $f(x)=\cos x-x\sin x$。

4. (1) $e^{\frac{x}{2}}$; (2) $\ln x+1$。

5. $\cos x+C$。

6. $\frac{1}{3}x^3+C$。

7. (1) $\ln|x|-4\sqrt{x}-\cos x+C$; (2) $\frac{1}{3}x^3-\frac{1}{2}x^2-2x+C$; (3) $\frac{1}{2}x^2+3x+C$; (4) e^x-x+C; (5) $\frac{4^x e^x}{1+\ln 4}+C$; (6) $2e^x-\frac{1}{x}+C$; (7) $-\cot x-x+C$; (8) $\sin x-\cos x+C$; (9) $-\frac{1}{x}+\arctan x+C$; (10) $x-\arctan x+C$。

8. (1) $\frac{64}{5}$; (2) $\frac{3}{2}$; (3) $2\sqrt{2}-1$; (4) $\frac{4}{3}$; (5) $\frac{5}{\ln 6}+\frac{1}{7}$; (6) $\frac{3e-1}{1+\ln 3}$; (7) $\frac{\pi}{4}-\frac{1}{2}$; (8) $\sqrt{2}-1$; (9) $e^2-e-\ln 2$; (10) $1-\frac{\pi}{4}$。

9. (1) 4; (2) 4; (3) $e-1+\ln 2$。

10. (1) $-e^{-x}+C$; (2) $\frac{1}{66}(x+2)^{66}+C$; (3) $\frac{2}{9}(2+3x)^{\frac{3}{2}}+C$; (4) $\frac{1}{2}\ln|1+2x|+C$; (5) $-\frac{1}{2}e^{-x^2}+C$; (6) $\frac{1}{2}\ln(1+x^2)+C$; (7) $-\cos(e^x)+C$; (8) $\frac{1}{4}\ln^4 x+C$; (9) $-\sin\frac{1}{x}+C$; (10) $-2\cos\sqrt{x}+C$; (11) $\ln|\sin x|+C$; (12) $-\ln|1+\cos x|+C$; (13) $\frac{1}{2}x+\frac{1}{4}\sin 2x+C$; (14) $e^x-e^{-x}+C$; (15) $x-\ln|1+x|+C$; (16) $\ln|x+1|-\ln|x|+C$。

11.（1）$1-e$；（2）$\frac{26}{3}$；（3）$\frac{1}{2}(e-1)$；（4）0；（5）$1-e^{-\sin 1}$；（6）$\ln 2$；（7）$\sin e-\sin 1$；（8）$\frac{1}{3}$；（9）$e+2\ln 2-4$；（10）$\ln\frac{3}{2}$。

12.（1）发散；（2）$\frac{1}{2}$；（3）$\frac{\pi}{2}$；（4）发散。

13. e^2-1。

14. $\frac{32}{3}$。

15. 22.91 万。

16.（1）4975；（2）9700。

17. 4。

18.（1）二阶；（2）一阶；（3）三阶；（4）二阶。

19.（1）是；（2）不是；（3）是。

20. $\frac{dy}{dx}=x^2, y(0)=2$； $y=\frac{1}{3}x^3+2$。

21.（1）$\frac{1}{2}e^{2y}=e^x+C$；（2）$y=Ce^{\cos x}$；（3）$y=e^x(x+C)$；（4）$y=e^{-\sin x}(x+C)$；（5）$y=e^{-x^2}(\frac{1}{2}x^2+C)$；（6）$y=(x+1)^2(2\sqrt{x+1}+C)$；（7）$\sin y=\sin x+1$；（8）$y=e^{\cos x}(x-\frac{\pi}{2})$。

22.（1）$y=200-190e^{-kt}$；（2）$k=-\frac{1}{30}\ln\frac{8}{19}$。

习题 4

1. $A=\begin{pmatrix}2 & 2\\ -2 & -4\end{pmatrix}$，$B=\begin{pmatrix}2 & 1\\ -1 & -2\end{pmatrix}$。

2.（1）$\begin{pmatrix}2 & \frac{5}{2} & 5 & 9\\ 0 & \frac{3}{2} & 0 & 1\\ 1 & 0 & \frac{7}{2} & 4\end{pmatrix}$；（2）$\begin{pmatrix}1 & 3\\ \sqrt{2}-2 & 0\end{pmatrix}$；（3）$\begin{pmatrix}1 & 5\\ 2 & 1\end{pmatrix}$；（4）$\begin{pmatrix}7 & -2 & 0\\ 3 & 4 & -1\\ -8 & 0 & 5\\ 1 & 1 & 2\end{pmatrix}$；（5）$\begin{pmatrix}-6 & 29\\ 5 & 32\end{pmatrix}$。

3. $AB=\begin{pmatrix}0 & a & 0\\ 0 & b & 0\\ 0 & c & 0\end{pmatrix}$，$BA=b$。

4.（1）$\begin{pmatrix}7 & 4 & 3 & 0\\ -6 & 1 & -6 & 1\\ -1 & -4 & -3 & -6\end{pmatrix}$；（2）$\frac{1}{3}\begin{pmatrix}10 & 10 & 6 & 6\\ 0 & 4 & 0 & 4\\ 2 & 2 & 6 & 6\end{pmatrix}$。

5.（1）$A=\begin{pmatrix} 31 & 42 & 18 \\ 22 & 25 & 18 \end{pmatrix}$（列：高 中 低；行：城里、城外）；（2）$M=\begin{pmatrix} 28 & 29 & 20 \\ 20 & 18 & 9 \end{pmatrix}$；（3）$\begin{pmatrix} 59 & 71 & 38 \\ 42 & 43 & 27 \end{pmatrix}$；

（4）19；（5）9%，15%。

6. $PS=(37200,35050)$。

7.（1）不一定；（2）可交换；（3）不成立。

8. $3^{99}\begin{pmatrix} 0 & 0 & 0 & 0 \\ 2 & 4 & 6 & 8 \\ 5 & 10 & 15 & 20 \\ -4 & -8 & -12 & -16 \end{pmatrix}$。

9.（1）3；（2）3；（3）2。

10.（1）$x_1=1, x_2=2, x_3=1$；（2）$\begin{cases} x_1= C_1+C_2+5C_3-16 \\ x_2=-2C_1-2C_2-6C_3+23 \\ x_3= C_1 \\ x_4= C_2 \\ x_5= C_3 \end{cases}$；（3）无解。

11. 当$a=5$时，线性方程组有解。且全部解为$\begin{cases} x_1=-C_1 \\ x_2=-C_1+2C_2-1 \\ x_3=C_1 \\ x_4= C_2 \end{cases}$。

12.（1）$\begin{cases} x_1=-8C \\ x_2=-C \\ x_3= 5C \end{cases}$；（2）$\begin{cases} x_1= C_2 \\ x_2=2C_1-17C_2 \\ x_3= C_1 \\ x_4= 5C_2 \end{cases}$；（3）$\begin{cases} x_1=-9C \\ x_2=-15C \\ x_3= C \end{cases}$。

13. $k=-1$或$k=4$时有非零解，$k\neq -1$及$k\neq 4$时仅有零解。

14. $f(x)=\frac{7}{4}x^3+\frac{1}{2}x^2-\frac{23}{4}x+\frac{1}{2}$，$\frac{195}{2}$。

15. 92.5万元。

习题5

1.（1）有无穷多个最优解，最优值为$z^*=8$。

（2）有唯一最优解，最优值为$z^*=6$，$x_1=0,\ x_2=3$。

（3）无可行解。

（4）有无穷多个最优解，最优值为$z^*=-2$。

（5）有可行解，但是$\max z$无界。

（6）有唯一最优解，最优值为$z^*=30$，$x_1=5,\ x_2=10$

2.（1）最优值为$z^*=51$，$x_1=1,\ x_2=5$

（2）模型的标准形式为：

$$\max z=-11x_1-8x_2$$

s.t.

$$10x_1+2x_2-x_3=20$$
$$3x_1+3x_2-x_4=18$$
$$4x_1+9x_2-x_5=36$$
$$x_1,x_2,x_3,x_4,x_5\geqslant 0$$

（3）三个剩余变量的值为：$x_3=0$，$x_4=0$，$x_5=13$

3.（1）最优值为 $z^*=17.5$，$x_1=1$，$x_2=1.5$

（2）模型的标准形式为：

$$\max z=10x_1+5x_2$$
$$\text{s.t.}$$
$$3x_1+4x_2+x_3=9$$
$$5x_1+2x_2+x_4=8$$
$$x_1,x_2,x_3,x_4\geqslant 0$$

（3）三个剩余变量的值为：$x_3=0$，$x_4=0$（即两个约束条件均为紧约束）。

4.（1）最优值为 $z^*=3360$，$x_1=20$，$x_2=30$；

（2）假设 c_2 值不变，使最优解不变的 c_1 值的变化范围为：$[64,96]$；

（3）假设 c_1 值不变，使最优解不变的 c_2 值的变化范围为：$[48,72]$。

5. 设 A、B 两工厂分别生产 x_1 天和 x_2。

$$\min f=4000x_1+3000x_2$$
$$\text{s.t.}$$
$$100x_1+200x_2\geqslant 12000$$
$$300x_1+400x_2\geqslant 20000$$
$$200x_1+100x_2\geqslant 15000$$
$$x_1,x_2\geqslant 0 \text{ 且为整数}$$

可解出：$x_1=60$，$x_2=30$。

6. 设 5 种家具的产量分别为 x_1，x_2，x_3，x_4，x_5，则有

$$\min z=2.7x_1+3x_2+4.5x_3+2.5x_4+3x_5$$
$$\text{s.t.}$$
$$3x_1+4x_2+6x_3+2x_4+3x_5\leqslant 3600$$
$$4x_1+3x_2+5x_3+6x_4+4x_5\leqslant 3950$$
$$2x_1+3x_2+6x_3+4x_4+3x_5\leqslant 2800$$
$$x_1,\ x_2,\ x_3,\ x_4,\ x_5\geqslant 0。$$

7. 设 10 至 12 月的进货量分别为 x_1,x_2,x_3，销售量分别为 y_1,y_2,y_3。

$$\min z=800000+100y_1-90x_1+100y_2-95x_2+115y_3-98x_3$$
$$\text{s.t.}$$
$$y_1-x_1\leqslant 8000$$
$$y_2-x_2+y_1-x_1\leqslant 8000$$
$$y_3-x_3+y_2-x_2+y_1-x_1=1000$$
$$x_i,y_i\geqslant 0\quad(i=1,2,3)。$$

8. 设 x_i（$i=1,2,\cdots,6$）为第 i 班开始上班的服务员人数，则数学模型为：

$$\min z = x_1 + x_2 + x_3 + x_4 + x_5 + x_6$$

s.t.

$$x_1 + x_6 \geqslant 80$$
$$x_1 + x_2 \geqslant 90$$
$$x_2 + x_3 \geqslant 80$$
$$x_3 + x_4 \geqslant 70$$
$$x_4 + x_5 \geqslant 40$$
$$x_5 + x_6 \geqslant 30$$
$$x_i \geqslant 0 \quad (i = 1, 2, \cdots, 6)。$$

9. 设 x_1，x_2，x_3，x_4 分别为早上 6 点、中午 12 点、下午 6 点、夜间 12 点开始上班的人数，则有：

（1）$\min z = x_1 + x_2 + x_3 + x_4$

s.t.

$$x_1 + x_4 \geqslant 19$$
$$x_1 + x_2 \geqslant 21$$
$$x_2 + x_3 \geqslant 18$$
$$x_3 + x_4 \geqslant 16$$
$$x_1,\ x_2,\ x_3,\ x_4 \geqslant 0 ;$$

（2）$\min z = 120(x_1 + x_2) + 100x_3 + 150x_4$

s.t.

$$x_1 + x_4 \geqslant 19$$
$$x_1 + x_2 \geqslant 21$$
$$x_2 + x_3 \geqslant 18$$
$$x_3 + x_4 \geqslant 16$$
$$x_1,\ x_2,\ x_3,\ x_4 \geqslant 0 。$$

10. 设方案 I、II 和 III 的原材料分别为 x_1，x_2 和 x_3 根。

方案 / 长度	I	II	III
2.5	2	1	0
1.2	0	2	4
合计	5	4.9	4.8
料头	0	0.1	0.2

11. 设 $x_i, (i = 1, 2, 3, 4, 5)$ 为每千克混合饲料中所含 5 种饲料的重量，则有：

$$\min z = 2x_1 + 6x_2 + 5x_3 + 4x_4 + 3x_5$$

s.t.

$$0.50x_1 + 2.00x_2 + 3.00x_3 + 1.50x_4 + 0.80x_5 \geqslant 85$$
$$0.10x_1 + 0.06x_2 + 0.04x_3 + 0.15x_4 + 0.20x_5 \geqslant 5$$
$$0.08x_1 + 0.70x_2 + 0.35x_3 + 0.25x_4 + 0.02x_5 \geqslant 18$$
$$x_1,\ x_2,\ x_3,\ x_4,\ x_5 \geqslant 0。$$

12. 设 x_{ij} 为第 i 种投资方案在第 j 年的投资额（$i = 1, 2, \cdots, 6$；$j = 1, 2, \cdots, 5$），则有：

$$\max z = 1.2x_{14} + 1.3x_{23} + 1.4x_{32} + 1.7x_{42} + 1.02x_{65}$$

s.t.

$$x_{11} + x_{21} + x_{31} + x_{61} = 300000$$
$$x_{12} + x_{22} + x_{32} + x_{42} + x_{62} = 1.02x_{61}$$
$$x_{42} \leqslant 100000$$
$$x_{13} + x_{23} + x_{63} = 1.2x_{11} + 1.02x_{62}$$
$$x_{14} + x_{54} + x_{64} = 1.2x_{12} + 1.3x_{21} + 1.02x_{63}$$
$$x_{65} = 1.2x_{13} + 1.3x_{22} + 1.4x_{31} + 1.4x_{54} + 1.02x_{64}$$
$$x_{1j} \leqslant 15000 \quad (j = 1,2,3,4)$$
$$x_{54} \leqslant 200000$$
$$x_{ij} \geqslant 0。$$

13．这属于一个产销平衡的运输问题。

设 x_{ij} 为在土地 B_j 上耕种作物 A_i 的数量 $(i = 1,2,3; j = 1,2,3)$。

线性规划模型如下：

$$\max z = 700x_{11} + 500x_{12} + 480x_{13} + 850x_{21} + 700x_{22} + 600x_{23} + 400x_{31} + 300x_{32} + 500x_{33}$$

s.t,

$$x_{11} + x_{12} + x_{13} = 100$$
$$x_{21} + x_{22} + x_{23} = 400$$
$$x_{31} + x_{32} + x_{33} = 400$$
$$x_{11} + x_{21} + x_{31} = 300$$
$$x_{12} + x_{22} + x_{32} = 200$$
$$x_{13} + x_{23} + x_{33} = 400$$
$$x_{ij} \geqslant 0 \quad (i = 1,2,3; j = 1,2,3)$$

14.

煤矿 \ 需求地区	B_1	B'_1	B_2	B_3	B'_3	产量
A_1	175	175	195	208	208	1500
A_2	160	160	182	215	215	4000
A_3	M	0	M	M	0	1500
需求量	2600	900	1100	1600	800	

15．图 5-12（a）中顶点为 6 个，边数为 12 条，每个点的度都为 4，是简单图；

图 5-12（b）中顶点为 5 个，边数 7 条，$d(v_1) = 4$，$d(v_2) = d(v_3) = 3$，$d(v_4) = d(v_5) = 2$ 不是简单图。

16．用破圈法得最小生成树：

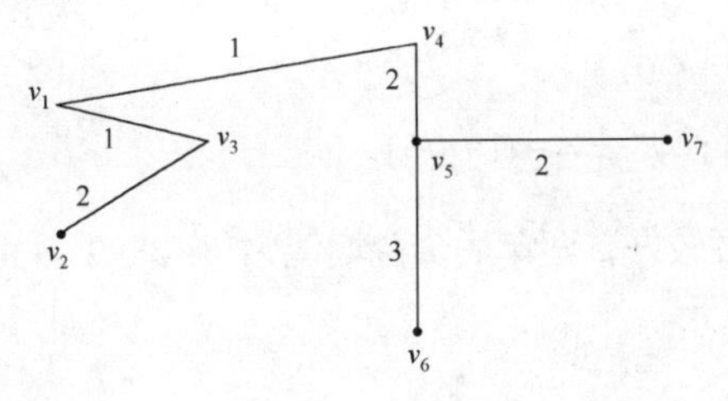

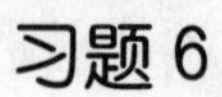

习题6

1. $\overline{A}$ 表示“一件次品都没有”，$\overline{B}$ 表示“次品有三件或四件或五件”。

2.（1）$\dfrac{28}{45}$；（2）$\dfrac{8}{45}$。

3.（1）$\dfrac{90}{93}$；（2）$1-\dfrac{C_{90}^2}{C_{93}^2}$。

4.（1）0.833；（2）0.997。

5. 0.9998。

6. $\dfrac{7}{120}$。

7. 0.84。

8. $\dfrac{1}{3}$。

9. 0.88。

10.（1）0.56；（2）0.94。

11. $1-(1-p)^n$。

12. $E(X)=0.2$，$D(X)=1.66$。

13. $a=0.05$，$E(X)=0$。

14. 甲水平高。

15. 乙车床更好。

16. $\overline{X}=149$，$S^2=161$。

17.（i）[499.9905,500.0035]；（ii）[499.9903,500.0125]；
（iii）[0.0128,0.0363]。

18. 可以认为每包化肥的平均质量为 50kg。

习题7

1.（1）2.83 m；（2）4.16 m。

2.（1）$\dfrac{\mathrm{d}P(t)}{\mathrm{d}t}=k_2A(t)(M-P(t))-k_1P(t)$（其中，$k_1$ 表示销售量的下降速度与销售量成正比的比例常数，k_2 表示销售量的增加速度与广告费用成正比的比例常数）；

（2）$P(t)=\begin{cases}\dfrac{k_2AM}{k_1+k_2A}+C\mathrm{e}^{-(k_1+k_2A)t} & 0\leqslant t\leqslant t_0\\ C\mathrm{e}^{-k_1t} & t>t_0\end{cases}$；（3）$A(t)=\dfrac{k_1P(t)}{k_2(M-P(t))}$。

3. $R_{AB}^{(n)}=r+\dfrac{R\cdot R_{A'B'}^{(n-1)}}{R+R_{A'B'}^{(n-1)}}$；$R_{AB}^{(\infty)}=\dfrac{1}{2}(1+\sqrt{5})$。

4.（1）① 第二种方案较好，两年后资金增值为 63.2899 万元；② 第二种方案较好，8 年后资金增值为 80.1121 万元。

（2）① 陈酒在第 3 年出售时现值最高。在 8 年后，出售陈酒可收入 80.1121 万元；② 第 3 年售酒，第 8 年从银行取款可得 88.17 万元。好于单纯采取第二种方案。

（3）$X(t)=50\mathrm{e}^{\frac{1}{6}\sqrt{t}-0.05t}$，陈酒出售的最佳时机是第 3 年。

5.（1）r 是鱼群的自然增长率，故一般可以认为 $y=rx$。但是，由于自然资源的限制，当鱼群的数量过大时，其生长环境就会恶化，导致鱼群增长率的降低。为此，乘上一个修正因子$\left(1-\dfrac{x}{N}\right)$，其中 N 是自然环境所能负荷的最大鱼群数量；

（2）$x=\dfrac{r-1}{2r}N$；（3）5.625 万千克。

6. $d(n)=\dfrac{1}{\sqrt{5}}\left(\dfrac{1+\sqrt{5}}{2}\right)^{n+1}-\dfrac{1}{\sqrt{5}}\left(\dfrac{1-\sqrt{5}}{2}\right)^{n+1}$。

7. $$\begin{cases}a_n=1-\left(\dfrac{1}{2}\right)^n b_0-\left(\dfrac{1}{2}\right)^{n-1}c_0\\ b_n=\left(\dfrac{1}{2}\right)^n b_0+\left(\dfrac{1}{2}\right)^{n-1}c_0\\ c_n=0\end{cases}\quad (n=1,2,\cdots)。$$

参考文献

[1] 车燕，戈西元，邢春峰．应用数学与计算（修订版）．北京：电子工业出版社，2000.

[2] 王信峰，戈西元，邢春峰．应用数学与计算上机实训．北京：电子工业出版社，2000.

[3] 王信峰，车燕，戈西元．大学数学简明教程．北京：高等教育出版社，2001.

[4] 邢春峰，李平．应用数学基础．北京：高等教育出版社，2008.

[5] 赵树嫄．微积分．北京：中国人民大学出版社，1998.

[6] 同济大学应用数学系．高等数学（本科少学时类型）．北京：高等教育出版社，2001.

[7] 李心灿．高等数学应用 205 例．北京：高等教育出版社，1997.

[8] James Stewart 著，白峰杉主译．微积分（上册）．北京：高等教育出版社，2004.

[9] 刘斌．计算机数学．北京：机械工业出版社，2005.

[10] 谢季坚，李启文．大学数学．北京：高等教育出版社，1999.

[11] 叶东毅，陈昭炯，朱文兴．计算机数学基础．北京：高等教育出版社，2004.

[12] 周煦．计算机数值计算方法及程序设计．北京：机械工业出版社，2004.

[13] 王能超．数值分析简明教程．北京：高等教育出版社，2004.

[14] 吴筑筑，谭信民，邓秀勤．计算方法（第 4 版）．北京：电子工业出版社，2004.

[15] 常柏林，李效羽，卢静芳，钱能生．概率论与数理统计（第 2 版）．北京：高等教育出版社，2001.

[16] 季夜眉，吴大贤，等．概率与数理统计．北京：电子工业出版社，2001.

[17] 盛骤，谢式千．概率论与数理统计及其应用．北京：高等教育出版社，2005.